集雨模式与氮肥运筹对农田土壤水热状况和作物水氮利用效率的影响

银敏华　著

·北京·

内 容 提 要

中国西北地区降水年际变率大、年内分配不均衡的气候特点和氮肥投入量大、当季利用率低的生产现状，严重制约了农业可持续发展。本书分析了垄覆白膜沟不覆盖、垄不覆盖沟覆秸秆、垄覆白膜沟覆秸秆和垄覆黑膜沟覆秸秆（以平作不覆盖为对照）对农田土壤水分、温度、硝态氮和作物（冬小麦和夏玉米）生长生理、产量及水氮利用效率的影响。同时，尿素设置4个施氮水平（基追比为4：6），控释氮肥设置5个施氮水平（一次性基施），探究了不同氮肥运筹对作物生长和氮素吸收利用的影响。研究得出了冬小麦与夏玉米合理的集雨种植和氮肥运筹模式。

本书内容对农业工程及相关学科的科研工作者具有一定的参考与借鉴意义。

图书在版编目（CIP）数据

集雨模式与氮肥运筹对农田土壤水热状况和作物水氮利用效率的影响 / 银敏华著. -- 北京 : 中国水利水电出版社, 2020.6
ISBN 978-7-5170-8616-1

Ⅰ. ①集… Ⅱ. ①银… Ⅲ. ①降水－蓄水－影响－耕作土壤－研究②氮肥－影响－耕作土壤－研究 Ⅳ. ①S155.4

中国版本图书馆CIP数据核字(2020)第099892号

书　　名	集雨模式与氮肥运筹对农田土壤水热状况和作物水氮利用效率的影响 JIYU MOSHI YU DANFEI YUNCHOU DUI NONGTIAN TURANG SHUIRE ZHUANGKUANG HE ZUOWU SHUI-DAN LIYONG XIAOLÜ DE YINGXIANG
作　　者	银敏华　著
出版发行	中国水利水电出版社 （北京市海淀区玉渊潭南路1号D座　100038） 网址：www.waterpub.com.cn E-mail：sales@waterpub.com.cn 电话：（010）68367658（营销中心）
经　　售	北京科水图书销售中心（零售） 电话：（010）88383994、63202643、68545874 全国各地新华书店和相关出版物销售网点
排　　版	中国水利水电出版社微机排版中心
印　　刷	天津嘉恒印务有限公司
规　　格	170mm×240mm　16开本　13.75印张　269千字
版　　次	2020年6月第1版　2020年6月第1次印刷
定　　价	**68.00**元

前　　言

干旱半干旱地区是中国乃至世界范围内农业生产的重要组成部分，也是粮油和林牧产业的主要基地。该地区气候干燥，地表水资源匮乏，降水量少且变率大。近年来，随着经济的快速发展、人口的增加以及生态环境建设的推进，工业用水、生活用水和生态用水量大幅度提升，使得本来就“屈指可数”的农业用水量“所剩无几”。中国是农业大国，农业年用水量占全国用水总量的60%以上，而灌溉水利用效率仅为50%左右，每立方米水的粮食生产能力仅1.03kg，远低于其他发达国家，这意味着中国在农业用水方面具有较大的改善与提升空间。发展节水农业、降低农业用水量、提高单位水资源利用效率是今后中国农业发展的客观要求和根本途径。现阶段，常见的农业节水措施包括：采用合理的种植模式集蓄降水，提高降水资源利用率；利用渠道衬砌与管道输水等方式，大大减少输配水渗透；改善灌水方式、种植模式、种植结构和田间管理措施；开发研制新型节水材料；优化用水管理体制等。

人口的持续增长，工业化、城镇化进程的加速以及退耕还林的生态需求，使得耕地面积呈逐年下降趋势。这对中国的粮食安全提出了新的考验，提高单位耕地面积的粮食产出是解决人地矛盾的有效手段。化肥尤其是氮肥的引入对中国农业生产力的快速增长发挥了积极作用。目前，中国已成为世界上最大的氮肥生产国和消费国。中国能以占世界7%的耕地面积养活占世界20%的人口，这在很大程度上依赖于氮肥的使用。然而，目前在农业生产实践中，过量施用氮肥的现象普遍存在，尤其是在果树、设施蔬菜等经济作物生产中更为突出。过量使用氮肥不仅会降低作物产量，提高农业生产成本，而且会诱发一系列生态环境问题。因此，研究氮肥的科学施用以及通过作物的生长状况进行氮素营养诊断显得尤为迫切。

本书以提高资源利用效率、保护农田生态平衡和实现干旱半干旱地区稳产高产的可持续发展为根本出发点，采用冬小麦-夏玉米轮作的种植制度，针对降水年际变率大、年内分配不均衡的气候特点，在常规施氮条件下，采用全程微型聚水二元覆盖，最大限度地实现自然降水的高效利用和时空调节，并改善作物耕层的土壤温度、养分状况，从而为作物创造适宜的生长环境。在此基础上，当作物生长关键期发生持续干旱时，进行必要的补充灌水，以保证作物的正常生长。针对氮肥投入量大、当季利用率低的普遍现象，在常规灌水条件下，利用控释氮肥代替普通尿素，以实现节能减排、环境保护和增产高效的有机统一。研究得出了高产、高效、环保和节能的冬小麦和夏玉米集雨施氮模式，可为进一步完善集雨种植体系提供一定的理论支撑，可为干旱半干旱地区农业的高产稳产提供切实可行的技术途径，也可为控释氮肥的开发研制和推广应用提供一定的理论参考。

本书内容的研究得到了国家重点研发计划项目子课题“内陆干旱草原区高效节水灌溉技术研究与集成应用”（2016YFC0400306）、公益性行业（农业）科研专项“河西走廊玉米小麦田间节水节肥节药综合技术方案”（201503125）和“残膜污染农田综合治理技术方案”（201503105），以及甘肃农业大学公招博士科研启动基金“覆膜施氮模式调控紫花苜蓿水氮吸收利用机制研究”（GAU-KYQD-2018-08）和甘肃省高等学校创新能力提升项目“西北荒漠灌区紫花苜蓿增产优质高效的覆盖节灌模式研究”（2019A-57）的资助，在此深表感谢。

由于笔者水平有限，书中难免有错误之处，恳请广大读者批评指正。

编者

2020年3月

目　录

第1章 绪　论

1.1 背景介绍

中国是水资源极度匮乏的国家，人均水资源占有量不足世界平均水平的25%，已被列为严重缺水国家（Macedonio等，2012年提出）。与此同时，中国也是农业大国，农业年用水量占全国用水总量的60%以上。随着经济社会和第二、第三产业的快速发展，农业可用水量的比例只能是有减无增。现阶段，中国农业灌溉水利用率仅为50%左右，每立方米水的粮食生产能力仅为1.03kg左右，远低于发达国家，但这也意味着中国在农业用水方面具有较大的改善和提升空间。发展节水农业、降低农业用水量、提高单位水资源利用效率是今后中国农业发展的客观要求和根本途径。

干旱半干旱地区是中国乃至世界范围内农业生产的重要组成部分，也是粮油和林牧产业的主要基地。中国北方旱区的耕地面积约占全国耕地总面积的50%，然而其年径流量仅为全国的18%左右。为了保证农业产出，一般采用地下水进行农田灌溉。然而，由于长期频繁地对地下水进行过度开采，该地区已形成复杂的地下水降落漏斗，也导致地下水的更新速率和补给过程发生变化，同时也引发了一系列的生态和环境问题，如地面沉降、塌陷、土壤次生盐渍化等（Foster等，2004年提出）。研究发现，冬小麦-夏玉米轮作的高耗水种植模式，使得华北地区的浅层地下水下降到了30m以下（Zhang等，2003年提出）。华北平原大部分地区的农田灌溉用水强度已与其地下水承载力呈现出严重或极严重不适应的状况（张光辉等，2013年提出）。此外，由于目前的农田灌溉仍以传统的地面灌溉为主，灌溉水有效利用系数较低（张鹏，2016年提出）。因此，为了在提高农业产出的同时兼顾资源、环境的承载能力和强度，降水资源化成为现阶段干旱半干旱地区可开发利用的主要水分来源和重要战略方向。传统耕作条件下，自然降水的有效利用率普遍较低，尤其是10mm以下的降水。该类降水的发生频率高达70%以上，总量相当于2次左右的灌溉用水量，拥有4500kg/hm^{2}的增产潜力（Deng等，2006年提出）。此外，干旱半干旱地区年降水总量少、变率大，且在年内分配不均匀，60%～70%的降水主要分布于7—9月。降水分布与作物生长需求的不同步，造成大部分降水以地表蒸发、径流等形式散失，而真正转化为作物产量的比例较小。因此，研究如何提高降水资源的保蓄率、改善土壤水分状况、协调作物需水与土壤供水之间的矛盾，以提高降水资源利用效率和实现现代生态型旱作农业的可持续发展成为旱区农业生产亟待解决的核心问题。

人口的持续增长，工业化、城镇化进程的加快和退耕还林的生态需求，使得有效耕地面积逐年下降。据中国人口与发展研究中心预测，到2050年，中国人口数量将突破15亿，达到历史最高峰。同时加之人们的生活水平正在快速提升，已经由解决温饱变为实现小康生活，也更加关注饮食健康和营养协调，对肉、蛋、奶等动物性食品的需求量逐渐提高。耕地面积的减少、人口数量的增加和生活水平的提高，对农业生产和粮食安全提出了新的挑战。提高单位耕地面积的作物产出已成为现阶段农业生产的根本途径和必然选择。

化肥的诞生和使用是现代农业的重要标志。20世纪70年代以来，作物产量的增加有近一半归功于化肥的施用。目前，在农业生产实践中，为了追求高产，普遍存在肥料投入量大、利用率低等现象。这不仅造成了资源的严重浪费，同时也带来了一系列的环境问题，如耕地质量退化、水体富营养化、地下水污染和温室气体大量排放等。氮是作物生长中需求量最大的营养元素。在中国农业生产中，2000年之前，氮肥的施用量与作物产量呈同步增长的态势，氮肥的施用为保障国家粮食安全做出了重要贡献；2000年之后，氮肥的施用量仍呈逐年增加的趋势，然而作物产量的增长速率则逐渐下降甚至出现了负值。研究表明，中国的氮肥年使用量占世界氮肥使用总量的25%左右（FAO，2016年提出），而氮肥的平均回收利用率仅约为30%。氮肥施入土壤后，其氮素主要有3种去向：约35%可被当季作物吸收和利用；约13%在土壤剖面中以硝态氮、铵态氮等无机氮的形式或以有机结合的形态残留；其余52%则以各种形式发生损失。因此，在保证作物产量和品质的同时，进行氮肥优化管理，以实现节本增效和环境友好的有机统一是农业可持续发展的必然选择，也是现阶段迫切需要解决的重要问题。

土壤水分和养分（尤其是氮元素）是作物生长的两大物质基础，也是影响干旱半干旱地区农业生产的主要制约因子。两者在作物产量和品质形成方面扮演着重要角色。采用合理的集雨种植和氮肥运筹调控技术，有助于实现资源的高效利用和环境的友好相处，这对节能抗旱和农业的健康、持续发展具有重要意义。

1.2 目的和意义

冬小麦-夏玉米轮作是华北地区主要的种植形式之一。在该地区，作物生

长期间的降水总量基本可以满足作物的生长需求，但由于降水年际变率大、年内分配不均衡，在很大程度上，降水分配与作物需水关键期严重不协调。因此，为了确保作物产量，需要进行大量灌溉，这对于缺乏灌溉条件或是具备灌溉条件但灌溉成本和代价不断加大的地区是一种挑战。针对现阶段农业水资源短缺的问题，集雨种植（或者适度旱作、水旱结合）已逐步成为实现该地区农业旱涝保收的重要措施。为了获得高产，农民往往施用过量的氮肥，然而作物产量与施氮量、土壤含氮量并非总是正相关关系。一定范围内提高氮肥施用水平可有效提高农田氮素供应能力、促进作物生长，从而获得高产。然而，当土壤氮素供应量远高于作物需求量时，不仅会限制植株生长、提高病虫害发生频率、降低肥料利用率，造成不必要的资源浪费和成本增加，还会导致农业面源污染。合理的氮肥运筹应是既可满足作物氮素需求，又可避免养分流失的土壤-作物系统氮素供需平衡状态。

农业可持续发展是关乎国计民生的重大问题。如何有效地利用自然降水对提高作物节水抗旱的能力十分重要。长期以来，大量使用氮肥的作物生产模式已引发了一系列环境和生态问题。如何在节能、减排和环保的前提下实现肥料的高效利用，对于农业生产的持续进行和健康发展意义深远。本书以提高资源利用效率、保护农田生态平衡和实现干旱半干旱地区稳产高产的可持续发展为根本出发点，以陕西关中地区冬小麦-夏玉米轮作的种植形式为载体，针对旱区降水年际变率大、年内分配不均衡的气候特点，在常规施氮条件下，采用全程微型聚水二元覆盖以最大限度地实现自然降水的高效利用和时空调节，并改善作物耕层的土壤温度、养分状况，从而为作物创造适宜的生长环境。在此基础上，当作物生长关键期发生持续干旱时，进行必要的补充灌水，以保证作物的正常生长。针对氮肥投入量大、当季利用率低的普遍现象，在常规灌水条件下，利用控释氮肥代替普通尿素以实现节能减排、环境保护和增产高效的有机统一。简言之，目的在于探究高产、高效、环保和节能的冬小麦和夏玉米集雨施氮模式。本书内容可为进一步完善集雨种植体系提供一定的理论支撑，也可为干旱半干旱地区农业的高产稳产提供切实可行的技术途径。除此之外，还可为控释氮肥的开发研制和推广应用提供一定的理论参考。

1.3 农田集雨种植技术的研究进展

农田集雨种植兼顾了覆盖和垄作的优点，是干旱半干旱地区调控土壤水、肥、气、热状况，实现农业旱涝保收的一项重要措施。有研究表明，集雨种植对粮食作物和经济作物均具有显著的增产效果和经济效益，同时可大幅度提高水分和养分利用效率。目前，关于农田集雨种植的研究大多集中于不同种植模式、耕作方式、覆盖材料、覆膜时长及垄沟比例（尺寸）等方面，研究的内容主要涉及集雨效应、土壤水热状况、土壤理化性状（土壤结构、土壤微生物、土壤酶活性等）、养分运移、植株生长、养分吸收、水肥利用等方面。

1.3.1　雨水集流和集水农业的含义

雨水集流简称集水，由 Geddes（1963）首次提出，其含义为“收集和储存径流或溪流用于农业灌溉”。此后，Myers 等（1967）对该定义进行了补充，集水的含义进一步拓展为“通过人为措施处理集流面增加降雨和融雪径流，进而收集利用的过程”。现阶段比较全面和完善的集水定义由 Reij（1988）提出，即：“收集各种形式的径流用于农业生产、人畜饮水或其他用途”，并指出集水的关键在于地表径流。简言之，集水就是采用工程的手段和措施，对自然降水进行收集、整合和存储，使之变为可直接被人、畜、农业生产等利用的水资源。相应地，集水农业指通过一定的措施对降水资源进行富集、叠加和储存，并将其引入作物根区土壤，以补偿农田水分的不足，从而改善作物耕层的土壤水分状况、提高作物产出，实现旱地农业生产的持续性和稳定性。集水农业具体包括雨水的汇集、存储和利用三方面内容。

1.3.2　垄沟集雨种植与传统覆盖的区别

在作物生长期或休闲期进行地表覆盖具有改善耕层土壤水热条件、防止农田水土流失和减少氮素淋溶、风蚀、水蚀等诸多优点，但也存在一些问题，主要表现在：对不大于 10mm 的降水资源利用率较低（李荣等，2016 年提出）；平作覆盖地膜不利于降水的入渗，且在作物生长后期地膜覆盖较高的土壤温度容易造成土壤通透性差、根系活力下降、呼吸受阻和植株衰老加快等负面效应（蒋耿民等，2013 年提出）；秸秆覆盖较低的土壤温度不利于植株的早期生长和最终产量的提高等。垄沟集雨种植技术尤其是垄沟二元集雨种植技术，被认为是现阶段干旱半干旱地区保墒抑蒸、改善土壤水热条件、促进作物生长和实现高产高效的一种有效措施和重要途径。它通过在田间修筑沟垄、垄体覆膜、沟内种植，使降水由垄面（集水区）向沟内（种植区）汇集，形成降水资源的有效叠加。垄沟二元集雨条件下，垄体覆膜的同时在种植沟中覆盖其他材料（如秸秆、沙石等），通过全程地表覆盖可最大限度地集蓄降水、减少土壤无效蒸发，抑制杂草生长，从而显著改善作物耕层的田间小气候，并促进作物生长。此外，在部分半干旱地区，作物生育期的降水总量基本可以满足作物生长的水分需求，但由于降水季节分配与作物关键需水期严重失衡和错位，使得降水的有效性降低。垄沟二元集雨种植可充分发挥区域降水资源和水肥光热生态因子的协同增效作用，能够同时从时间和空间上提高降水资源的可控性。在

遭遇极端干旱或是长时间持续无降水发生时，进行必要的补充灌水可达到不同降雨年型下作物保产、稳产和高产的目的。

1.3.3　农田垄沟集雨种植的研究进展

与平作相比，垄作种植具有诸多优点。垄作可通过改变微地形增加农田地表面积，从而增加可接收太阳辐射的面积；可加大昼夜温差，进而提高光合产物的累积而降低光合产物的消耗。此外，垄作覆膜还具有集蓄降雨、减少蒸发等功能（赵爱琴等，2015 年提出）。表面覆盖具有保水保墒、调节土壤温度、防止农田水土流失和减少氮素淋溶等多重功效。农田垄沟集雨种植技术是将地表覆盖和垄沟技术相结合的复合模式。该技术利用地膜覆盖作物行间非种植区（垄）的地块，使覆盖区的降水汇集并叠加到种植区（沟），以提高作物耕层的土壤水分状况，供作物吸收利用（丁瑞霞，2006 年提出）。即将“垄”“沟”在田间相间排列，垄面覆膜集蓄降水，沟内种植作物，降水从垄面汇入沟内，形成降水叠加，从而有效收集 5mm 以下的微型降雨，将小雨和无效降雨变为植株可吸收利用的有效水，并储存于根区土壤中，从而缓解作物的水分亏缺状态，提高作物产量和降水资源的有效性。

1.3.3.1　农田垄沟集雨种植技术的类型

农田垄沟集雨种植的核心思想是通过微集雨技术收集和储存降水→形成土壤水库→实现作物的高效生产，即形成集雨-蓄水-种植的模式。现阶段存在的农田集雨种植技术的分类方法主要有以下 5 种：

（1）按地面覆盖度的不同，可分为一元覆盖集雨种植技术（包括垄覆盖、沟不覆盖和垄覆盖、沟半覆盖等）和二元全程覆盖集雨种植技术（垄覆地膜，沟覆盖不同的材料，如秸秆、生物降解膜、液态地膜和砂石等）。

（2）按覆盖时间的不同，可分为仅在作物生育期内进行集雨保墒，仅在休闲期进行集雨保墒和在生育期、休闲期均采取集雨保墒措施等。

（3）按种植制度的不同，可分为单一作物的集雨种植、间作套种的集雨种植和轮作系统的集雨种植。

（4）按作物类型的不同，可分为大田作物的集雨种植和经济作物的集雨种植；长生育期作物的集雨种植和短生育期作物的集雨种植；旱作作物（如小麦、玉米）的集雨种植和水作作物（如水稻）的集雨种植；雨季作物（作物生育期的降水总量较多，如夏季作物，在数量上基本可以满足作物的水分需求）的集雨种植和旱季作物（作物生育期的降水总量较少，如冬小麦、冬油菜，仅依靠集雨措施保墒蓄水不能满足作物的水分需求，应适时给予一定的补充灌水）的集雨种植等。

(5) 按种植模式的不同，可分为垄沟集雨种植（垄沟等间距、宽沟窄垄等)、连垄集雨种植和全膜双垄沟集雨种植等形式。

不同的集雨种植技术在形式上存在一定的差异，但本质思想基本相同，即通过垄面集蓄降水、富集到作物根区、减少土壤蒸发、改善土壤水分供应与作物水分需要间的矛盾，从而促进作物生长，提高降水利用效率，实现农业的稳产和高产。

1.3.3.2 垄沟集雨种植的集雨效率

垄沟集雨种植增产增效的主要原因是其能够有效地集蓄降水，通过抑蒸聚雨变小雨为中雨，变无效雨为有效雨，从而形成边蓄边用，用中有蓄的土壤-作物水分供需状态。王琦等（2004）通过设置 3 种垄沟比和 2 种下垫面材料（膜垄和土垄）进行集雨效应的研究发现，膜垄和土垄的平均集雨效率分别为 90.0%和 16.8%。周昌明等（2016）在不同覆盖种植方式（覆盖生物降解膜）对夏玉米集雨效果进行的研究中得出，在玉米生长前期，垄沟集雨处理和连垄集雨处理的蓄水效率分别较平作不覆盖提高 34.51%和 45.71%；在玉米生长中期，随着降水量的增加，2 种集雨处理的蓄水效率较前期均有所增加（分别较平作不覆盖提高 49.93%和 42.83%）；到玉米生长后期，植株冠层基本封垄，2 种集雨处理的蓄水效率较前期和中期大幅度降低。韩思明等（1993）在渭北旱塬区夏闲期聚水保墒技术的研究表明，人工降水 45mm 后 24h，平作和垄作覆膜处理的土壤水分入渗深度分别为 30cm 和 50mm。2 种处理除入渗深度有差异外，前者的水分侧渗程度也不及后者。李小雁和张瑞玲（2005）在垄沟集雨系统的蓄水保墒效应研究中也发现了集雨种植的优越性，膜垄较土垄可显著提高小雨的利用率，膜垄的最小产流降水量仅为 0.8mm，膜垄的平均集雨效率高达 87%，而土垄仅为 7%。

集雨种植条件下较优的集雨效率与垄沟尺寸、比例等垄沟性状密切相关。合理的垄沟设计可充分发挥垄作覆膜的集雨效果，且不同作物的合理垄沟尺寸不尽相同。王琦等（2005）和 Wang 等（2005）在马铃薯的研究中发现，在垄沟比为 40：60 时，具有较好的土壤水分状况，可获得较高的马铃薯产量。王俊鹏等（2000）对玉米、谷子、小麦、豌豆和糜子 5 种作物，分别设置垄宽 60cm、沟宽 60cm 和垄宽 75cm、沟宽 75cm 的垄沟尺寸进行微集水研究，发现无论在丰水年还是欠水年，5 种作物均在垄沟宽为 60cm 的垄沟集雨模式下增产效应较高，即垄沟比 60：60 为该 5 种作物的合理垄沟尺寸。寇江涛和师尚礼（2011）在对苜蓿集雨种植的研究中得出，垄膜种植的集雨效率显著高于土垄，其中垄沟比为 60：60 和 60：75 的集雨处理效果较好。丁瑞霞（2006）在宁南旱区的农田微集水种植研究中发现，矮秆作物如小麦、糜子、谷子和豌

豆的适宜垄沟比为45：45；而高秆作物如玉米、葵花的适宜垄沟比为60：60。可见，不同作物的合理垄沟尺寸差异较大，甚至同一种作物在不同气候条件下的适宜垄沟尺寸可能不同。因此，在生产实践中，需要根据特定的气候状况、耕作习惯、作物种类等进行相关的试验研究，以充分发挥垄沟集雨种植的优势。

1.3.3.3　垄沟集雨种植的土壤水分效应

垄沟集雨措施通过改变下垫面特性来促使降水再分布，抑制表层土壤水分的无效蒸发，从而改善土壤水分状况。在集雨种植系统中，"垄水"和"沟水"可相互转化、互为源库。当沟中水分被植株吸收出现不足时，垄内的水分可通过扩散作用对沟中水分进行补充；当沟中水分充沛时，可通过侧渗作用储存在垄内，尤其在作物生长需水关键期，或是持续干旱无降水时，这种土壤水分间的相互补给对于作物维持生命活动具有重要意义。

不同的覆盖材料会产生不同的土壤水分效应。刘艳红（2010）在不同垄沟覆盖材料对冬小麦农田土壤水分的研究中发现，不同集雨处理均可提高拔节期前0～40cm土层的土壤水分含量，其中垄覆普通地膜处理的2m土层平均土壤含水率高于垄覆液态地膜处理，垄覆普通地膜或液态地膜沟覆秸秆处理在冬小麦生长前期的保水效果显著优于沟覆液态地膜和沟不覆盖，而在冬小麦生长后期，不同处理间土壤水分状况的差异有所减小，其中垄覆普通地膜沟覆秸秆在冬小麦生长季的保墒蓄水效果最佳。不同的气候条件会产生不同的土壤水分效应。任小龙（2008）通过模拟降水量研究得出，在降水量为230mm、340mm和440mm时，垄膜集雨处理的0～200cm土层土壤储水量分别较平作不覆盖提高2.3%、5.2%和4.5%。韩娟等（2014）在半湿润偏旱区不同垄沟覆盖种植冬小麦的研究中表明，垄沟单一集雨处理和垄沟二元集雨处理均可提高冬小麦生长前期0～20cm和20～100cm土层的土壤储水量，且二元集雨处理的保墒效应较好，与沟覆秸秆相比，沟覆液态地膜随生育期推进逐渐降解，仅在冬小麦生长前期具有一定的蓄水作用。由此可见，二元集雨处理可更有效地集蓄降水、改善土壤水分状况、促进作物生长，但不同作物的合理二元集雨模式存在一定差异，需要根据实际情况结合试验研究进行选择。

1.3.3.4　垄沟集雨种植的土壤温度效应

集雨种植的另一重要特点是可以显著改善作物耕层的土壤温度。土壤温度会影响土壤微生物数量（种类）、土壤微生物活性、土壤溶质的溶解与释放、土壤有机质的分解与矿化、土壤水盐运移等，而这些土壤理化性状与作物的生长密切相关。对于喜温作物而言，适宜的耕层土壤温度更是实现高产、优质和高效的重要环境因子。集雨种植的土壤温度效应受土壤类型、气候条件和覆盖材料等因素影响。研究表明，集雨种植可显著提高作物生育期的土壤温度，尤其是可以提高作物生长前中期的土壤温度，随着生育期的推进，冠层覆盖度逐渐增加，地表可接收的阳光直射减少，集雨种植的增温效应随之减弱。土壤水分状况会影响集雨种植的土壤温度效应。研究表明，随生育期降水量的增加，集雨种植的增温效应呈下降趋势（Li 等，2012 年提出）。集雨种植的土壤温度效应因覆盖材料不同而存在一定差异。在中国黄土高原西北部的西瓜垄沟集雨种植中，垄覆地膜沟覆砂石处理的沟中土壤温度低于砂石覆盖平作处理，尤其在 10cm 土层深度处差异较为明显。与垄覆地膜相比，垄不覆盖时土壤温度显著降低，且沟覆秸秆可降低土壤温度的日变幅（Wang 等，2011 年提出）。即在秸秆覆盖条件下，低温时有“增温效应”，高温时有“降温效应”。在渭北旱塬区不同覆盖材料的玉米集雨种植中，覆盖生物降解膜和普通地膜的土壤温度分别较不覆盖提高 8.2%和 12.3%，而覆盖秸秆显著降低了 5～25cm 土层的土壤温度，严重影响玉米前期的生长发育（王敏等，2011 年提出）。在玉米的不同覆盖材料试验中，与平作不覆盖相比，覆盖可降解膜和普通地膜均可明显提高玉米播种后 60d 内的土壤温度，且覆盖可降解膜与普通地膜的促进效应基本相当（申丽霞等，2011 年提出）。

近年来，生产实践表明，地膜覆盖可显著促进作物前中期的生长发育，然而在作物生长后期，覆膜较高的土壤温度容易造成根系呼吸受阻、活力下降，不利于对土壤水分、养分的吸收利用，会产生一定的早衰现象并影响产量和品质的提高。因此，建议在一定的生长阶段对覆膜作物进行揭膜处理，以充分发挥覆膜的积极效应，并最大限度地降低其负面效应。关于不同作物的合理揭膜时期已取得了较多的成果。有研究表明，在黄土高原南部红油土中，冬小麦的合理覆膜时间为 75～150d，春小麦的合理覆膜时间为 30～60d（沈新磊等，2003 年提出）。在陕西关中地区，覆膜春玉米（银敏华等，2015 年提出）和夏玉米（蒋耿民等，2013 年提出）的适宜揭膜时期均为抽雄期（播种后 60d）。在新疆库尔勒地区，棉花的合理揭膜时期为盛铃期（播种后 30d）（宿俊吉等，2011 年提出）。

1.3.3.5　垄沟集雨种植的土壤理化效应

垄沟集雨栽培将集水、保墒与调温有机结合，在有效改善土壤水热条件的同时会影响土壤微生物活性和土壤养分的转化与释放，最终影响土壤性状、土壤肥力和土地生产力。

在土壤性状方面，秸秆覆盖有利于改善土壤结构。余坤等（2014）在不同秸秆处理方式的冬小麦研究中发现，粉碎氨化秸秆可有效改善上层土壤的通气状况，并显著提高土壤水稳定性团聚体的含量。米美霞等（2014）在覆盖条件下土壤热参数的研究中得出，覆盖条件下较好的土壤水分状况可直接影响土壤热参数的变化，且主要表现在浅层土壤中。在降雨期间，各处理的土壤热参数均有所减小，但覆盖处理与露地的差异有所加大；与露地相比，覆盖处理可延迟土壤热扩散开始减小的时间。侯贤清和李荣（2015）在宁南山区免耕覆盖的研究中发现，免耕覆盖地膜和秸秆条件下，0～40cm 土层中稳定性团聚体含量显著高于翻耕不覆盖，同时可有效降低土壤容重。王海霞等（2012）在免耕秸秆覆盖玉米的研究中得出，与不覆盖相比，不同秸秆覆盖处理下，土壤中大于 0.25mm 机械稳定性团聚体和水稳性团聚体的含量均显著提高，而不稳定团粒指数有所降低，且当秸秆覆盖量为 $6000kg/hm^2$ 时，土壤各项参数均较优。

地膜覆盖也会影响土壤的理化性状。宋秋华等（2002）在不同覆膜持续时间的研究中发现，覆膜会促进土壤有机质的分解，显著提高土壤氨化细菌、硝化细菌、亚硝化细菌、解磷细菌和微生物总量。康慧玲等（2017）在不同覆盖材料对土壤酶活性的研究中得出，秸秆还田较不还田可显著提高土壤蔗糖酶、脲酶、碱性磷酸酶和过氧化氢酶活性。秸秆还田结合地膜覆盖较单一的秸秆还田可提高低温时土壤酶的活性，且总体以秸秆还田结合地膜覆盖提高幅度最大。徐文强等（2013）在不同秸秆还田与覆膜组合的研究中得出，地膜覆盖结合秸秆还田可有效降低土壤容重，且粉碎还田在改善土壤容重方面优于整杆还田。然而，随着地膜覆盖面积和使用年限的增加，加之地膜质量无保障，农田中聚积的残膜不仅不利于耕作，同时会威胁作物生长和环境安全。唐文雪等（2016）在覆盖不同厚度地膜的研究中发现，与 0.008mm 地膜相比，覆盖 0.006mm 地膜会增加土壤容重，而覆盖 0.010mm 和 0.012mm 地膜会降低土壤容重。覆膜种植条件下，残留地膜主要分布在 0～30cm 土层内，且以面积小于 $4cm^2$ 的膜块为主。连续覆盖 4 年后，0.008mm、0.010mm 和 0.012mm 厚度地膜的残膜量差异不显著，但均显著低于 0.006mm 厚度地膜。

在土壤肥力方面，一定范围内，土壤水分的增加和温度的提高可促进土壤有机质的分解和速效养分含量的提高。秸秆覆盖有利于提高土壤有机质含量，是保护性耕作的重要组成部分（王海霞等，2012 年提出）。在降水径流的冲击和风力作用下，容易发生土壤水蚀、风蚀。地表覆盖秸秆后，其松土和增糙作用可有效缓解土壤水蚀和风蚀的危害，减少水土流失，提高降水入渗深度。在黄土坡耕地中，作物残茬和秸秆可减少产流次数、降低径流量和土壤侵蚀量，且随着覆盖年限及覆盖量的增加，效果趋于明显。此外，秸秆覆盖条件下，土壤养分的流失也明显降低。在不同降雨量条件下，集雨种植可显著提高玉米耕层土壤速效 N、P、K 和有机质的含量，且随降雨量的增加，速效 N 和 K 含量的增加幅度减小，而速效 P 的增加幅度加大。此外，集雨种植提高土壤速效养分的土层深度与玉米生育期的降雨量密切相关。宋秋华等（2002）在持续 2 年的试验研究中发现，覆膜会促进土壤有机质的分解，不同覆膜时长的土壤有机质含量均显著低于不覆盖，其中覆膜 30d 处理的下降幅度较低。Liu 等（2009）通过垄沟种植结合地膜覆盖研究得出，玉米全生育期覆膜和播前 30d 覆膜均会降低土壤有机碳含量，而一膜两用则可以提高土壤有机碳含量。综上所述，作物秸秆由于本身含有多种营养元素，可为农田生态系统提供一定的碳源，实现农田养分再循环并改善土壤结构；而地膜覆盖条件下，较高的土壤温度环境会加速有机质的分解，从而降低土壤有机质含量。

在中国西北干旱半干旱农业系统中，土壤肥力和水热状况较差，集雨栽培技术的引入使农田水热资源重新分配，在大幅度提高作物产出的同时，会不可避免地引起土壤质量下降。在生产实践中应通过增施有机肥、秸秆还田、进行必要的耕地休闲或与其他豆科作物间作、轮作等措施，实现用地与养地的有机结合和农田生态系统的持续发展。

1.3.3.6 垄沟集雨种植的作物生长效应

沟垄集雨种植条件下，较优的土壤水热状况和养分含量可促进作物的生长发育及其对养分的吸收利用。在作物生理生长指标方面，韩娟等（2014）通过不同垄沟覆盖材料的研究发现，一元集雨处理和二元集雨处理均可显著提高冬小麦的株高和地上部分生物量，其中垄覆地膜沟覆秸秆处理的促进效果最好，可分别较平作不覆盖提高 20.1%和 38.5%。然而，集雨处理对冬小麦生长的促进效应主要表现在生长前期。产生这种现象的主要原因是，冬小麦生长前期降水量较少，集雨处理的效应可充分发挥，到冬小麦生长后期，一方面降水量逐渐增多，另一方面冠层基本封垄，集雨处理的增温保墒效应随之降低。张鹏（2016）在垄沟集雨种植结合补充灌溉的研究中得出，在不同降雨年型下，集雨补灌处理较畦灌处理均可显著提高玉米叶片的叶绿素含量、光合特征和叶绿素荧光参数等指标。高玉红等（2012）通过采用 7 种集雨种植方式对玉米根系进行研究发现，与半膜双垄沟播、常规地膜覆盖和平作不覆盖相比，全膜双垄沟播等行距种植处理下，0～150cm 土层的玉米根长显著提高，且 120～150cm 土层的根长占比显著增加。周昌明等（2015）也得出了类似的结果，平地全降解膜覆盖、垄覆降解膜沟种植和连垄全降解膜覆盖种植的玉米根长、根表面积、根体积和根干重均显著高于平作不覆盖，其中连垄全降解膜覆盖种植的提高幅度较大，且具有较大的根长密度。路海东等（2017）在不同颜色地膜覆盖玉米的研究中发现，与白色地膜相比，覆盖黑色地膜可延缓玉米叶片衰老，提高叶片的生理活性（光合特性、PSII 电子传递速率、光化学猝灭系数等）。此外，大量研究表明，集雨种植在改善油菜、马铃薯、烤烟、苜蓿、桃

树、糜子、西瓜、甜菜等作物的生理生长指标方面均具有较好的效果。

集雨种植在促进作物生长的同时，会提高作物对养分的吸收和利用。不同降水量条件下，集雨处理较平作不覆盖可显著提高玉米植株的N、P、K吸收量和利用效率，尤其在降水量较少时，提高幅度较大（任小龙等，2010年提出）。垄覆普通地膜和生物降解膜较平作不覆盖可显著提高冬油菜主要生育期植株的N、P、K累积量，且覆盖2种膜之间差异不显著（谷晓博等，2016年提出）。在陇中旱区，施肥条件一致的情况下，在玉米养分需求较低的苗期，集雨种植较传统平作的耕层全氮和速效磷含量分别提高17.0%和11.9%，而在玉米养分需求量较高的花期，集雨种植的耕层全氮和速效磷含量均低于传统平作。这也反映出集雨种植可促进植株的养分吸收（魏以昕等，2000年提出）。在中国西部旱区，与畦灌相比，不同集雨补灌处理的植株各器官养分含量均较高，其中籽粒提高幅度为9.74%～24.83%，叶片提高幅度为14.26%～37.07%，茎秆提高幅度为16.07%～22.88%（张鹏，2016年提出）。在小麦-水稻轮作系统中，与传统不覆盖相比，覆盖地膜的植株N、P、K吸收量均有所提高，而覆盖秸秆的植株N、P、K吸收量有所降低（Liu等，2003年提出）。集雨种植条件下，植株养分累积量的增加有助于产量和肥料利用率的提高。

当品种、播期等相同时，土壤水热环境是影响作物生育周期和生育进程的主要因素。不同覆盖栽培的土壤水热状况不同，使得作物生育进程存在一定差异。在中国北方大部分地区，早春作物和越冬作物容易遭受低温冷害，不利于种子的萌发和幼苗的生长。集雨种植条件下，覆盖地膜可通过提高耕层土壤温度，促进种子出苗并加快作物生育进程（Li等，1999年提出）。申丽霞等（2011）通过普通地膜、可降解膜和露地栽培的对比试验得出，玉米的全生育周期表现为覆盖普通地膜最短，覆盖可降解膜较覆盖普通地膜延迟3d，露地栽培较覆盖普通地膜延迟12d。王敏等（2011）在不同覆盖材料种植玉米的研究中得出，覆盖生物降解膜和普通地膜可缩短玉米全生育期11d，这主要是缩短了苗期到大喇叭口期的时间，而生殖生长时间与露地种植差异较小。秸秆覆盖的玉米全生育期较露地种植延长3d，覆盖液态地膜的生育期与露地种植差异不显著。高丽娜等（2009）在华北平原的冬小麦试验中发现，与露地栽培相比，覆盖秸秆可缩短冬小麦的灌浆时间，而覆盖地膜可延长冬小麦的灌浆时间。路海东等（2016）通过不同颜色地膜覆盖玉米的研究中得出，从出苗到拔节期，覆盖2种地膜的持续时间相当，且均较露地栽培有所降低，之后，覆盖白色地膜的玉米生育进程较覆盖黑色地膜有所加快。整个生育周期表现为覆盖黑色地膜与露地栽培差异不显著，而覆盖白色地膜可缩短3d。这主要与2种颜色地膜的增温效应有关，黑色地膜可有效延缓植株衰老，延长生殖生长持续时间，有利于籽粒灌浆和籽粒充实。此外，集雨种植也会影响草原植被、烤烟、甜菜、谷子、糜子等作物的生育进程。

1.3.3.7 垄沟集雨种植的作物产量、品质和水分利用效率

在干旱半干旱地区，作物增产主要依赖于生育期间的有效降水及播前土壤储水。垄沟集雨种植可改善作物生长的水、肥、气、热环境，从而获得较高的产量。在农田集雨种植中，因作物种类，生育期降水量、降水分布，前茬作物类型和覆盖材料等不同，其对作物的产量、品质和水氮利用效应存在一定的差异。

任小龙（2008）通过模拟降雨量研究发现，当生育期降雨量为 230mm 和 340mm 时，垄沟集雨种植可显著提高玉米的产量和水分利用效率，尤其在降雨量为 230mm 时，水分利用效率的提高幅度高达 61.24%，而当生育期降雨量为 440mm 时，垄沟集雨种植与传统平作的玉米水分利用效率差异不显著。这表明在降水量较少或土壤水分处于相对亏缺状态时，即当水分是限制作物生长的主要因子时，垄沟集雨种植可更好地发挥其增产增效作用。当土壤水分本身较高时，水分已不是影响作物生长的主要因素，此时集雨种植的优势无法充分发挥。Wang 等（2011）在不同垄沟集雨种植西瓜的研究中得出，垄沟集雨种植可显著提高西瓜的产量和水分利用效率，且垄沟比 1∶1 的集雨增产效果优于垄沟比 5∶3 的效果。Li 等（2001）通过在半干旱地区的垄沟覆盖耦合试验中得出，在干旱年份、湿润年份和偏湿润年份，垄沟集雨种植的玉米增产率分别为 60%～95%、70%～90%和 20%～30%。

与一元集雨处理相比，二元集雨处理在提高作物产量和水分利用效率方面效果较优。冯浩等（2016）通过西北半湿润地区不同集雨方式的研究得出，不同集雨处理的玉米产量和产量构成因素均显著高于平作不覆盖，其中同时覆盖秸秆和地膜处理的提高幅度最大，产量较不覆盖提高 28.4%，水分利用效率较不覆盖提高 28.0%。刘艳红等（2010）通过渭北旱塬区不同微集水种植的研究也发现，微集水种植在提高冬小麦产量和水分利用效率方面效果显著，分别较平作不覆盖提高 24.73%～40.56%和 17.61%～27.36%，其中垄覆地膜沟覆秸秆处理的促进效果最优。

覆盖不同厚度的地膜也会影响集雨种植的增产效应。张丹等（2017）研究表明，随着地膜厚度的增加，棉花和玉米的产量不断提高，覆盖 0.012mm 厚度地膜的棉花与玉米产量分别较覆盖 0.006mm 厚度地膜提高 4.0%和 15.4%。周明冬等（2016）研究表明，与 0.006mm 厚度地膜相比，覆盖 0.008mm、0.010mm 和 0.012mm 厚度的地膜可分别使棉花产量提高 3.4%、5.0%和 7.4%，分别使地膜残留量减少 36.5%、60.4%和 54.6%。

生育周期较长、生产潜力较大的作物，可充分发挥集雨种植的优势，从而

提高增产增效幅度。即当作物生育周期较长时，受集雨种植土壤水分再分配的作用时间也较长；生产潜力较高的作物，在较优的土壤水肥环境下，可提高光合产物向籽粒的运转量和运转效率。王俊鹏等（2000）在宁南地区分别对玉米、谷子、小麦、豌豆和糜子5种作物进行微集水研究发现，玉米和谷子的集雨增产效果显著，而豌豆和糜子的集雨增产效果最差，小麦的集雨增产效果居中。这可以解释为，对宽行距作物而言，垄沟集雨种植不会影响作物的种植密度，因此个体的增产必然会获得较高的群体产量；而对于窄行距作物，垄沟集雨种植会减少单位面积农田的有效植株数量，尽管个体产量有所提高，但由于群体数量较少，使得单位面积产量的提高幅度较小。

除此之外，集雨种植还可以提高作物的品质和经济效益。在作物品质方面，Dass 和 Bhattacharyya（2017）在印度北部半干旱平原种植大豆的研究中发现，与不覆盖相比，覆盖秸秆的大豆蛋白质含量和含油量分别提高 18%和 17%。Saraiva 等（2017）在巴西研究集雨种植对西瓜品质的试验中得出，覆盖秸秆和白色地膜可有效提高西瓜的可溶性固形物含量。在苜蓿的研究中也发现，垄膜集雨处理可促进苜蓿粗蛋白和粗脂肪的合成代谢，提高粗蛋白和粗脂肪的含量，同时可抑制粗纤维的合成，从而获得较优的苜蓿品质（寇江涛等，2010 年提出）。Wang 等（2011）在中国西北旱区种植马铃薯的研究中发现，地膜覆盖处理下马铃薯的淀粉和维生素 C 含量均有所降低，并认为这主要是由于地膜覆盖后期的高温效应所致，应在适当生长时期进行揭膜。

在经济效益方面，张鹏（2016）在集雨限量补灌对玉米经济效益的研究中发现，不同降雨条件下，各集雨补灌处理较畦灌均可提高玉米的总收入，但提高幅度随生育期降雨量的增加趋于减小。周昌明（2016）在不同地膜覆盖和种植方式的研究中得出，连垄全覆盖降解膜和连垄全覆盖液态地膜的经济效应高于平作不覆盖。丁瑞霞（2010）通过研究集雨种植对作物的调控效应表明，在集雨种植条件下，谷子的收入显著增加，玉米可达到增产和增收的双重效应，而糜子的产值有所提高，但纯收入有所降低。这一方面是由于集雨种植本身的成本较高，另一方面与作物的增产幅度和当时的价格有关。Li 等（2001）在半干旱地区的垄沟覆盖耦合玉米试验中得出，在干旱年份、正常年份、湿润年份和偏湿润年份，垄沟集雨种植的玉米净收入分别增加 200～400 元/hm^2、800～1000 元/hm^2、1100 元/hm^2和 50～100 元/hm^2

1.3.4 二元集雨种植的增产机理

二元集雨种植可有效避免单一秸秆覆盖的低温效应和单一地膜覆盖在作物生长后期产生早衰和过度消耗地力等负面效应。通过在田间垄沟相间布置，垄面覆膜、沟中种植并覆盖秸秆，可充分发挥地膜和秸秆的积极效应，并有效避免地膜和秸秆的不利影响，从而实现覆盖效应的最大化。具体而言，主要体现在集雨、蓄水和保墒3个方面。二元集雨种植条件下，可有效提高作物产量主要归因于以下5方面原因。

（1）二元集雨种植可最大限度地积蓄天上雨，保留地里墒。二元集雨为全程覆盖，即形成封闭式的地表格局。垄体覆膜后光滑的表面可将小于5mm的降水有效地富集到沟中作物根区，沟中覆盖的秸秆有利于降水的入渗，从而实现降水的二次叠加，并有效地储存在土壤中，达到边蓄边用、用中有蓄的良性循环，提高土壤水分的有效性。

（2）二元集雨种植可最大限度地降低地表无效蒸发。二元集雨条件下，地表覆盖度达到100%，在秸秆和地膜的物理阻隔下，土壤与大气的热量和水分交换强度减弱，从而有效降低棵间蒸发。

（3）二元集雨种植可最大限度地改善作物耕层的土壤温度状况。垄上覆盖地膜较高的土壤温度可促进种子萌发和幼苗生长，一定程度上减弱沟中秸秆覆盖的低温效应；在作物生长后期，秸秆覆盖较低的土壤温度可有效避免地膜高温效应导致的植株根系衰老和活性降低，从而延长生殖生长时间，维持合理的作物生长周期。

（4）二元集雨种植可实现用地与养地的有机组合，增产又肥田。相关估计表明，每公顷农田可生产11250kg秸秆，每100kg秸秆的N、P_2O_5和K_2O养分含量分别为0.5kg、0.3kg和0.9kg（Spaccini等，2001年提出）。二元集雨模式下，沟中秸秆可释放大量的营养元素，有助于培肥地力，从而使作物根系可吸收利用的养分增加。

（5）二元集雨种植可有效抑制杂草生长，降低病虫害的发生频率。垄上膜较高的土壤温度和缺氧状态可实现抑草率80%以上。杂草减少的同时也会降低病虫害的寄主源。此外，二元集雨种植可调节农田小气候，使害虫的生活环境发生紊乱。

1.4 氮肥优化管理技术的研究进展

1.4.1 氮肥在农业生产中的地位

肥料作为粮食的"粮食"，在农业生产中扮演着重要的角色。氮是作物需求量最大的营养元素，土壤固有的氮素含量非常有限，中国耕地几乎均缺乏氮素，只有施用氮肥，才可满足作物的生长需求，从而实现高产。据统计，如果没有氮肥，全球的农作物产量将降低40%～50%。现阶段，随着城镇化进程的加快和人们生活水平的提高，对肉、蛋、奶等动物性食品消费量的增加隐含着对粮食作物产量提高的内在需求。尤其在中国，耕地面积仅为国土总面积的10%左

右，人均耕地占有量仅 0.08hm^2。解决这一问题的主要途径是提高复种指数或提高单位耕地面积的产出，这主要依赖于土壤肥力的提高和氮肥的合理施用。

1.4.2 氮肥施用不当产生的问题与对策

1.4.2.1 氮肥施用不当产生的问题

目前，中国单位耕地面积的作物产量仍低于发达国家，单位耕地面积的氮肥施用量则为发达国家的 2 倍左右。在蔬菜、果树和花卉等经济作物的种植过程中，氮肥施用量平均为 569～2000kg/hm^2，达到粮食作物的 10 倍以上。然而，作物产量与氮肥施用量并非呈正比关系。当氮肥施用量远高于作物需求量时，不仅会限制植株生长，降低氮肥利用效率，而且会产生一系列的环境污染，如土壤退化、水体富营养化、地下水污染和温室气体排放等。

农业生产中长期过度施用氮肥是造成地下水和饮用水硝酸盐污染的重要原因。硝酸盐是作物生长所必需的矿质养分，但在过量施氮条件下，未被作物吸收利用或还没来得及被作物吸收利用的部分会在降水和灌水的作用下渗漏并污染地下水。医学上认为，饮用水中硝酸盐含量超过 90mg/L 时，会对人体健康产生危害。张维理等（1995）通过对中国北方 13 个县共 69 个地点的地下水、饮用水硝酸盐含量进行调查，发现 37 个地点的水样中硝酸盐含量超标。这些地点的共同特点是年氮肥用量达到 500kg/hm^2 以上，尤其是蔬菜田地的氮肥过量施用现象普遍存在。此外，部分地区的深井水硝酸盐含量也超标明显，个别地方的硝酸盐含量达到 180mg/L 以上。此外，土壤中大量的硝酸盐累积量会造成土壤盐渍化和土壤酸化，从而破坏土壤结构和理化性状。氨挥发是氮肥以气体形式损失的主要途径，一般占氮肥施用量的 9%～40%。挥发到大气中的氨通过沉降方式返回陆地和水体中，会导致水体的酸化和富营养化。与此同时，氨是二次颗粒物 PM2.5 的重要组成部分，会威胁人体健康。N_2O 是重要的温室气体，可破坏平流层中的臭氧。研究表明，80% 的 N_2O 来源于农业生产，这与农业生产中大量使用氮肥密切相关（Robertson 等，2000 年提出）。综上所述，氮肥的过量使用会危害土壤、水资源和大气环境，正严重威胁着人类的生存和健康。

1.4.2.2 应对氮肥施用问题的解决途径

在常规氮肥施用和管理中，氮素通过氨挥发、径流、淋洗和反硝化等途径损失，造成氮肥利用率低和环境污染的主要原因包括以下 3 个方面：第一，普通尿素和复合肥为速溶性肥料，施入土壤后养分迅速释放，导致土壤中的硝态氮、铵态氮等无机氮含量急剧增加，在降水、灌水和微生物作用下，容易造成氮素的淋溶和挥发损失；第二，普通尿素和复合肥的养分释放与作物生长需求严重错位，往往是在作物生长前期氮素需求量较少时，土壤氮素含量较高，到作物生长中后期，植株生长旺盛，对氮素的需求量也增加，而此时土壤氮素由于挥发或淋溶，使得含量降低，无法满足作物的生长需求；第三，普通尿素和复合肥的氮素不稳定，易通过挥发、径流和渗漏等多种途径散失。因此，降低和控制氮肥的氮素溶解与释放速率，调节土壤氮素含量与作物生长需求的关系，是减少氮素流失和提高氮肥利用效率的根本所在。

在生产实践中，可通过以下 8 种途径实现氮肥的高效利用。

（1）选择合理的氮肥施用量。根据作物种类、土壤肥力状况和前茬作物等基础信息，在合理范围内施用氮肥，既不影响作物的产量，又不会造成氮肥的浪费。

（2）选择合理的施肥方式，如改面施为条施或深施，改固定施肥为交替施肥或均匀施肥。

（3）在作物生育期内合理分配氮肥用量和施氮时间。根据不同作物在生长过程中的氮素需求特征，进行基肥与追肥的分配，并选择适宜的追肥时间。

（4）化肥与有机肥配合施用。根据作物对 N、P、K 元素的需求量和需求比例，配合施用有机肥，以协调土壤养分的平衡和促进植株的养分吸收（徐明岗等，2008）。

（5）开发研制和合理施用缓控释氮肥。缓控释氮肥的氮素释放具有阶段性和连续性，基本与作物的氮素需求吻合，从而减少氮素在土壤中的停滞时间，降低氮素的挥发、淋洗等损失，减轻对环境的污染（刘敏等，2015 年提出；薛高峰等，2012 年提出）。

（6）根据土壤养分状况，采用测土配方施肥技术，根据叶片叶绿素含量和植株氮素含量等状况，有针对性地补施氮肥。

（7）合理进行灌水管理，实现以肥补水、以水调肥的效果。水肥是一个统一的矛盾体，可相互影响、互为促进。

（8）选用肥料利用效率较高的作物品种。同一作物的不同品种在氮素吸收利用方面存在基因型的差异。

除此之外，应该注重科普宣传，提高农民的环境保护意识；通过制定相关的法律法规以规范农民的施肥行为。综合考虑作物高产、资源高效和环境友好，通过合理的氮肥运筹调节土壤-作物系统的氮素循环与平衡。合理施用氮肥包含施氮量、施氮时期、施氮方法和氮肥种类 4 个方面内容，也称 4R 技术。

1.4.3　氮肥优化管理技术

1.4.3.1　合理的氮肥施用量

一般而言，作物产量与氮肥施用量之间符合报酬递减的规律，通常可利用

线性+平台、二次抛物线、二次抛物线+平台等模型分析作物产量与施氮量之间的关系。不同作物的氮素需求量不同，因此合理的氮肥施用量不尽相同，且同一作物在不同的气候特征、土壤类型、种植制度和土壤肥力等条件下，存在不同的合理氮肥用量。

在作物生理生长方面，合理的氮肥施用量可促进植株叶面积、地上部生物量累积和根系生长，同时可提高植株氮素累积量（强生才，2016 年提出），并促进氮素由营养器官向生殖器官的转移。此外，合理施用氮肥可有效延缓植株衰老进程，延长生殖生长周期。水肥是作物生长的两大因子，水肥之间相互影响、不可分割。在不同水分条件下，作物的合理施氮量存在差异。杨慧等（2015）在不同水氮耦合对盆栽番茄生长的研究中发现，中水和高水条件下，番茄的干物质质量随施氮水平的提高呈先增加后减小的趋势；而在低水条件下，番茄的干物质质量随施氮水平的提高呈逐渐增加的趋势。即提高氮肥用量可有效缓解干旱胁迫对植株生长的限制。徐国伟等（2015）在不同水氮耦合对水稻生长的研究中得出，一定水分条件下，施用氮肥对水稻生物量累积的促进效应主要表现在抽穗期之前；水分不亏缺和轻度亏缺条件下，水稻根系质量随施氮水平的提高而增加，而在重度亏缺条件下，随着施氮量的增加，水稻根系呈先增加后减少的趋势。即当土壤水分严重制约作物生长时，氮肥的作用无法充分发挥。此外，在茄子、棉花、黄瓜等作物的水氮耦合研究中也有类似的结论。

在作物产量和氮肥利用方面，在陕西关中地区冬小麦-夏玉米轮作条件下，冬小麦生长季施氮 150kg/hm^2、夏玉米生长季施氮 180kg/hm^2 可获得较高的作物产量和氮肥利用率，同时可使 0～100cm 土层的土壤氮库基本达到稳定，且可以降低氮肥的表观损失率（杨宪龙等，2014 年提出）。在关中西北地区覆膜水肥耦合种植夏玉米时，一定揭膜条件下，高氮与低氮处理间的夏玉米产量和水氮利用效率差异不显著，认为 120kg/hm^2 为该地区夏玉米的合理施氮量（蒋耿民，2013 年提出）。在陕西杨凌地区不同施氮量下起垄覆膜种植冬小麦时，垄覆半透膜结合中等施氮量（120kg/hm^2）可获得较高的冬小麦产量（崔红红，2014 年提出）。强生才（2016）在陕西关中地区不同基因型和施氮量对夏玉米、冬小麦产量和氮素利用的研究中得出，旱作条件下，夏玉米和冬小麦的氮素吸收效率和氮素利用效率均随施氮量的增加而降低，且不同品种的最优施氮量存在一定的差异，总体而言，获得较高产量时，夏玉米的合理施氮区间为 86～172kg/hm^2，冬小麦的合理施氮区间为 105～210kg/hm^2。在番茄生产中，施氮减量 26%可减少 0～100cm 土层的硝态氮累积量，提高番茄氮素利用率和氮素农学利用率。在西班牙甜瓜的水氮试验中发现，当施氮量为 90kg/hm^2 时，可获得最高的灌溉水利用效率，且不降低甜瓜的产量和品质。在美国佛罗里达州沙土地种植番茄的研究中得出，当氮肥施用量高于 176kg/hm^2

时，其对番茄产量的提高无作用。

1.4.3.2 不同施氮位置的土壤和作物效应

不同施氮位置会影响氮素的去向，进而会产生不同的土壤和作物效应。撒施氮肥由于肥料暴露在土壤表面，会产生大量的氨挥发，尤其是在经过降水和灌水后氨挥发严重。条施和深施在表层土壤的阻隔作用下会降低氨挥发强度。

在温室气体排放方面，Nash 等（2012）在美国密苏里州东部做关于氮肥种类和施氮方式对 N_2O 排放的研究时发现，施用尿素和施用控释氮肥的累积 N_2O 排放量差异不显著，两者因 N_2O 排放造成的氮素损失分别为施氮量的 2.8%和 3.0%，与表面施氮相比，条施和深施氮肥可平均减少 N_2O 排放量 28%。刘敏等（2016）在不同追肥方式对夏玉米农田 N_2O、NH_3 排放影响的研究中表明，与撒施氮肥相比，条施覆土会显著提高土壤 NO_3^-—N 的累积量和 N_2O 的排放量，而 NH_3 的排放量显著降低 69.4%。即追肥方式对 N_2O 和 NH_3 排放量的影响在一定程度上表现为此消彼长的情形。在条施氮肥的同时，结合使用硝化抑制剂，可同时降低 2 种气体的排放。在对烤烟的研究中发现，传统施氮方式会提高烤烟旺长期和成熟期 N_2O 的排放量，而降低 NH_3 的挥发量。Cheng 等（2002）在对日本筑波的火山灰土进行卷心菜的研究时发现，与撒施氮肥相比，条施氮肥可降低 NO 的排放量，对 N_2O 排放的影响不显著。整体而言，氮肥后移的优化施氮方式会促进烤烟生长中后期的氮素吸收，但也提高了 NH_3 的排放量，对抑制氮素损失效果不显著。

在作物生长方面，对局部施氮条件下玉米根系分布的研究发现，与固定隔沟施氮相比，交替隔沟施氮和均匀隔沟施氮均可促进玉米根系的生长，在成熟期，均匀隔沟施氮可获得较大的根系质量和根长密度。在美国黏壤土中进行水氮供应模式对玉米根系生长的研究也发现，均匀施氮可获得较优的根系参数，固定施氮条件下，施氮一侧的玉米根系生长较为旺盛。王绍辉和张福墁（2002）通过局部施肥发现，施肥一侧的植株根系发达、根毛密集，但地上和地下部分的总干物质质量有所下降。Drew 等（1973）在局部施氮对大麦根系生长的研究中得出，集中施氮条件下，在施氮区域的大麦根系生长较均匀施氮旺盛，尤其是第一侧根和第二侧根较为发达，侧根总长度也有所增加；而局部施氮条件下，不施氮区域的大麦根系发育不良，整体根系的干重低于均匀施氮处理。类似的结论在棉花、番茄、玉米等作物上也有所发现。

针对特定的作物将氮肥施在作物根系密集、活力较强的土层以适应根系生长的需求，有助于实现氮肥的高效利用。在小麦的生产中，段文学等（2013）研究发现，施氮深度为 20cm 和 30cm 时，冬小麦的干物质累积量、籽粒产量和氮肥偏生产力均显著高于地表撒施和施氮深度 10cm，其中 20cm 为黄淮海

旱区冬小麦的适宜施氮深度。在冬油菜生产中，谷晓博等（2016）研究得出，施氮深度为15cm的冬油菜根系参数、地上部生物量和植株N、P、K吸收量均显著提高，且较表面施氮可提高产量85.1%，是陕西关中地区合理的冬油菜施氮深度。在春玉米生产中，于晓芳等（2013）研究认为，施氮深度为15cm可获得较高的根系活力、产量和产量构成因素，同时能大幅度降低氮肥的挥发和淋溶损失，从而获得较高的氮肥利用效率。Zeng等（2008）在广东种植栗树的研究中也发现，当施氮深度大于20cm时，可有效降低N和P的径流损失。

1.4.3.3 不同施氮模式的土壤和作物效应

合理调节氮肥的基追比例和施氮时期，与此同时，配合施用磷肥、钾肥和有机肥可有效改善土壤和作物之间的养分供需矛盾，促进作物生长，从而实现高产、优质、节本和环境友好的协调统一。

在氮素损失方面，氮素施用量和施用时期与植株氮素需求紧密结合，可有效降低氮素损失和对环境的污染。研究表明，分次施用氮肥可减少氮素损失28%～53%。俞映倞等（2013）在太湖地区水稻种植中研究不同氮肥管理模式对氨挥发的影响，发现减少氮肥施用量可显著降低氨挥发损失；常规施氮（基肥：分蘖肥：穗肥＝3：3：4）条件下，施用基肥和分蘖肥后氨挥发损失严重；在施氮量相同时，配施有机肥可大幅度降低氨挥发量，缓控释氮肥可有效降低水稻生长前期的氨挥发强度。李欠欠等（2015）在不同生态区优化施氮对春玉米产量和氨挥发的研究中得出，减量施氮可显著降低不同地区春玉米田的氨挥发损失，减小表观氮素盈余量。较高的氮肥用量不仅不利于增产，而且会提高氮素损失风险。研究表明，在合理施用氮肥的同时，注重磷肥、钾肥和有机肥的配合施用可有效降低土壤容重、提高土壤孔隙度和通透性，并协调土壤大量元素和微量元素间的关系，从而减少养分流失、提高土壤养分有效性、改善土壤肥力状况。

在作物生长方面，党建友等（2014）在山西南部不同氮肥基追比对冬小麦生长发育的研究中得出，提高基肥比例可增加冬小麦越冬前和拔节期的分蘖数，促进灌浆期营养物质向穗部的运转和累积，提高土壤蔗糖酶、磷酸酶和过氧化氢酶等活性，其中以基追比7：3的促进作用最优。石祖梁等（2012）在倒茬小麦的研究中发现，施用氮肥主要影响上层土壤中冬小麦的根系生长与分布，提高施氮水平和增加追肥比例有利于根系的生长，当基追比为5：5时，可提高小麦主要生育期植株的氮素累积量。张玉等（2014）在氮肥运筹对玉米根系生长的研究中发现，较高的基肥比例可增加玉米根系干重，提高根系的水肥吸收能力；较高的穗肥可促进玉米生长后期根系的延伸。在棉花生长中，氮肥前移可加快营养生长进程并提早结束生殖生长，同时可促进营养器官中氮素的吸收量及其向棉纤维的运转。

在作物产量、品质和氮肥利用方面，党建友等（2014）研究发现，在冬小麦生产中，氮肥基追比 7∶3 可获得较高的冬小麦产量和氮肥、磷肥、钾肥利用效率。Randall 等（2003）在加拿大排水性较差的黏壤土中进行施氮时期的研究发现，分次施氮可获得较高的玉米产量和净收益，表观氮素回收率高达44%。姜涛（2013）综合考虑施氮量、基追比例和施氮时期发现，夏玉米的籽粒产量、籽粒粗蛋白、粗淀粉、粗脂肪等均随施氮量的增加呈先增加后降低的趋势，在基肥、拔节肥、大喇叭口肥比例为 5∶0∶5，施氮总量为 $300kg/hm^2$ 的氮肥运筹下各项指标均较优，是淮北平原砂浆黑土地区夏玉米生产的合理氮肥运筹模式。鱼欢等（2010）在对加拿大东南部玉米的研究中得出，基施氮肥 $20kg/hm^2$ 或 $45kg/hm^2$，拔节期追施氮肥 $93kg/hm^2$ 或 $68kg/hm^2$，可获得较高的玉米产量。即拔节期之前，玉米的氮素需求量较低，拔节期之后玉米需氮量明显增加，此时追施氮肥可更好地被玉米根系吸收利用，从而降低氮素损失。目前农业集约化程度高、化学肥料用量高，容易造成土壤退化和环境恶化等问题。在施用化肥的同时配合一定的有机肥有利于培肥土壤、提高地力。徐明岗等（2008）在化肥有机肥配合施用对水稻生产的研究中发现，化肥结合有机肥可提高水稻产量和肥料利用率，并减少氮素损失和环境污染。

1.4.4 缓/控释氮肥的发展与应用

缓/控释氮肥是一种高效、节能和环保的新型肥料，可有效解决氮素利用低、环境污染等问题，是实现农业可持续发展的一个新方向，也是 21 世纪肥料产业的焦点。

1.4.4.1 缓/控释氮肥的概念和分类

缓释氮肥是在生物或化学作用下实现氮素的释放，其氮素释放速率远小于常规的速效氮肥且仅能达到减缓的作用，即实现氮素的长效性和缓效性。控释氮肥是在颗粒氮肥表面涂覆一层水溶性较低的有机或无机物质，或采用化学的方法将颗粒氮肥溶解于聚合物中，形成多孔的网状结构，在聚合物分解的同时实现氮素的缓慢释放。控释氮肥是缓释氮肥的高级形式。

具体而言，缓/控释氮肥氮素释放的原理主要包括物理方法、化学方法和生物方法，也可按照是否包膜分为包膜法、非包膜法和综合法，其中包膜法是最常见的一种。常用的包膜材料有天然高分子材料、半合成高分子聚合物、合成高分子聚合物和混配、改性的高分子聚合物。按照农业化学性质，缓释氮肥通常可分为合成有机氮肥、包膜氮肥、缓溶无机氮肥和以天然有机质为载体的氮肥 4 种类型。控释氮肥通常分为包膜类形式和脲醛类形式。

1.4.4.2　缓/控释氮肥的发展

缓/控释氮肥的研制和开发首先在20世纪40年代末出现于美国，其形式主要包括硫包膜尿素、硫包膜 $(NH_4)_2HPO_4$ 等。起初是将缓/控释氮肥与速效氮素混合使用，为了降低聚合物对环境的不利影响，随后又研发了生物降解膜控释氮肥。日本在1975年生产了硫黄包膜氮肥，20世纪80年代研制了热塑性树脂聚烯烃包膜氮肥，其氮素释放基本能够实现精准控释，并在粮食作物、经济作物和花卉等的应用上取得了很好的效果。德国在缓/控释氮肥的研制上集中于包膜氮肥，其氮素释放具有可控和与作物氮素需求高度吻合的特点。到20世纪90年代中期，全球缓/控释氮肥的年总产量达到50万t，其中美国是最大的生产国和消费国。现阶段，美国和日本在缓/控释氮肥的开发研制和实践应用方面仍领先于其他国家。

与国外相比，中国在缓/控释氮肥的研制上起步较晚，但发展速度相对较快。中国科学院南京土壤研究所在1974年开始包膜缓释氮肥的研发，随后部分高校和研究院所也开始了相关的研究，形成了缓/控释氮肥的2条技术路线，即通过包膜或微融化实现氮素的缓慢释放，相应的代表性产品为脲醛化合物、硫包膜尿素聚合物和包膜尿素。国家化肥质量监督检验中心与金正大生态工程集团股份有限公司在2007年10月1日共同起草了《缓/控释肥料》（HG/T 3931/2007）行业标准，并得到施行。《国家中长期科学和技术发展规划纲要（2006—2020年）》也已将开发和研制新型环保型肥料、缓/控释肥料等列为今后肥料发展的方向。这标志着中国缓/控释肥料产业迈进了新的历史阶段。

1.4.4.3　缓/控释氮肥的土壤效应

缓/控释氮肥可降低土壤硝态氮淋溶。在中国宁夏灌溉区，与全量施用尿素相比，减量施用控释氮肥可分别降低土壤全氮、铵态氮和硝态氮损失27.4%、37.2%和24.1%。在美国明尼苏达州的砂土平原，施用控释氮肥较施用尿素可降低硝态氮淋溶损失34%～49%（Zvomuya等，2003年提出）。缓/控释氮肥有利于防治土壤盐渍化。史海滨等（2014）在内蒙古河套灌区的缓/控释氮肥研究中发现，与尿素相比，控释氮肥和缓释氮肥均可降低土壤耕层和剖面的电导率，且在节水灌溉条件下其控盐效果更加显著。缓/控释氮肥可改善土壤酶活性和土壤理化性状。王海红等（2006）通过研究不同氮肥对小麦氮素代谢的影响发现，在施用缓释氮肥条件下，硝酸还原酶活性的持续时间较长，且在小麦生长后期仍具有较高的活性。郑圣先等（2001）在水稻田施用控释氮肥发现，施肥后9d，尿素处理的水层pH值最高到达7.6，而控释氮肥处理和不施氮处理的水层pH值较低，且基本接近。一般而言，与尿素相比，施用控释氮肥在作物生长前期的土壤硝态氮含量较低，而在作物生长后期显著提高，这有利于作物生殖生长的顺利进行。

1.4.4.4 缓/控释氮肥的作物效应

新型缓/控释氮肥的氮素释放速率与作物需氮规律高度吻合，可为作物整个生育期的生长提供充足的氮素。目前，缓/控释氮肥在大田作物上的试验研究主要集中于水稻，对玉米、小麦等也有所涉及。

在作物生长方面，由于缓/控释氮肥的氮素具有缓慢释放的特性，即氮素有效性持续时间较长，可延长作物氮素吸收的持续时间。延长叶片的光合功能期，延缓叶片和根系的衰老有利于作物产量的提高。研究表明，在作物成熟期间，延长功能叶片 1d，产量可提高 2%（刘道宏，1983 年提出）。聂军等（2005）通过在水稻生产中施用控释氮肥发现，施用控释氮肥时，早稻和晚稻在生长中后期的功能叶片叶绿素含量和净光合速率均显著高于施用尿素，与此同时，其叶片的超氧化物歧化酶和过氧化氢酶活性也较施用尿素有所提高，而丙二醛含量有所降低。郑圣先等（2006）在杂交水稻的研究中也得出同样的结果，即控释氮肥可显著延缓水稻生长后期根系的衰老和氮素吸收能力的下降。此外，与尿素相比，施用控释氮肥可显著提高作物成熟期植株和籽粒的氮素累积量（Geng 等，2015 年提出）。

在作物产量和氮素利用方面，史海滨等（2014）在内蒙古河套灌区的缓/控释氮肥研究中发现，不同灌水条件下，控释氮肥和缓释氮肥均较尿素表现出一定的增产效应，且在节水条件下增产效果更为突出。这既有利于节省劳动力、降低生产成本，又有利于缓解资源短缺。在日本的水稻生产中，聚烯烃包膜氮肥较普通尿素可使水稻产量增加 4.0%～9.2%，氮肥利用效率提高 60%～80%（符建荣，2001 年提出）。在湖南早、晚稻试验中，施用控释氮肥的平均氮素利用率高达 72.3%，较尿素提高 36.5%（郑圣先等，2001 年提出）。在油菜生产中，施用控释氮肥可提高角果数、角粒数、千粒重等，从而获得较高的油菜产量（肖国滨等，2011）。在美国明尼苏达州的砂土平原，与施用尿素相比，施用控释氮肥可增加马铃薯产量 12%～19%，提高氮素回收利用率 7%。Ji 等（2012）在冬小麦试验中发现，减量 26%～50%施用控释氮肥与全量施用尿素的冬小麦产量差异不显著。此外，控释氮肥在减量施氮条件下可较全量施用尿素获得更高的氮素利用效率。

在作物生产中，施用控释氮肥也会出现生长受阻、产量下降等现象（Grant 等，2012 年提出）。这主要是由于因作物种类、气候条件等不同，部分控释氮肥在作物生长前期氮素释放缓慢，不能满足作物生长对氮素的需求。

1.4.4.5 缓/控释氮肥的环境效应

施用缓/控释氮肥可有效降低氮素的挥发和淋溶损失，提高氮素的利用

效率，减少环境污染。缓/控释氮肥的氮素在作物生长过程中逐渐释放，即与作物氮素的吸收几乎同时进行，可有效避免氮素在土壤中的停滞时间，从而减少氮素因挥发、反硝化和淋溶等途径损失，降低对土壤、地下水和大气的污染。

控释氮肥可减少氨挥发。郑圣先等（2005）通过对比尿素和控释氮肥的氨挥发量发现，在相同施氮量条件下，施氮后17d，尿素的累积氨挥发量达4.23kg/hm^2，而控释氮肥的累积氨挥发量仅1.98kg/hm^2。Wang等（2007）在小麦和水稻轮作系统中也发现，包膜尿素较常规尿素可降低氨挥发量。

控释氮肥可降低氮素淋溶。Maeda等（2003）在日本连续7 a的甜玉米和卷心菜轮作系统中发现，施用包膜尿素和铵态氮肥条件下，0～100cm土层的硝态氮残留量分别为30～50mg/L和40～60mg/L。卢艳丽等（2011）在华北平原冬小麦和夏玉米轮作系统中也得出，施用控释氮肥时，冬小麦生长后期的土壤硝态氮含量仍较高；而施用尿素时，土壤硝态氮含量有所降低。

控释氮肥可减少NH_3、N_2O、NO等温室气体的排放。施入土壤中的氮肥会在反硝化作用下产生N_2O、NO等温室气体，通过挥发产生NH_3。在造成氮素损失的同时，会污染大气环境。Cheng等（2002）在对日本筑波的火山灰土进行卷心菜的研究时发现，施用控释氮肥时，N_2O和NO的排放量均显著低于施用尿素。张怡等（2014）在四川丘陵区稻田试验中得出，施用控释氮肥较施用尿素可降低N_2O的排放系数，同时能抑制N_2O的排放峰值。此外，在冬小麦、双季稻、番茄等作物中也得出了控释氮肥可降低NH_3、N_2O、NO等温室气体排放量的结论。

1.4.4.6　缓/控释氮肥的经济效应

施用缓/控释氮肥时，仅需在作物播种时一次性以基肥形式施入土壤便可满足整个生育期的生长需求，同时由于其氮素有效性较高，施用较少的氮肥便可获得较高的作物产量，因此具有省工和省肥等优点，从而一定程度上降低生产成本。在茶叶种植中，施用控释氮肥较施用尿素可提高茶叶纯收入0.93万元/hm^2，尿素和控释氮肥混施可提高茶叶纯收入2.01万元/hm^2（马立锋等，2015年提出）。在春玉米种植中，施肥利润随控释氮肥施用比例的增加而增加，当控释氮肥与尿素的施用比例为3∶7时，施肥利润达到最大值5071元/hm^2，较全部施用尿素提高47.8%（王寅等，2015年提出）。在马铃薯种植中，与施用尿素相比，施用控释氮肥的产投比提高了39.56%（刘飞等，2011年提出）。

1.4.4.7　缓/控释氮肥在推广应用中面临的问题

缓/控释氮肥具有较好的作物效应、产量效应、环境效应和经济效应，但其目前在推广应用中仍面临一些问题，主要包括以下 4 个方面。

（1）缓/控释氮肥的价格一般为普通氮肥的 2～3 倍。由于生产工艺复杂、原材料成本较高，导致缓/控释氮肥的价格较高。目前主要应用于经济价值较高的作物上。通过生产工艺的改进和政府补贴等相关措施进一步降低缓/控释肥料的价格，有利于其大规模推广应用。

（2）缓/控释氮肥的氮素释放难以与特定作物的氮素需求高度吻合。由于缓/控释氮肥的氮素释放受土壤温度、水分等因素的影响，且不同作物的生长阶段和水分需求等存在较大差异，因此不同作物的合理缓/控释氮肥的氮素释放期不尽相同。需要针对特定的作物和气候条件研制相应的缓/控释氮肥。

（3）目前还没有较为完整、全面和系统的缓/控释氮肥评价体系。需要进一步完善相关的政策和标准，以规范和指导缓/控释氮肥的研制与应用。

（4）现阶段关于缓/控释肥的研究主要集中于氮肥，对磷肥、钾肥和微量元素的研究相对较少。有必要结合其他营养元素以充分发挥肥料的增产减排效应。

1.4.4.8　缓/控释氮肥氮素释放的影响因素

缓/控释氮肥施入土壤后，其氮素释放速率和释放特性受一系列因素的影响，主要包括土壤水分、土壤温度、土壤质地、土壤微生物和自身材料（颗粒大小、材质、厚度、有效释放期）等。

（1）土壤水分。Kochba 等（1990）研究表明，当土壤含水率介于凋萎含水率和田间持水率之间时，聚合物包膜氮肥的氮素释放速率基本不变，当土壤含水率继续降低时，会显著降低其氮素的释放速率。熊又升（2001）通过研究土壤中包膜肥料的氮、磷释放和运移也得出，当土壤含水量在田间持水量的 50%以上时，土壤水分对包膜氮肥的氮素释放影响较小。

（2）土壤温度。温度影响控释氮肥的氮素释放是通过溶解和扩散作用实现的。通常所指的缓/控释氮肥氮素释放期是在环境温度为 25℃时的测定结果。陈剑慧等（2002）研究温度对控释氮肥氮素的释放特性时发现，不同控释氮肥由于包膜材料、厚度等不同，对环境温度的响应不同，但均表现为随温度的升高，释放期有所减短。热固性包膜氮肥在温度大于 40℃时，氮素释放速率会急剧增加。

（3）土壤质地。不同的土壤质地对土壤水分、养分等的容纳能力存在一定差异，也会形成不同的土壤温度效应。熊又升（2001）通过研究土壤中包膜肥料的氮、磷释放和运移发现，在不同质地的土壤中施用控释氮肥时，控释氮肥的氮素矿化速率差异不显著。即土壤质地对包膜氮肥的氮素释放影响较小。

（4）土壤微生物。硫包膜控释氮肥的氮素释放受土壤微生物活性的影响较大（韩晓日，2006 年提出）。

（5）自身材料。不同包膜材料溶解速率不同，进而影响氮素的释放速率。郑祥洲等（2009）对不同核芯、包膜厚度控释氮肥的氮素释放特性进行研究时发现，均衡型控释氮肥的初期氮素释放量低于高钾型控释氮肥；当包膜厚度为 110～130g/m^2 时，包膜厚度的增加会降低初期氮素释放量，使得氮肥的有效期延长。

1.4.5 现有的氮素营养诊断技术

及时有效地监测作物体内氮营养状况并以此为依据合理地进行施肥，可实现氮素供需平衡和节能增效的目的。前人在土壤、植株的氮素营养诊断方面做了大量的研究，形成了一些切实可行的方法，主要包括测土配方施肥技术、测定叶片叶绿素和多酚化合物含量、遥感技术和基于植株器官的临界氮浓度稀释曲线模型等。

（1）测土配方施肥技术。该技术是根据特定区域的土壤基础养分状况和作物的氮素需求规律，研制特定的专用氮肥，以实现作物的高产和氮肥的高效利用。

（2）测定叶片叶绿素和多酚化合物含量。作物叶片的叶绿素含量与叶片氮素含量密切相关。通过叶片叶绿素含量诊断植株氮素状况具有实时、快速、无损等特点（鱼欢等，2010 年提出）。多酚化合物是植物次生代谢的产物，当土壤氮素供应不能满足植株生长需求时，叶片多酚含量会迅速提高。换言之，叶片多酚化合物含量与叶片氮素含量呈负相关关系，一定程度上可作为植株氮素营养诊断的指标。

（3）遥感技术。多光谱卫星遥感技术可检测作物的氮素营养状况。研究表明，SPOT 5、Landsat TM、HJ－1A/1B 等中高空间分辨率数据可有效监测作物的氮素含量。

（4）基于植株器官的临界氮浓度稀释曲线模型。基于临界氮浓度的氮素吸收模型、氮素营养指数模型和氮积累亏缺模型可有效诊断作物的氮素营养状况（Greenwood 等，1991 年提出）。目前已针对小麦、玉米、水稻等粮食作物和马铃薯、冬油菜、向日葵、棉花、番茄（杨慧等，2015 年提出）等经济作物分别构建了临界氮浓度稀释曲线模型。此外，现有的作物临界氮浓度稀释曲线模型构建的器官涉及地上部分生物量、叶片、块茎等。

1.5 存在的问题

目前，国内外学者对集雨种植在干旱半干旱地区的田间应用做了大量的研究，涉及不同的沟垄种植、沟垄尺寸、覆盖材料以及覆盖方式等多个方面。关于二元集雨种植也有所涉及，包括垂直方向的二元集雨模式和水平方向的二元集雨模式。然而，在以下几方面还不够系统和深入：

（1）集雨时段。前人的研究主要集中于作物生育期或是休闲期进行集雨覆盖，且大多仅涉及一种作物或单季作物，而对轮作系统下作物全生育期集雨覆盖种植的研究较少。

（2）集雨模式。前人的研究主要为不同一元集雨模式和不同二元集雨模式的对比分析，系统比较一元和二元集雨种植的土壤水热效应和作物生长状况的研究较少。

（3）分析指标。前人的研究主要集中于不同集雨措施的集雨效率、农田水热环境和作物生长产量等方面。然而，集雨种植条件下，土壤水热状况的变化会影响养分在土壤中的迁移和分布，进而影响作物的养分吸收特征。因此，有必要综合考虑植株的养分吸收情况以进一步揭示集雨种植的增产增效机理。

在作物氮肥运筹方面，国内外学者对不同作物的合理施氮量、基追比例、追肥时期和氮肥类型做了大量的研究，涉及氮素的去向，氮素在土壤中的分布、运移，在植株体内的吸收、分配以及氮素收支平衡等方面。然而，在以下几方面还有必要进一步研究。

（1）现阶段关于高效环保省工的新型控释氮肥主要应用于经济作物上，在粮食作物上的应用以水稻为主，且主要集中于中国南方地区，在北方地区的小麦、玉米等作物上的应用研究较为鲜见。

（2）系统对比分析不同尿素和控释氮肥施用量对作物生长、产量、土壤硝态氮分布和植株氮素吸收利用的研究较少，针对轮作系统的研究更是少见。由于氮肥的当季利用率较低，因此有必要进行多年定位试验研究不同类型和氮肥施用量的土壤与作物效应。

（3）现阶段国内外关于施用控释氮肥时作物的临界氮浓度稀释曲线模型较为缺乏，尤其是将控释氮肥应用于冬小麦-夏玉米轮作系统的氮浓度稀释曲线至今尚未清楚。

1.6 研究内容

以陕西关中地区冬小麦-夏玉米轮作的种植模式为载体，在常规施氮条件下，探究垄覆白膜沟不覆盖、垄不覆盖沟覆秸秆、垄覆白膜沟覆秸秆和垄覆黑膜沟覆盖秸秆（以传统平作不覆盖为对照）对农田土壤水分、温度、硝态氮和作物生理生态特性、产量和水氮利用效率的影响。在常规灌水条件下，探究尿素和树脂膜控释氮肥（简称控释氮肥）不同施用量对作物生长、土壤硝态氮分

布和氮素吸收利用的影响。旨在为干旱半干旱地区实现降水资源高效利用、提升农田综合效益以及完善并推广集雨种植和控释氮肥提供依据和参考。

1.6.1 集雨模式对农田土壤水热状况和作物水氮利用效应的影响

1.6.1.1 集雨模式对农田土壤水分的影响

通过测定不同下垫面垄体的集雨效率，不同集雨模式的土壤储水量（0～40cm、40～100cm 和 0～100cm）时间变化特征、土壤含水率（0～100cm）空间变化特征、土壤水分亏缺度和土壤储水亏缺补偿度，探究不同集雨模式对土壤水分的调控机制。

1.6.1.2 集雨模式对农田土壤温度的影响

通过测定作物根区（垄上和沟内）土壤温度随播种后天数的动态变化、根区土壤温度的日变化和根区土壤温度的垂直变化，探究不同集雨模式的土壤温度效应。

1.6.1.3 集雨模式对土壤硝态氮含量和分布的影响

通过测定作物主要生育期 0～200cm 土层的土壤硝态氮累积量和收获时 0～200cm 土层土壤硝态氮的分布，探究不同集雨模式下土壤硝态氮的变化特征。

1.6.1.4 集雨模式对作物生长生理的影响

通过测定冬小麦和夏玉米主要生育期的株高、地上部干物质质量、根系、生育进程和光合特性的变化特征，探究不同集雨模式对作物生理生长的影响效应。

1.6.1.5 集雨模式对植株氮素吸收和分配的影响

通过测定作物主要生育期的植株氮素累积量和成熟期氮素营养在各器官间的累积与分配，探究不同集雨模式对作物氮素吸收和分配的影响效应。

1.6.1.6 集雨模式对作物产量和水氮利用效率的影响

根据作物产量和生育期耗水量，计算作物水氮利用效率；根据轮作周年的产量和耗水量，计算周年产量和周年水分利用效率；根据轮作周期的总产量和总耗水量，计算总水分利用效率，探究最佳的冬小麦和夏玉米集雨模式。

1.6.2 氮肥运筹对作物生长和氮素吸收利用的影响

1.6.2.1 氮肥运筹对土壤硝态氮含量和分布的影响

定期观测施用尿素和控释氮肥条件下，夏玉米和冬小麦农田的氮素累积释放特性。通过测定作物主要生育期 0～100cm 土层的土壤硝态氮累积量和收获时 0～200cm 土层硝态氮的分布，探究不同氮肥运筹下土壤硝态氮含量和分布的变化特征。

1.6.2.2 氮肥运筹对作物生长生理的影响

通过测定冬小麦和夏玉米主要生育期的株高、地上部干物质质量、根系、光合特性和叶绿素总量的变化特征，探究不同氮肥运筹对作物生理生长的影响效应。

1.6.2.3 氮肥运筹对植株氮素吸收与分配的影响

通过测定作物主要生育期的植株氮素含量、氮素累积量和成熟期氮素营养在各器官间的累积与分配，探究不同氮肥运筹对作物氮素吸收和分配的影响效应。

1.6.2.4 建立并验证冬小麦和夏玉米的临界氮浓度稀释曲线

基于地上部生物量分别构建施用尿素和控释氮肥的冬小麦和夏玉米临界氮浓度稀释曲线，并据此构建氮素吸收模型、氮素营养指数模型和氮积累亏缺模型对植株进行氮素营养诊断。在此基础上，利用独立试验数据对临界氮浓度稀释曲线进行验证。

1.6.2.5 氮肥运筹对作物产量和水氮利用效率的影响

根据作物的产量、氮肥施用量和植株氮素累积量，计算作物氮素利用效率；根据轮作周年的作物产量、氮肥施用量和植株氮素累积量，计算周年氮素利用效率，探究最佳的冬小麦和夏玉米氮肥运筹模式。

1.7 研究的创新点

（1）针对半湿润易旱的气候条件和冬小麦-夏玉米轮作的种植模式，综合覆盖和垄作的优点，探究了不同全程微型聚水二元覆盖和垄沟单一覆盖的蓄水保墒和增产节水效应，获得了冬小麦和夏玉米的合理集雨种植模式。

（2）针对不同的集雨模式，在研究土壤水热效应、植株生长和产量形成的同时，进一步从土壤硝态氮累积、分布和植株氮素吸收、分配等层面对比分析了不同集雨种植的效应。

（3）将新型的控释氮肥应用于中国北方地区的粮食作物生产中，通过设置不同的施用量，与常规尿素进行对比分析，凸显其高效、环保、省工等一系列优点，可为控释氮肥在大田作物上的推广应用提供理论和技术支持。

（4）基于作物地上部生物量分别构建了施用尿素和控释氮肥的冬小麦和夏玉米临界氮浓度稀释曲线模型，并据此建立了氮素吸收模型、氮素营养指数模

型和氮积累亏缺模型对植株进行氮素营养诊断，得出了冬小麦和夏玉米合理的尿素和控释氮肥施用量。

1.8 技术路线

本书的研究在冬小麦-夏玉米轮作体系下，以传统平作不覆盖为对照，对比分析了4种集雨模式对农田土壤水分、温度、硝态氮，作物生长生理、产量和水氮利用效率的影响。以不施氮肥为对照，对比分析了不同尿素和树脂膜控释氮肥施用量对作物生长和氮素吸收利用的影响。具体研究思路及技术路线如图1.1所示。

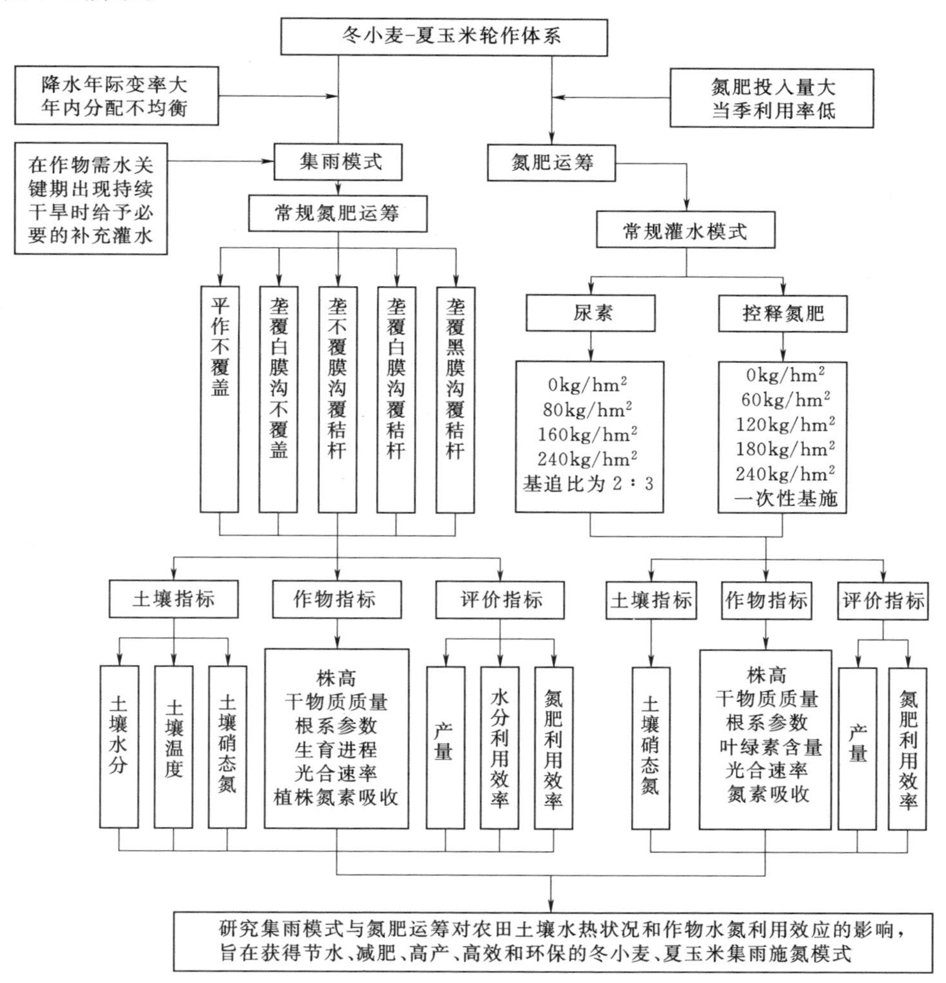

图1.1 研究思路及技术路线图

第2章 材料与方法

2.1 试验地概况

试验于2013年6月至2016年10月，在西北农林科技大学教育部旱区农业水土工程重点实验室试验站（东经108°24′、北纬34°20′，海拔521m）进行。该站多年平均降水量为632mm（主要集中于7—9月）、年均气温为12.9℃、年蒸发量为1500mm。土壤质地为中壤土，1m土层平均田间持水率为24%、凋萎含水率为8.5%（均为质量含水率），平均干容重为1.44g/cm^3。试验前耕层土壤（0～40cm）基础肥力（质量比）为：有机质11.18g/kg，全氮0.94g/kg，全磷0.60g/kg，全钾14.10g/kg；硝态氮76.01mg/kg，速效磷25.22mg/kg，速效钾131.97mg/kg。试验站冬小麦和夏玉米生育期内降水总量和平均气温见表2.1，降水分布和日平均气温如图2.1所示。

表2.1 试验站冬小麦和夏玉米生育期内降水总量与平均气温

生长季	夏玉米		生长季	冬小麦	
	平均气温/℃	降水量/mm		平均气温/℃	降水量/mm
2013年	24.28	269.5	2013—2014年	8.07	273.1
2014年	23.28	355.3	2014—2015年	8.75	239.4
2015年	22.81	283.9	2015—2016年	8.41	203.3
2016年	25.12	299.0			

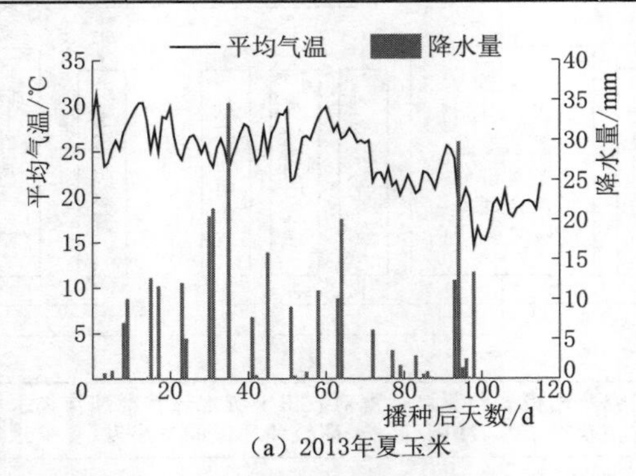

(a) 2013年夏玉米

图2.1（一） 试验站冬小麦和夏玉米生育期内降水分布与日平均气温示意图

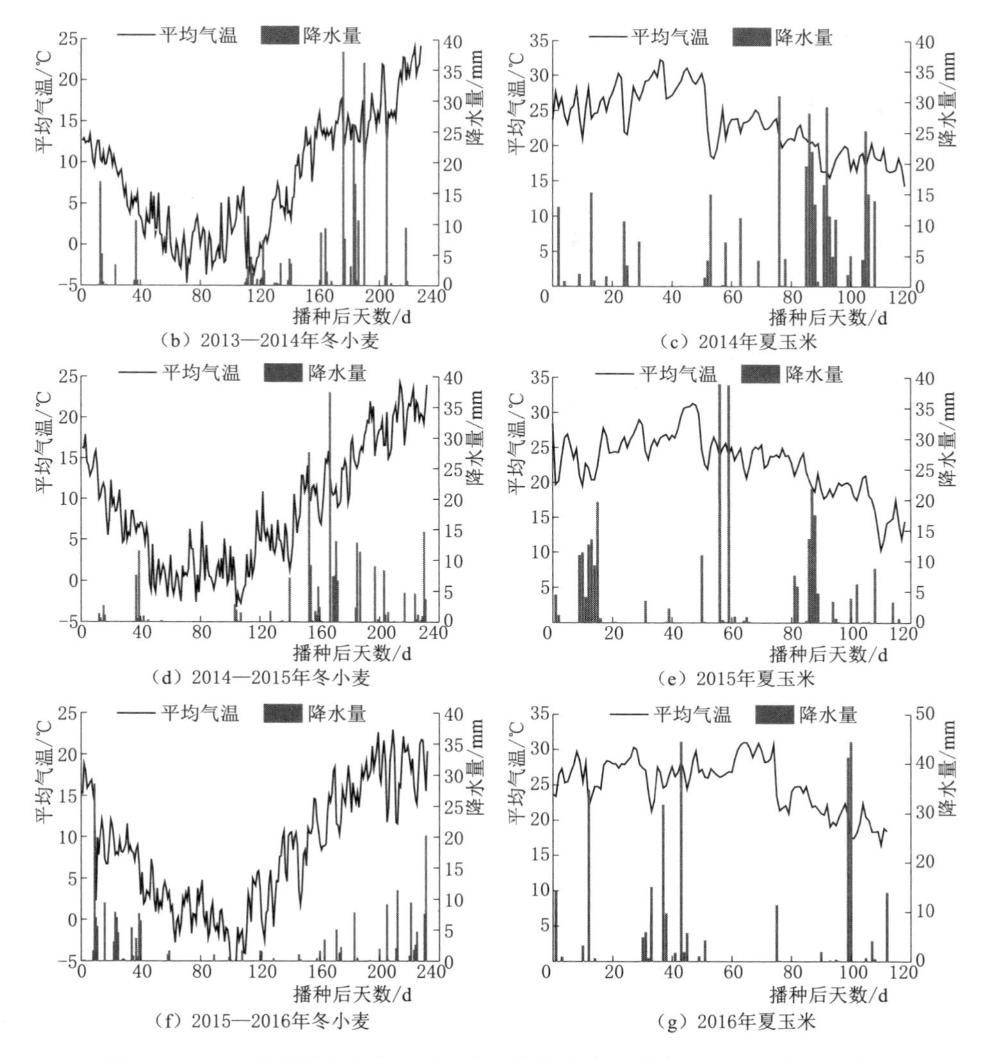

图 2.1（二） 试验站冬小麦和夏玉米生育期内降水分布与日平均气温示意图

2.2 试验设计

本试验为冬小麦、夏玉米轮作。各小区的磷肥（120kg/hm²，纯 P_2O_5）和钾肥（60kg/hm²，纯 K_2O）作为基肥于翻地前均匀撒施。处理间随机区组排列（定位设计），小区面积为 20m²（4m×5m）。小区边缘埋有 2m 深塑料膜以防止小区间水分互渗，试验区四围布置 2m 宽的相同作物保护带。

2.2.1 冬小麦试验设计

2.2.1.1 试验设计

1. 集雨模式

在2013—2014年、2014—2015年和2015—2016年生长季，采用垄沟种植技术，垄、沟宽均为30cm，垄高20cm。设置4种集雨模式，分别为垄覆白膜沟不覆盖（M1）、垄不覆盖沟覆秸秆（M2）、垄覆白膜沟覆秸秆（M3）、垄覆黑膜沟覆秸秆（M4），以平作不覆盖（CK）为对照。各处理的施氮量（纯N，尿素，基追比为4∶6，追肥在拔节期进行）均为120kg/hm²。每个处理重复3次，共计15个小区。具体试验处理和小区布置如图2.2所示。

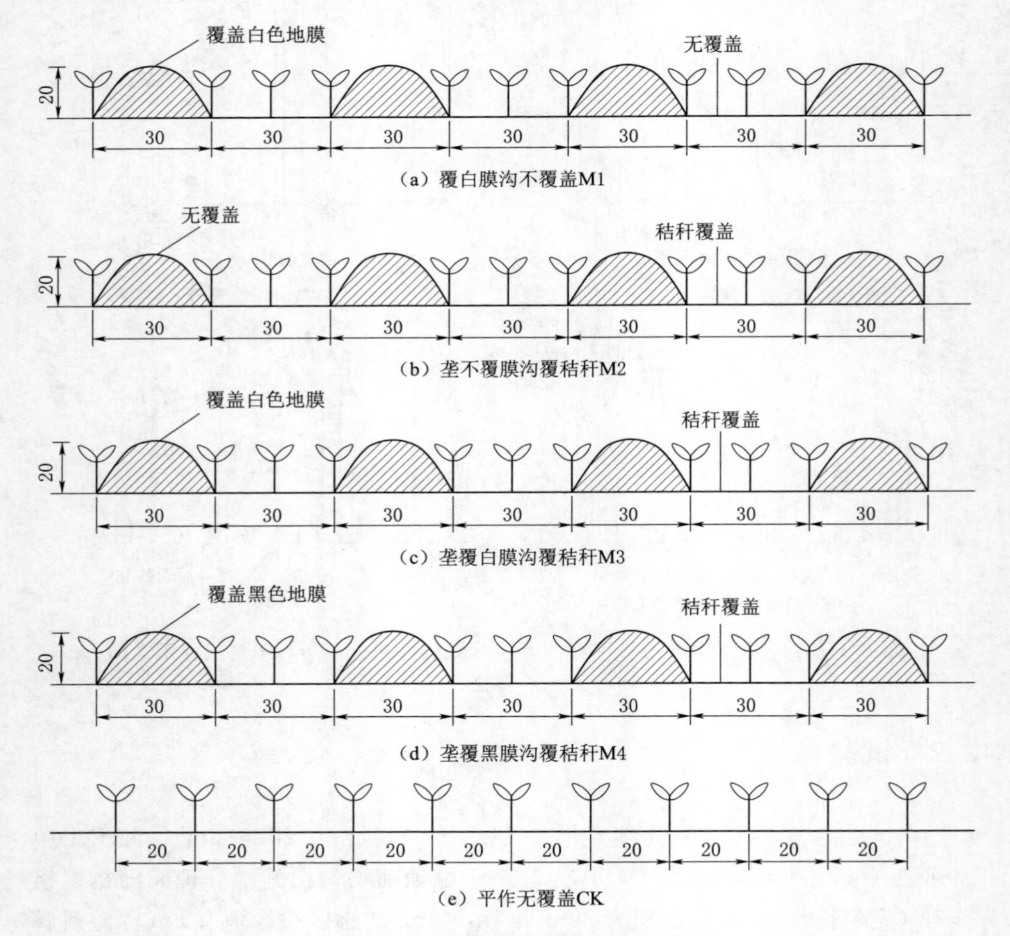

图2.2 冬小麦试验处理和小区布置图（单位：cm）

2. 氮肥运筹

在 2013—2014 年和 2014—2015 年生长季，在传统平作条件下，选用尿素（U）和树脂膜控释氮肥（C）2 种氮肥，尿素设置 4 个施氮水平（纯 N），即 0kg/hm^2（U0）、80kg/hm^2（U80）、160kg/hm^2（U160）和 240kg/hm^2（U240），基追比为 4∶6；树脂膜控释氮肥设置 5 个施氮水平（纯 N），即 0kg/hm^2（C0）、60kg/hm^2（C60）、120kg/hm^2（C120）、180kg/hm^2（C160）和 240kg/hm^2（C240），一次性基施（2 种氮肥处理的不施氮处理可以共用，即处理 C0 和 U0 为同一处理）。试验共 8 个处理，每个处理重复 3 次，合计 24 个小区。

2.2.1.2 试验材料

供试冬小麦品种为小偃 22 号。尿素含 N 质量分数为 46%。树脂膜控释氮肥含 N 质量分数为 42%（山东金正大集团公司生产）。磷肥为过磷酸钙，P_2O_5 质量分数为 16%。钾肥为硫酸钾，K_2O 质量分数为 50%。试验用白色和黑色地膜的膜宽 80cm、膜厚 0.008mm（杨凌瑞丰环保科技有限公司生产）。秸秆为前茬收获的夏玉米秸秆，覆盖量为 6000kg/hm^2。

2.2.1.3 田间管理

1. 集雨模式试验

于播种前 10d 深翻并平整田地，挖沟起垄，冬小麦植于沟内，每沟 3 行，播种量为 180kg/hm^2。收获后将各小区的残膜碎片清理干净，以免影响下季试验的处理效应。3 个生长季内，因气候干旱，均于拔节期补充灌水 40mm，其中 2015—2016 年生长季，在抽穗期另补充灌水 20mm。其他田间管理措施参照当地农业生产实际进行。

2. 氮肥运筹试验

于播种前 10d 深翻并平整田地，分别于越冬期和拔节期补充灌水 40mm。其余管理措施同集雨模式试验。

2.2.2 夏玉米试验设计

2.2.2.1 试验设计

1. 集雨模式

在 2014 年、2015 年和 2016 年生长季，采用垄沟种植技术，垄、沟宽均为 60cm，垄高 25cm。试验设计同冬小麦。具体试验小区设计如图 2.3 所示。

2. 氮肥运筹

在 2013 年和 2014 年生长季进行，试验设计同冬小麦。

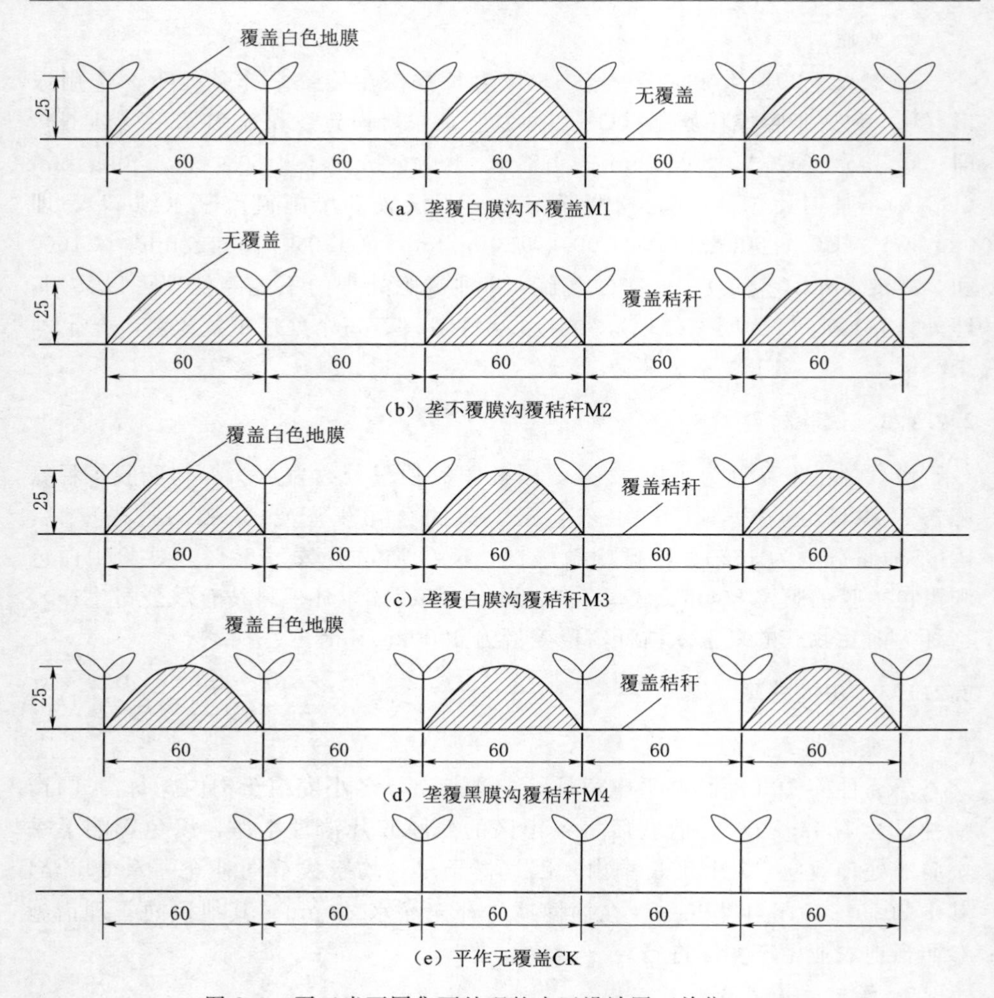

图 2.3 夏玉米不同集雨处理的小区设计图（单位：cm）

2.2.2.2 试验材料

供试夏玉米品种为漯单 9 号（河南金屯种业有限公司）。试验用氮、磷、钾肥与冬小麦生长季一致。试验用白色和黑色地膜的膜宽 100cm、膜厚 0.008mm（杨凌瑞丰环保科技有限公司生产）。秸秆为前茬收获的冬小麦秸秆，覆盖量为 6000kg/hm^2。

2.2.2.3 田间管理

1. 集雨模式试验

于播种前 10d 深翻并平整田地，挖沟起垄，夏玉米植于垄两侧，株距

30cm。收获后将各小区的残膜碎片清理干净，以免影响下季试验的处理效应。2014年拔节前期、2015年拔节中期和2016年抽雄前期持续高温且无降雨发生，均补充灌水35mm。此外，2016年生长季，受短时间强风夹雨天气的影响，在夏玉米抽雄初期3d内倒伏2次（植株与地面约呈45°角），均及时加以扶正。其他田间管理措施参照当地农业生产实际进行。

2. 氮肥运筹试验

于播种前10d深翻并平整田地，分别于拔节期和抽雄期补充灌水35mm。其余管理措施同集雨模式试验。

2.3 测定项目与方法

2.3.1 土壤储水量

于冬小麦和夏玉米播种前、收获后（0～100cm土层每隔10cm取1个土样，100～200cm土层每隔20cm取1个土样）及主要生育期（冬小麦为苗期、拔节期、抽穗期和灌浆期，夏玉米为播种后20d、40d、60d、80d和100d，0～100cm土层每隔10cm取1个土样），采用干燥法分层测定土壤含水率。取土位置为小区中央沟内植株的中心区域和相邻垄上。

2.3.2 径流量

在垄上安装由铁皮制作的简易径流小区，小区长、宽和高分别为25cm、25cm和20cm，安装时埋入地下8cm。计算径流系数时考虑垄沟角度的影响，计算垂直投影面积，每个处理重复3次。

2.3.3 地表温度和土壤温度

分别采用直管温度计和曲管地温计（河北省武强红星仪表厂），定位观测（置于各处理冠层覆盖度相近的位置）不同处理垄上和沟内地表温度及土壤温度（5cm、10cm、15cm、20cm和25cm）。从播种后开始定期观测（冬小麦生长季每隔15d测一次，夏玉米生长季每隔10d测一次）。测量时间冬小麦为08：00—18：00，夏玉米为06：00—20：00，2h测1次，取其平均值作为日平均土壤温度。

2.3.4 土壤硝态氮

在冬小麦和夏玉米的主要生育期（冬小麦为苗期、拔节期、抽穗期、灌浆期和成熟期，夏玉米为苗期、拔节期、抽雄期、灌浆期和成熟期）取土样测定土壤硝态氮含量。土样经风干后过10目筛，称取5g，用50mL氯化钾溶液（2mol/L）浸提，震荡0.5h后过滤，使用流动分析仪（Auto Analyzer-Ⅲ，德国Bran+Luebbe公司）测定。

2.3.5 形态指标

（1）分别于冬小麦苗期、拔节期、抽穗期、灌浆期、成熟期和夏玉米播种后20d、40d、60d、80d、100d及收获后，各小区随机选取代表性植株（冬小麦为20株，夏玉米为5株）测定株高，并按器官分离，于105℃杀青30min，75℃干燥至质量恒定后称量地上部干物质质量。

（2）利用根钻（内径7cm）取根，于冬小麦灌浆期，取根位置为各小区中央行上和相邻的行间各取一个测点，测定深度为60cm（15cm为一层）。于夏玉米灌浆期，各处理随机选取代表性植株3株，在植株正下、左侧（正南）15cm、右侧（正北）15cm，以20cm为间隔取样至100cm深度。样品清洗干净后分层装袋。使用EPSON Perfection V700和WinRHIZO Pro软件分别进行根系扫描与根系分析，得出相应土层的根长、根表面积和根体积等参数。随后干燥至质量恒定得到根系干质量。

2.3.6 生理指标

（1）叶片叶绿素含量。在冬小麦、夏玉米主要生育期，选择晴朗天气，于10：00—11：00时间段，每个小区选取5片功能叶（冬小麦在抽穗期之前选择最新全展叶，抽穗期之后选择旗叶；夏玉米在抽雄期之前选择最新全展叶，抽雄期之后选择穗位叶），带回实验室称取0.1g，加入96%的无水乙醇定容至25mL容量瓶浸提叶绿素。用紫外分光光度计分别测定浸提液在665mm、649mm和470mm波长下的光密度值，并据此计算叶绿素含量。

（2）叶片光合特性。在冬小麦抽穗期和夏玉米播种后40d、60d、80d、100d左右，选择天气晴朗的一天在09：00—11：00时间段测定，利用LI-6400XT便携式光合仪测定各小区5株植株功能叶片的净光合速率（*Pn*）、蒸腾速率（*Tr*）、气孔导度（*Gs*）和胞间CO_2浓度（*Ci*），测定结果取平均值。

2.3.7 生育进程

从冬小麦、夏玉米播种后，观测记录不同处理下作物主要生育期的持续时间，以小区内70%以上的植株表现某生育期特征作为进入该生育期的标准。

2.3.8 植株含氮量

将各处理地上部生物样分器官粉碎后，过80目筛，用$H_2SO_4-H_2O_2$法消煮植物样品，采用凯氏定氮仪（FOSS 2300型）测定全氮含量。

2.3.9 产量和水氮利用效率

成熟后进行田间采样，每个小区收获中间 4 行测产（风干至籽粒含水率为 14%左右）。对于冬小麦，选取 30 株代表性植株，测定穗长、穗粒数、有效穗数和千粒重等穗部性状。对于夏玉米，选取 7 株代表性植株，测定穗长、穗粗、穗粒数和百粒重等穗部性状。根据冬小麦、夏玉米产量，生育期蒸散量、降水量和灌水量，以及施氮量和植株氮素累积量计算水分利用效率、降水利用效率和氮肥利用效率。

2.4 数据处理与统计分析

2.4.1 相关计算

（1）土壤储水量计算公式为

$$W=10H\rho B \tag{2.1}$$

式中：W 为土壤储水量，mm；H 为土层深度，cm；ρ 为土壤干容重，g/cm^3；B 为土壤质量含水率，%。

（2）采用土壤水分亏缺度和土壤储水亏缺补偿度对比分析不同集雨处理下土壤储水亏缺的补偿与恢复。

土壤水分亏缺度计算式为

$$D=\frac{D_a}{F}\times 100\% \tag{2.2}$$

其中

$$D_a=F-W_c \tag{2.3}$$

式中：D 为土壤水分亏缺度，%；D_a 为植株水分亏缺量，mm；F 为土壤田间持水量，mm；W_c 为土壤实际储水量，mm。

$D>0$ 表示土壤水分处于亏缺状态，值越大代表亏缺程度越高；$D\leqslant 0$ 表示土壤水分亏缺得以恢复。

土壤储水亏缺补偿度计算式为

$$C=\frac{\Delta W}{D_{ac}}\times 100\% \tag{2.4}$$

其中

$$\Delta W=W_{cm}-W_{cc} \tag{2.5}$$

$$D_{ac}=F-W_{cc} \tag{2.6}$$

式中：C 为土壤储水亏缺补偿度，%；ΔW 为时期末土壤储水增量，mm；W_{cc} 为时期初土壤实际储水量，mm；W_{cm} 为时期末土壤实际储水量，mm；D_{ac} 为时期初土壤储水亏缺量，mm。

亏缺补偿度 $C \leqslant 0$，表示土壤水分亏缺在一段时期后并未得到补偿，甚至进一步加剧；亏缺补偿度 $C=100\%$，则表明土壤水分亏缺得以完全补偿与恢复（王进鑫等，2004）。

（3）通过线性回归法确定临界产流降雨量和产流后的集流效率，计算式为

$$R_i=-a+bP_i=b(P_i-c) \tag{2.7}$$

式中：R_i为第i次径流量，mm；P_i为第i次降雨量，mm；a为回归系数；b为产流后的集流效率；c为临界产流降雨量，mm。

在一定时期内，雨水集流系统的平均集水效率为

$$\varepsilon=\frac{R_t}{P_t}\times 100\% \tag{2.8}$$

式中：ε为t时段内的平均集水效率，%；R_t为t时段内的径流总量，mm；P_t为t时段内的降雨总量，mm。

（4）土壤硝态氮累积量计算式为

$$M=\frac{C_s HB}{10} \tag{2.9}$$

式中：M为土壤硝态氮累积量，kg/hm^2；C_s为土壤硝态氮含量，mg/kg；H为土层深度，cm；B为土壤干容重，g/cm^3。

（5）叶绿素（mg/g）和类胡萝卜素（mg/g）的计算式为

$$C_a=13.95A_{665}-6.88A_{649} \tag{2.10}$$

$$C_b=24.96A_{649}-7.32A_{665} \tag{2.11}$$

$$C_c=\frac{1000A_{470}-2.05C_a-114.8C_b}{245} \tag{2.12}$$

式中：C_a、C_b和C_c分别表示叶绿素a、叶绿素b和叶绿素c的含量；A_{665}、A_{649}和A_{470}分别为波长665nm、649nm和470nm下的吸光值。

（6）植株氮素含量。各器官氮素含量为器官含氮量和器官干物质质量的乘积，其单位为kg/hm^2。所有器官氮素含量相加得地上部植株的氮素累积量。植株氮浓度为植株氮素累积量与植株干物质质量的比值，其单位为g/kg。

（7）作物耗水量。作物耗水量根据水分平衡公式进行计算（Huang等，2005）：

$$ET=P+W_1-W_2+I+K-R \tag{2.13}$$

式中：ET为生育期内总蒸散量，mm；P为生育期内降水量，mm；W_1为收获后0～200cm土层土壤储水量，mm；W_2为播种前0～200cm土层土壤储水量，mm；I为灌水量，mm；K为时段内地下水补给量，mm；R为时段内地表径流，mm。

由于试验地作物生育期内次降水量较小，且试验区地下水埋深在5m以

下，可忽略径流和地下水补给。

根据作物生育期耗水量、灌水量和降雨量可计算灌水量和降水量在总耗水量中所占比例。计算式（孙爱丽，2011）为

$$IP = I/ET \tag{2.14}$$

$$PP = P/ET \tag{2.15}$$

式中：IP 为作物生育期内灌水量占总耗水量的比例，%；PP 为作物生育期内降雨量占总耗水量的比例，%。

（8）作物水氮利用效率。根据作物产量、生育期耗水量和降水量计算水分利用效率和降水利用效率。计算式为

$$WUE = Y/ET \tag{2.16}$$

$$PUE = Y/P \tag{2.17}$$

式中：Y 为籽粒产量，kg/hm^2；WUE 为水分利用效率，kg/(m^3 · mm)；PUE 为降水利用效率，kg/(m^3 · mm)。

氮素利用效率 NUE(kg/kg)＝产量/植株氮素吸收量

氮素吸收效率 UPE(kg/kg)＝植株氮素吸收量/氮肥施用量

氮肥偏生产力 PFP(kg/kg)＝产量/施氮量

氮肥生理利用率 NPE（kg/kg）和氮肥农学利用率 AEN（kg/kg）计算式为

$$NEP = (Y_N - Y_0)/(C_N - C_0) \tag{2.18}$$

$$AEN = (Y_N - Y_0)/N \tag{2.19}$$

式中：Y_N 为施氮处理的籽粒产量，kg/hm^2；Y_0 为不施氮处理的籽粒产量，kg/hm^2；C_N 为施氮处理的植株地上部氮素积累量，kg/hm^2；C_0 为不施氮处理的植株地上部氮素积累量，kg/hm^2；N 为施氮量，kg/hm^2。

2.4.2 数据分析

分别采用 Excel 2010 和 DPS 7.05 进行数据整理与统计分析，方差分析使用最小显著性差异法（LSD）进行（$P<0.05$），使用 Origin 9.0 软件作图。

第3章 集雨模式对冬小麦和夏玉米农田土壤水分的影响

农田集雨种植技术可实现降水资源化，通过改变土壤表面微地形，利用垄背形成集水面，能实现降水的有效叠加，从而延长水分有效期（银敏华等，2015年提出）。集雨种植的核心在于提高自然降水的储存，改善作物根区的土壤水分状况，协调作物需水与土壤供水间的矛盾，即集雨、蓄水和保墒。具体而言，集雨种植可提高旱区农业生产力，主要归因于其能实现作物耗水在量上的扩增和质上的提升。量的扩增表现为，通过垄体覆膜使垄面的降水以径流形式汇集到沟中作物根区，形成土壤水分的有效叠加；质的提升表现为，通过垄体覆膜可有效抑制膜下土壤水分的无效蒸发，减少蒸发面积，促进降水的下渗和侧移。本章内容包括试验地冬小麦和夏玉米生长季的降水特征、不同下垫面垄体的集雨效率、土壤储水量的时间变化特征、土壤含水率的空间变化特征和土壤水分亏缺度与储水亏缺补偿度五部分内容。通过定期测量和分析农田土壤水分状况，探究不同集雨模式对土壤水分的调控机制。

3.1 集雨模式对冬小麦农田土壤水分的影响

3.1.1 冬小麦生育期的降水特征

由图2.1（b）、图2.1（d）和图2.1（f）所示的试验地冬小麦生育期逐日降水分布可知，2013—2014年生长季，共发生49次降水，其中次降水量小于5mm的降水发生35次（累计44.9mm）；2014—2015年生长季，共发生50次降水，其中次降水量小于5mm的降水发生34次（累计43.2mm）；2015—2016年生长季，共发生49次降水，其中次降水量小于5mm的降水发生33次（累计48.6mm）。可见，就冬小麦生育期的降水组成来看，83.75%～87.36%来源于大于5mm的降水；就冬小麦生育期的降水次数而言，以小雨为主。因此，通过农田集雨措施将垄上和沟内降水叠加，有望实现小雨的有效利用。表3.1为试验站冬小麦生育期内各月降水量。由表3.1分析可知，不同年份间冬小麦生育期的降水分布差异较大，且降水总量不能完全满足冬小麦的生长，需要在适当时期补充一定量的灌水。

表 3.1　　试验站冬小麦生育期内各月降水量　　单位：mm

生长季	10月	11月	12月	次年1月	次年2月	次年3月	次年4月	次年5月	次年6月
2013—2014年	22.6	15.4	0.0	0.5	27.5	29.6	139.1	38.4	0.0
2014—2015年	5.6	20.9	0.2	6.4	1.9	92.5	69.8	23.8	18.3
2015—2016年	42.6	56.3	2.6	1.6	5.1	6.6	16.9	43.8	27.8

3.1.2 集雨效率

在3个冬小麦生长季，均选取次年3月（正值冬小麦返青拔节期，植株矮小，对垄体径流的产生影响较小）进行径流-降雨关系分析。由图3.1可知，2013—2014年生长季，9次降水（累计29.6mm）中，膜垄和土垄分别产生径流7次和4次，累计产流分别为23.5mm和4.0mm。2014—2015年生长季，10次降水（累计92.5mm）中，膜垄和土垄分别产生径流8次和5次，累计产流分别为75.5mm和9.8mm。2015—2016年生长季，5次降水（累计6.6mm）中，膜垄和土垄分别产生径流2次和0次，累计产流分别为2.5mm和0.0mm。由表3.2可知，膜垄和土垄的集流效率分别为84.6%和12.2%，临界产流降雨量分别为0.9mm和4.1mm。从径流量占降雨量的总体比例来看，膜垄和土垄的平均集雨效率分别为66.3%和8.0%。可见，与土垄相比，膜垄可大幅度提高集雨效率。

表 3.2　　冬小麦生长季的沟垄集雨径流-降雨关系

下垫面材料	径流-降雨关系模型	r	P	临界产流降雨量/mm	平均集雨效率/%
膜垄	$R_i=0.846P_i-0.715$	0.999	0.014	0.9	66.3
土垄	$R_i=0.122P_i-0.030$	0.974	0.035	4.1	8.0

注　表中R_i为第i次径流量，P_i为第i次降雨量，r为相关系数，P为显著性水平。

3.1.3 土壤储水量的时间变化特征

农田土壤水分状况取决于不同土层的根系分布、根系吸水速率和土壤有效水分含量，其中土壤水分的吸收和消耗与根系分布密切相关。不同集雨模式下，降水和灌水在土壤中的运移与分布存在差异，因此会影响不同土层的土壤储水量。

3.1.3.1 不同集雨模式下0～40cm土层的储水量动态变化

0～40cm土层为土壤水分变化活跃层，也是冬小麦根系集中分布的区域。图3.2所示为冬小麦生长季中主要生育期0～40cm土层的土壤储水量的动态

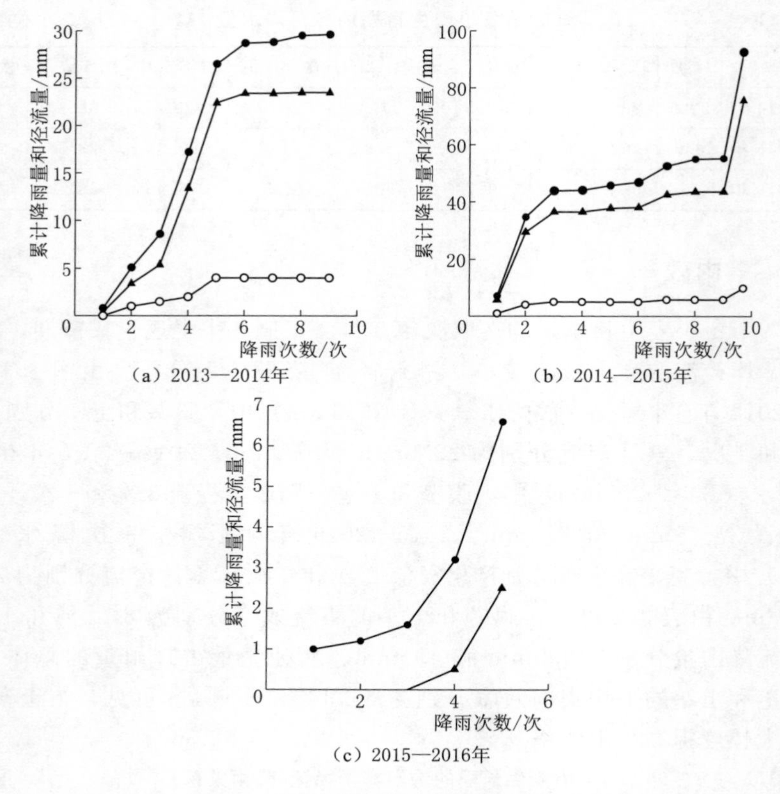

图 3.1 冬小麦生长季膜垄和土垄的累计径流量和降雨量

—●— 累计降雨量 —▲— 膜垄累计径流量 —○— 土垄累计径流量

变化。由图 3.2 可知，不同处理下 0～40cm 土层土壤储水量的差异在播种前和成熟期较小，其余时段较大，且在同一测定时期，4 种集雨处理的土壤储水量均高于处理 CK。

2013—2014 年生长季，处理间 0～40cm 土层的土壤储水量在播种前为 110.5～117.3mm，收获后为 100.6～111.7mm，表现为生育期内土壤水分的基本平衡。在苗期，植株矮小，棵间蒸发强烈，4 种集雨处理的土壤储水量平均较处理 CK 提高 7.04%。在拔节期，随着大气温度的逐渐升高，植株生长加快、耗水增强，尽管补充灌水，各处理的土壤储水量仍显著低于苗期，且达到生育期的最低值。在抽穗期，在降水的补给下，各处理的土壤储水量达到生育期的最大值，土壤储水量表现为处理 M3 和 M4 显著高于处理 M1、M2 和 CK。在灌浆期，随着植株需水量的持续增加和降水量的逐渐减少，各处理的土壤储水量均较抽穗期有所减少。在成熟期，各处理的土壤储水量较灌浆期进一步减少，且处理间的差异也随之减小。就生育期的平均土壤储水量而言，处

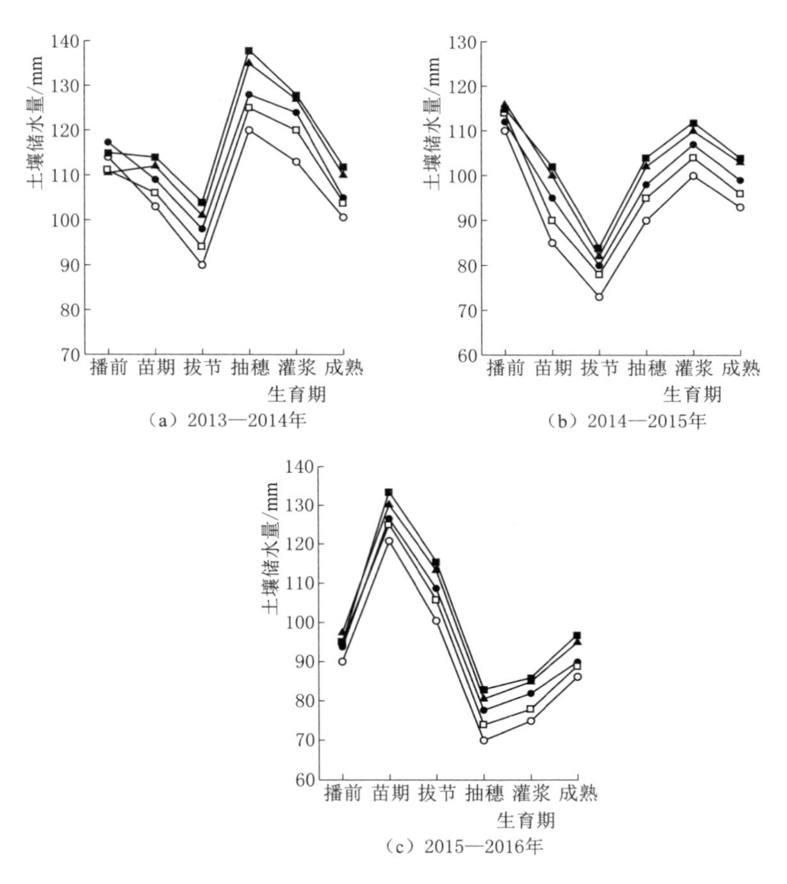

(a) 2013—2014年

(b) 2014—2015年

(c) 2015—2016年

图 3.2 冬小麦生长季中主要生育期 0～40cm 土层土壤储水量的动态变化

—○— CK —●— M1 —□— M2 —▲— M3 —■— M4

理间由大到小表现为：M4、M3、M1、M2、CK，其中处理 M1、M2、M3 和 M4 分别平均较处理 CK 提高 6.35%、3.03%、8.57%和 10.99%。

2014—2015 年生长季，处理间 0～40cm 土层土壤储水量呈先减小后增加再减小的变化趋势，且与播种前相比，各处理成熟期的土壤储水量较小，表现为土壤储水量的负增长。在播前，各处理的土壤储水量为 109.9～116.4mm。在苗期，期间降水量较少，各处理的土壤储水量较播种时有所降低，4 种集雨处理平均较处理 CK 提高 13.82%。在拔节期，各处理的土壤储水量达到整个生育期的最低值，但 4 种集雨处理显著高于平作不覆盖。之后，随着降水的持续发生，各处理的土壤储水量较拔节期有所提高。整个生育期的平均土壤储水量表现为，处理 M1、M2、M3 和 M4 分别较处理 CK 提高 7.26%、4.72%、11.32%和 12.70%。

2015—2016年生长季，受生育期降水量和降水分布的影响，各处理的土壤储水量呈先增加后减少再增加的趋势，其中苗期和拔节期由于降水量较多或补充灌溉，各处理的土壤储水量较大，其余时段则较小。在抽穗期和灌浆期，处理M1、M2、M3和M4的平均土壤储水量分别较处理CK提高10.14%、4.83%、14.21%和16.55%。整个生育期的平均土壤储水量表现为：处理M1、M2、M3和M4分别较处理CK提高6.67%、4.50%、10.88%和12.48%。

3个生长季中，处理M1、M2、M3和M4的全生育期平均土壤储水量分别较处理CK提高6.74%、4.03%、10.17%和12.00%。即4种集雨模式中，全程微型聚水二元集雨处理的0～40cm土层土壤储水量高于单一集雨处理，其中处理M4略优于处理M3，处理M1略优于处理M2。可见，全程微型聚水处理可大幅度提高0～40cm土层的土壤储水量，且与沟覆秸秆相比，垄覆地膜在提高0～40cm土层土壤储水量方面效果较优。

3.1.3.2　不同集雨模式下40～100cm土层的储水量动态变化

与0～40cm土层相比，各处理40～100cm土层土壤储水量的变化趋势基本相同，但处理间的差异有所减小（图3.3）。

2013—2014年生长季，播种前各处理40～100cm土层的土壤储水量为156.1～160.5mm，收获后为120.2～130.4mm，表现为生育期内土壤储水的负增长。在苗期，各处理的土壤储水量与播种时差异较小。这主要是由于该阶段冬小麦植株较小、根系分布较浅，主要吸收和利用上层土壤的水分。在拔节期，各处理的土壤储水量为整个生育期的最低值。在抽穗期，随着降水量的增多，各处理的土壤储水量较拔节期大幅度提高，其中4种集雨处理平均较处理CK提高6.07%。之后，由于降水次数和次降水量均相对较少，各处理的土壤储水量大幅度下降。整个生育期中，40～100cm土层的平均土壤储水量表现为，处理M1、M2、M3和M4分别较处理CK提高2.10%、4.74%、6.04%和6.69%。

2014—2015年生长季，播种前各处理40～100cm土层的土壤储水量为150.9～160.7mm。在苗期，各处理的土壤储水量较播种时略有所减少。次年随着大气温度逐渐上升，植株蒸散量大幅度提高，尽管于拔节期补充灌水40mm，仍不足以弥补植株蒸散量，各处理的土壤储水量仅为119.2～133.4mm。之后，随着降水次数和降水量的增加，各处理的土壤储水量有所增加，且趋于稳定。在抽穗期，处理M2、M3和M4的土壤储水量显著高于处理M1和CK。在抽穗期和成熟期，4种集雨处理的平均土壤储水量分别较处理CK提高7.88%和8.16%。整个冬小麦生育期40～100cm土层的平均土

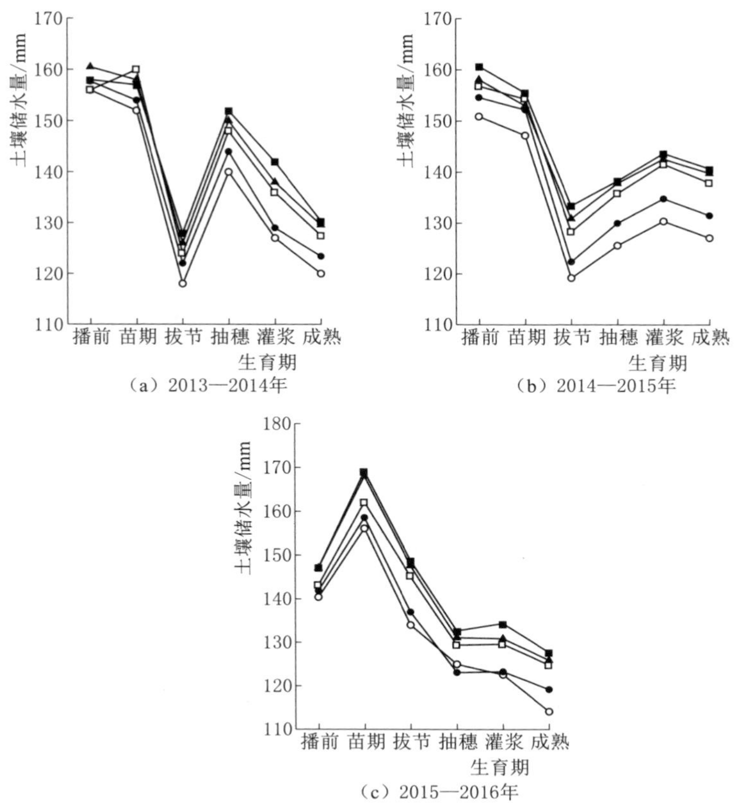

图 3.3 冬小麦生长季中主要生育期 40～100cm 土层土壤储水量动态变化

—○— CK —●— M1 —□— M2 —▲— M3 —■— M4

壤储水量表现为，M1、M2、M3 和 M4 处理分别较处理 CK 提高 3.14%、6.78%、7.72%和 8.98%。

与 2013—2014 年和 2014—2015 年生长季不同，在 2015—2016 年生长季，各处理 40～100cm 土层土壤储水量呈先增加后逐渐降低的趋势。播种前各处理的土壤储水量为 140.4～147.2mm。之后，尽管次降水量相对较少，但降水次数较多。到苗期时，各处理的土壤储水量较播种时有所提高，为 156.1～169.2mm。之后，各处理的土壤储水量随生育期推进，逐渐减少。在拔节期，各处理的土壤储水量为 133.8～148.8mm，其中 4 种集雨处理土壤储水量平均较平作不覆盖提高 7.93%。在抽穗期、灌浆期和成熟期，处理间土壤储水量的极差分别为 7.7mm、11.8mm 和 13.6mm。整个生育期 40～100cm 土层的平均土壤储水量表现为，处理 M1、M2、M3 和 M4 分别较处理 CK 提高 1.38%、5.30%、7.37%和 8.55%。

与 0～40cm 土层不同，3 个生长季中，处理 M1、M2、M3 和 M4 的 40～

100cm 土层平均土壤储水量分别较处理 CK 提高 2.21%、5.60%、7.04%和 8.06%。可见，不同集雨处理的保墒效应在上层土壤略优于下层土壤。这有利于冬小麦早期根系的生长和根系对水肥的吸收利用。此外，处理 M1 在提高 0～40cm 土层土壤储水量方面优于处理 M2，而在提高 40～100cm 土层土壤储水量方面表现为处理 M2 优于处理 M1。

3.1.3.3　不同集雨模式下 0～100cm 土层的储水量动态变化

由不同集雨模式下冬小麦主要生育期 0～100cm 土层土壤储水量的变化（表 3.3）分析可知，3 个生长季中，无论集雨处理或是平作不覆盖，冬小麦成熟期 0～100cm 土层的土壤水分消耗均较为严重，表现为土壤储水量的负增长。在同一测定时期，各集雨处理的土壤储水量均显著高于处理 CK，且处理 M3 和 M4 高于处理 M1 和 M2。

表 3.3　　冬小麦生长季中主要生育期 0～100cm 土层土壤储水量　　单位：mm

生长季	处理	播前	苗期	拔节	抽穗	灌浆	成熟
2013—2014 年	CK	270.1ab	255.0c	208.4c	260.3d	240.1d	220.6c
	M1	275.2a	263.1b	220.3b	271.9c	252.5c	228.4b
	M2	267.2b	266.2b	217.8b	273.2c	256.1c	231.5b
	M3	270.9ab	269.8a	227.1a	284.8b	265.2b	239.6a
	M4	273.0a	271.2a	232.2a	290.3a	270.1a	242.4a
2014—2015 年	CK	260.9c	232.2c	192.2d	215.6c	230.4c	220.1c
	M1	266.6b	247.2b	202.4c	228.0b	241.8b	230.5b
	M2	270.8ab	244.3b	206.3c	230.8b	245.6b	233.9b
	M3	274.5a	253.0a	212.9b	239.8a	252.6a	242.8a
	M4	275.7a	257.5a	217.4a	242.3a	255.7a	244.7a
2015—2016 年	CK	230.4c	276.9c	234.5d	195.0d	197.6c	200.3c
	M1	235.6b	285.2b	245.7c	200.8c	205.3b	209.2b
	M2	238.2ab	287.2b	250.9b	203.4c	207.6b	213.8b
	M3	244.5a	298.2a	260.9a	211.7b	215.9a	220.9a
	M4	242.2a	302.7a	264.4a	215.7a	220.4a	224.7a

注　表中 a、b、c、d 为不同处理差异显著性标注，相同字母代表差异不显著，不同字母间从 a 到 b 值为从高到低，余表同。

2013—2014 年生长季，播种前处理间土壤储水量的极差为 8.0mm。在苗期和拔节期，植株矮小、地表裸露面积大、棵间蒸发强烈。处理 M3 和 M4 在集雨的同时可大幅度减少土壤无效蒸发，其土壤储水量显著高于处理 M1、M2 和 CK。在抽穗期，处理 M3 的土壤储水量分别较处理 CK、M1 和 M2 提

高 9.62%、4.78%和 4.40%；处理 M4 的土壤储水量分别较处理 CK、M1 和 M2 提高 11.54%、6.62%和 6.23%。在灌浆期和成熟期，各处理的土壤储水量均低于抽穗期，4 种集雨处理分别平均较处理 CK 提高 8.75%和 6.74%。整个冬小麦生育期 0～100cm 土层的平均土壤储水量表现为，处理 M1、M2、M3 和 M4 分别较处理 CK 提高 3.98%、3.98%、7.15%和 8.59%。

2014—2015 年生长季，播种前各处理的土壤储水量为 260.9～275.7mm。在苗期，各处理的土壤储水量较播种前有所减少，其中处理 M3 和 M4 显著高于处理 M1 和 M2，且处理 M3 与 M4 和处理 M1 与 M2 之间差异不显著。在拔节期，随着大气温度逐渐升高，冬小麦生长旺盛、蒸散耗水增大，尽管补充灌水 35mm，各处理的土壤储水量仍低于苗期。在抽穗期，随着降水的陆续发生，各处理的土壤储水量均较拔节期有所增加。在灌浆期和成熟期，4 种集雨处理的土壤储水量分别平均较处理 CK 提高 8.04%和 8.12%。整个冬小麦生育期 0～100cm 土层平均土壤储水量表现为，处理 M1、M2、M3 和 M4 分别较处理 CK 提高 4.82%、5.94%和 9.19%和 10.50%。

2015—2016 年生长季，播种前各处理的土壤储水量为 230.4～244.5mm。由于 2015 年 10 月中下旬和 11 月的降水总量高达 98.9mm，在苗期时，各处理的土壤储水量为 276.9～302.7mm，达到整个生育期的最高值，其中 4 种集雨处理土壤储水量平均较处理 CK 提高 5.93%。在拔节期，处理 M1、M2、M3 和 M4 的土壤储水量分别较处理 CK 提高 4.78%、6.99%、11.26%和 12.75%。在抽穗期，由于长时间持续无降水，各处理补充灌水 20mm，但其土壤储水量仍低于拔节期。之后，阶段降水量与植株蒸散量基本持平，各处理的土壤储水量较为稳定。整个生育期 0～100cm 土层的平均土壤储水量表现为，处理 M1、M2、M3 和 M4 分别较处理 CK 提高 3.53%、4.97%和 8.80%和 10.14%。

3 个生长季中，处理 M1、M2、M3 和 M4 的全生育期平均土壤储水量分别较处理 CK 提高 4.11%、4.94%、8.35%和 9.71%。可见，全程微型聚水覆盖较单一覆盖可大幅度提高冬小麦生育期中 0～100cm 土层的土壤储水量，且垄覆黑膜沟覆秸秆处理略优于垄覆白膜沟覆秸秆处理，沟覆秸秆处理略优于垄覆白膜处理。

3.1.4 土壤含水率的空间变化特征

为了进一步了解不同集雨处理下土壤水分随土层深度的变化特征，现分别以 3 个冬小麦生长季的 6 次土样测定结果的平均值进行分析，如图 3.4 所示。由图 3.4 可知，受不同土层中根系分布、根系吸水速率及土壤有效水含量的影响，不同集雨模式下 0～100cm 土层土壤含水率随土层深度的增加呈不同的变

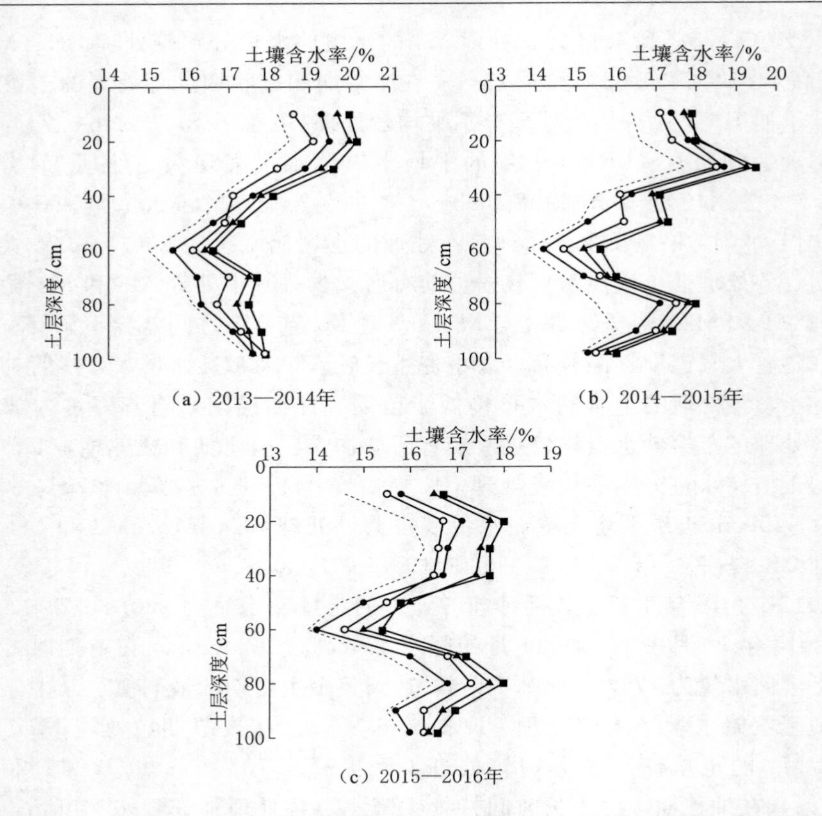

图3.4　冬小麦生长季中不同集雨模式下0～100cm土层的土壤水分垂直分布

CK　M1　M2　M3　M4

化趋势。

2013—2014年生长季，不同集雨模式下0～100cm土层土壤含水率随土层深度的增加呈先减少后增加的趋势。0～20cm土层的平均土壤含水率表现为，处理M1、M2、M3和M4分别较处理CK提高5.72%、2.72%、8.17%和9.54%，且差异达到显著性水平。各处理30～60cm土层的土壤含水率呈下降趋势，在60cm土层处达到最小值。各处理70～100cm土层的土壤含水率逐渐增加，且在100cm土层处处理间的差异达到最小。0～100cm土层的平均土壤含水率表现为，处理M1、M2、M3和M4分别较处理CK提高3.74%、3.86%、6.95%和8.50%。

2014—2015年生长季，不同集雨模式下0～100cm土层土壤含水率随土层深度的增加呈先增加后减少再增大再减少的趋势。0～30cm土层的土壤含水率逐渐增加，且在30cm土层处达到最大值。该土层深度的土壤含水率表现为，处理M1略高于处理M2、处理M4略高于处理M3。各处理40～60cm土

层的土壤含水率逐渐下降，其中处理M1、M2、M3和M4分别平均较处理CK提高3.38%、5.86%、10.83%和12.61%。70～80cm土层的土壤含水率逐渐增大，平均为16.00%。90～100cm土层的土壤含水率逐渐减小，平均为16.10%。0～100cm土层的平均土壤含水率表现为，处理M1、M2、M3和M4分别较处理CK提高4.78%、5.88%、9.23%和10.48%。

2015—2016年生长季，不同集雨模式下0～100cm土层土壤含水率随土层深度的增加呈先减少后增加的趋势。处理间0～40cm土层的土壤含水率变化较为平稳，平均为16.63%，其中处理M1、M2、M3和M4分别较处理CK提高5.56%、3.82%、9.86%和11.45%。50～60cm土层的土壤含水率逐渐下降，并于60cm土层处达到最小值。各处理70～80cm土层的土壤含水率逐渐增加，平均为16.82%，其中处理M1和M2分别较处理CK提高2.50%和6.56%，处理M3和M4分别较CK处理提高8.44%和10.00%。各处理90～100cm土层的土壤含水率变化较小，且处理间的差异也趋于减小。0～100cm土层的平均土壤含水率表现为，处理M1、M2、M3和M4分别较处理CK提高3.50%、4.92%、8.67%和10.09%。

3个生长季中，处理M1、M2、M3和M4全生育期0～100cm土层的平均土壤含水率分别较CK处理提高4.00%、4.86%、8.25%和9.66%。可见，4种集雨处理均可一定程度上提高0～100cm土层的土壤含水率，且与单一覆盖相比，全程微型聚水二元覆盖较好的集雨、保墒、抑蒸和调温效应可有效提高0～100cm土层的土壤含水率；与垄覆地膜相比，沟覆秸秆有利于提高下层土壤的含水率。

3.1.5 土壤水分亏缺度与储水亏缺补偿度

3.1.5.1 土壤水分亏缺度

冬小麦生育期不同集雨模式的土壤储水量亏缺度见表3.4。由表3.4分析可知，不同集雨模式下，0～40cm土层的土壤水分亏缺状况在降雨集中期（或补充灌水后）均有所缓解，其余阶段则处于不同程度的亏缺状态。各处理40～100cm土层的土壤水分亏缺度变化较0～40cm土层平缓。

2013—2014年生长季播种时，各处理0～40cm和40～100cm土层的土壤水分亏缺度分别为18.54%～23.26%和25.59%～27.78%，即0～40cm土层的水分状况略好。在苗期，各处理0～40cm土层的土壤水分亏缺度均较播种时有所加大，但与处理CK相比，4种集雨处理的土壤水分亏缺程度仍较小。该时期各处理40～100cm土层的土壤水分亏缺程度与播种时差异较小。在拔节期，各处理0～40cm和40～100cm土层的土壤水分亏缺度均较苗期有所增加。在抽穗期，随着降水的持续发生，各处理0～40cm土层的土壤水分亏缺

表 3.4　冬小麦生育期不同集雨模式的土壤储水量亏缺度 

生长季	生育期	CK		M1		M2		M3		M4	
		0～40cm	40～100cm	0～40cm	40～100cm	0～40cm	40～100cm	0～40cm	40～100cm	0～40cm	40～100cm
2013—2014 年	播前	20.83	27.78	18.54	26.99	22.92	27.78	23.26	25.69	20.14	26.85
	苗期	28.47	29.63	24.31	28.70	26.39	25.93	22.22	26.85	20.83	27.31
	拔节	37.50	45.37	31.94	43.52	34.72	42.59	29.86	41.67	27.78	40.74
	抽穗	16.67	35.19	11.11	33.33	13.19	31.48	6.25	30.56	4.17	29.63
	灌浆	21.53	41.20	13.89	40.28	16.67	37.04	11.81	36.11	11.11	34.26
	成熟	30.14	44.44	27.08	42.87	27.78	40.97	23.61	40.00	22.22	39.63
2014—2015 年	播前	23.61	30.14	22.22	28.43	20.83	27.41	19.17	26.81	20.14	25.60
	苗期	40.97	31.85	34.03	29.54	37.50	28.56	30.56	29.17	29.17	28.01
	拔节	49.31	44.81	44.44	43.33	45.83	40.60	43.06	39.40	41.67	38.24
	抽穗	37.50	41.85	31.94	39.81	34.03	37.13	29.17	36.20	27.78	35.97
	灌浆	30.56	39.63	25.69	37.59	27.78	34.44	23.61	33.98	22.22	33.47
	成熟	35.42	41.16	31.25	39.12	33.33	36.16	28.47	35.28	27.78	34.86
2015—2016 年	播前	37.50	35.00	34.93	34.31	34.03	33.70	32.36	31.90	34.03	31.85
	苗期	16.11	27.73	12.08	26.57	13.13	24.95	9.58	22.22	7.22	21.71
	拔节	30.21	37.96	24.51	36.57	26.53	32.82	21.32	31.67	19.72	31.11
	抽穗	51.39	42.13	46.04	43.01	48.61	40.09	44.03	39.31	42.36	38.56
	灌浆	47.92	43.24	43.06	42.92	45.83	40.00	40.97	39.40	40.28	37.78
	成熟	40.14	47.18	37.50	44.81	38.19	42.22	34.03	41.71	32.64	40.88

度达到生育期内最小值，其中处理 M1、M2、M3 和 M4 分别较处理 CK 减小 5.56%、3.47%、10.42%和 12.50%。各处理 40～100cm 土层的土壤水分亏缺度较拔节期也有所降低。之后，降水量开始减少，但太阳辐射强烈，植株蒸腾耗水旺盛，各处理 0～40cm 和 40～100cm 土层的土壤水分亏缺度均逐渐增加。到成熟期时，各处理 0～40cm 和 40～100cm 土层的土壤水分亏缺度分别达到 22.22%～30.14%和 39.63%～44.44%。

2014—2015 年生长季播种时，各处理 0～40cm 和 40～100cm 土层的土壤水分亏缺度均大于 2013—2014 年生长季。在苗期，由于降水量较少，地表蒸发强烈，各处理 0～40cm 土层的土壤水分亏缺度较播种时明显提高，而 40～100cm 的土壤水分亏缺度与播种时差异较小。在拔节期，各处理 0～40cm 和 40～100cm 土层的土壤水分亏缺度均较苗期有所提高，其中 4 种集雨处理平均分别较处理 CK 减小 5.56%和 4.42%。到抽穗期，各处理 0～40cm 和 40～

100cm 土层的土壤水分亏缺度均较拔节期有所降低，其中 0～40cm 土层的降低幅度较大。这主要是由于该阶段冬小麦正处于由营养生长向生殖生长的过渡时期，植株生长旺盛，根系伸长加深，对下层土壤的吸收利用增加，且在降水过程中，深润层主要集中于上层土壤。随着降水的逐渐增加，在灌浆期，各处理 0～40cm 和 40～100cm 土层的土壤水分亏缺度均达到生育期最小值。到成熟期，各处理 0～40cm 土层的土壤水分亏缺度小于 40～100cm 土层。

与 2013—2014 年和 2014—2015 年相比，2015—2016 年生长季播种时，各处理 0～40cm 和 40～100cm 土层的土壤水分亏缺度均较低。在苗期，各处理 0～40cm 和 40～100cm 土层的土壤水分亏缺度均得到大幅度缓解，且 0～40cm 的降低幅度大于 40～100cm 土层。在拔节期，补充灌水后，由于该期正值冬小麦营养生长的旺盛时期，各处理 0～40cm 和 40～100cm 土层的土壤水分亏缺度仍较苗期有所提高。之后，降水逐渐减少，各处理 0～40cm 和 40～100cm 土层的土壤水分亏缺度均逐渐增加且趋于稳定。

3 个生长季中，处理 M1、M2、M3 和 M4 全生育期 0～40cm 土层的平均土壤水分亏缺度分别较处理 CK 降低 13.63%、8.14%、20.55%和 24.26%；40～100cm 土层的平均土壤水分亏缺度分别较处理 CK 降低 3.58%、9.09%、11.42%和 13.09%。可见，4 种集雨处理均可一定程度上缓解土壤水分的亏缺状况，且在缓解上层土壤水分亏缺方面优于下层土壤，其中全程覆盖处理优于单一覆盖处理，垄覆黑膜处理优于垄覆白膜处理。这主要是由于全程微型聚水覆盖可将集雨和保墒有机统一，从而增加作物根区的水分供应。此外，黑膜特有的光学效应可有效抑制杂草生长，减少土壤水分消耗。

3.1.5.2 土壤储水亏缺补偿度

与播种前相比，收获时各处理 0～40cm 和 40～100cm 土层的土壤储水量亏缺补偿度见表 3.5。由表 3.5 分析可知，收获时不同处理的土壤储水亏缺补偿度在不同土层深度间存在明显差异，且 0～40cm 土层的变幅大于 40～100cm 土层。

表 3.5　不同集雨模式下冬小麦收获时的土壤储水量亏缺补偿度　%

生长季	深度	CK	M1	M2	M3	M4
2013—2014 年	0～40cm	−44.67	−46.07	−21.21	−1.49	−10.34
	40～100cm	−60.00	−58.83	−47.50	−55.68	−47.59
2014—2015 年	0～40cm	−50.00	−40.63	−60.00	−48.55	−37.93
	40～100cm	−36.56	−37.62	−31.93	−31.61	−36.17
2015—2016 年	0～40cm	−7.04	−7.36	−12.24	−5.15	4.08
	40～100cm	−34.79	−30.63	−25.27	−30.77	−28.34

2013—2014年生长季，各处理0～40cm和40～100cm土层的土壤储水亏缺补偿度均为负值。说明该冬小麦生育期中，各处理0～100cm土层土壤储水量在收获后均小于播种时，且0～40cm土层土壤储水量的降低幅度小于40～100cm土层。

与2013—2014年类似，2014—2015年生长季中，各处理0～40cm和40～100cm土层的土壤储水亏缺补偿度也均为负值。即该冬小麦生育期中，各处理的蒸散量大于降水量和灌水量，且对0～40cm土层土壤储水的消耗大于40～100cm土层。

与2013—2014年和2014—2015年相比，2015—2016年生长季各处理0～40cm和40～100cm土层的土壤储水亏缺补偿度均较小，其中0～40cm土层的土壤储水亏缺补偿度为－12.24%～4.08%，各处理播种前和收获时的土壤储水量差异较小；40～100cm土层的土壤储水亏缺补偿度为－34.79%～－25.27%，各处理收获时的土壤储水量小于播种时，且减小幅度大于0～40cm土层。

3个生长季，各处理0～40cm和40～100cm土层的平均土壤储水亏缺补偿度分别为－33.90%～－14.73%和－43.78%～－34.90%。说明各处理对0～40cm土层的土壤水分消耗大于40～100cm土层。此外，2个土层的土壤储水亏缺补偿度均表现为4种集雨处理大于处理CK。

3.2　集雨模式对夏玉米农田土壤水分的影响

3.2.1　夏玉米生育期的降水特征

由图2.1（c）、图2.1（e）和图2.1（g）所示的试验地夏玉米生育期内逐日降水分布可知，2014年生长季，共发生35次降水，其中次降水量小于5mm的降水发生15次（累计35.3mm）；2015年生长季，共发生43次降水，其中次降水量小于5mm的降水发生27次（累计37.0mm）；2016年生长季，共发生29次降水，其中次降水量小于5mm的降水发生17次（累计26.7mm）。可见，与冬小麦类似，试验地夏玉米生育期间的降水总量也以大于5mm降水为主（占比为84.54%～87.07%），降水频次仍主要表现为小雨，通过农田集雨措施实现小雨的有效利用也意义重大。表3.6为3个夏玉米生长季随播种后天数的降水情况。由表3.6分析可知，试验地夏玉米生长季的降水总量基本能满足夏玉米的生长需求，但由于分布不均匀，会出现阶段性的缺水现象，通过农田集雨方式保蓄降水可一定程度上得以缓解。

表 3.6 试验站夏玉米生育期内降水分布 单位：mm

生长季	0～20d	21～40d	41～60d	61～80d	81～100d	101d 至收获
2014 年	33.4	21.3	27.9	50.8	163.3	58.6
2015 年	87.6	6.0	89.1	2.3	79.5	19.4
2016 年	53.6	67.7	58.8	11.5	88.2	19.2

3.2.2 集雨效率

在 3 个夏玉米生长季，均选取播种后 0～20d（正值苗期前中期，植株矮小，对垄体径流的产生影响较小）进行径流—降雨关系分析。如图 3.5 所示，2014 年生长季，6 次降水（累计 33.4mm）中，膜垄和土垄分别产生径流 6 次和 2 次，累计产流分别为 27.3mm 和 3.5mm。2015 年生长季，10 次降水（累计 87.6mm）中，膜垄和土垄均产生径流 10 次，累计产流分别为 73.3mm 和 9.1mm。2016 年生长季，5 次降水（累计 53.6mm）中，膜垄和土垄均产生径流 5 次，累计产流分别为 45.6mm 和 4.9mm。表 3.7 为夏

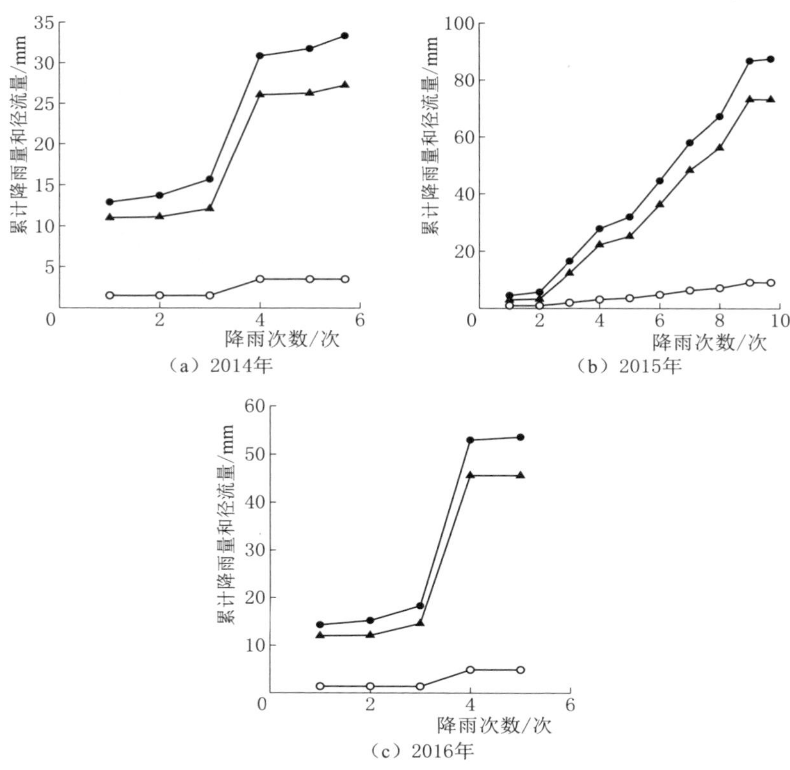

图 3.5 夏玉米生长季膜垄和土垄的累计径流量

玉米生长季沟垄集雨径流-降雨关系表，由表3.7分析可知，膜垄和土垄的集流效率分别为84.5%和10.5%，临界产流降雨量分别为0.5mm和2.9mm。从径流量占降雨量的总体比例来看，膜垄和土垄的平均集雨效率分别为83.5%和10.0%。可见，与土垄相比，膜垄的集雨效率大幅度提高，且2种下垫面材料下，夏玉米生长季较冬小麦生长季具有较高的平均集雨效率和较低的临界产流降雨量。

表3.7　夏玉米生长季的沟垄集雨径流-降雨关系

下垫面材料	径流-降雨关系模型	r	P	临界产流降雨量/mm	平均集雨效率/%
膜垄	$R_i=0.845P_i-0.455$	0.998	0.018	0.5	83.5
土垄	$R_i=0.105P_i-0.303$	0.964	0.041	2.9	10.0

注　表中R_i为第i次径流量，P_i为第i次降雨量，r为相关系数，P为显著性水平。

3.2.3　土壤储水量的时间变化特征

3.2.3.1　不同集雨模式下0～40cm土层的储水量动态变化

图3.6为夏玉米生长季0～40cm土层土壤储水量随播种后天数的动态变化。由图3.6分析可知，受生育期内降水量和降水分布的影响，3个生长季各处理0～40cm土层土壤储水量的变化趋势存在一定差异。在同一测定时期，4种集雨处理的土壤储水量均高于平作不覆盖。

2014年生长季，各处理播种前的土壤储水量为100.7～108.0mm。播种后20d时（期间降水量为33.4mm），各处理的土壤储水量较播种前均有所降低。在播种后40d，补充灌水35mm，期间降水为21.3mm，各处理的土壤储水量较播种后20d有所提高。在播种后60d，由于期间降水量不足以弥补耗水量，各处理的土壤储水量平均较播种后40d降低18.0mm。之后，随着降水次数的增加和次降水量的增多，各处理的土壤储水量持续增加。到收获时，各处理的土壤储水量达到生育期的最高值，其中处理M1和M2分别较处理CK提高7.43%和4.98%；处理M3和M4分别较处理CK提高10.82%和8.72%，表现为生育期内土壤储水量的增加。整个生育期的平均土壤储水量表现为，处理M1、M2、M3和M4分别较处理CK提高4.95%、5.65%、9.57%和9.52%。

2015年生长季，不同处理下生育期内土壤储水量呈或增加或降低的波动状态，即播种时和成熟期土壤水分较少，而在播种后20d、60d和100d出现峰值。播种时，各处理的土壤储水量略低于2014年生长季。在播种后20d，4种集雨处理的土壤储水量平均较处理CK提高9.33%。播种后40d，各处理的土壤储水量较播种后20d平均减少21.5mm。播种后60d，随着降水的持续发

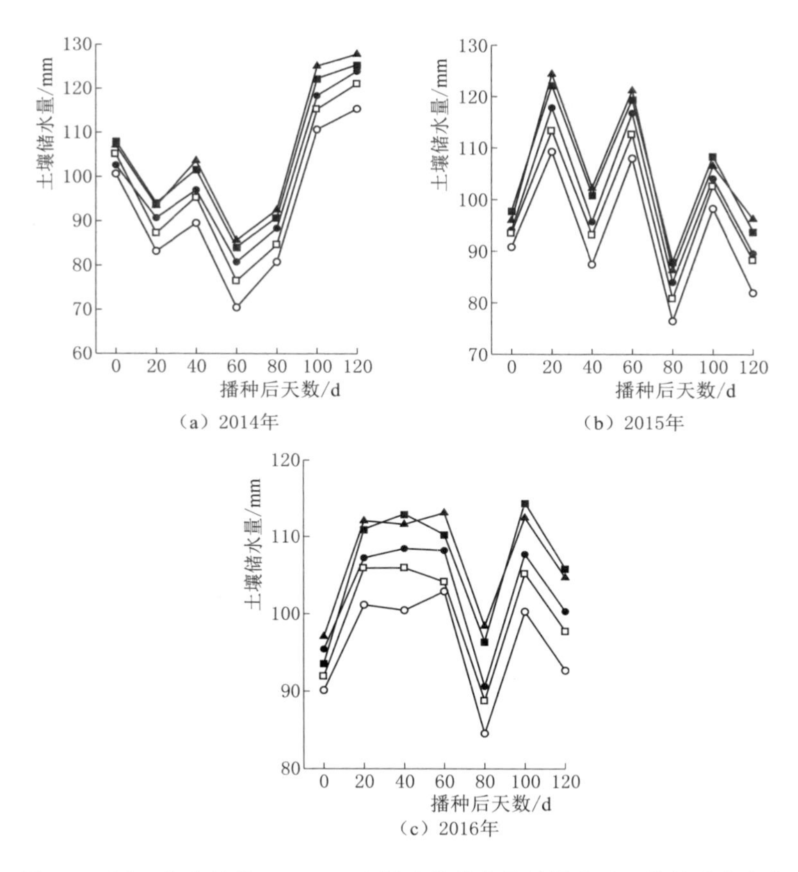

图 3.6 夏玉米生长季 0～40cm 土层土壤储水量随播种后天数的动态变化

—○— CK —●— M1 —□— M2 —▲— M3 —■— M4

(横坐标中 0 代表播种前，120 代表收获时，下同)

生，各处理的土壤储水量平均较播种后 40d 增加 19.7mm。在播种后 80d，4 种集雨处理的土壤储水量平均较处理 CK 提高 10.88%。在播种后 100d，期间降水量为 79.5mm，各处理的土壤储水量均得以补充。整个生育期的平均土壤储水量表现为，处理 M1、M2、M3 和 M4 分别较处理 CK 提高 7.65%、4.96%、12.40%和 12.05%。

2016 年生长季，不同集雨模式的生育期土壤储水量表现为，在播种后 20～60d 期间基本稳定，而其余时段呈或高或低的波动变化。与 2014 年和 2015 年生长季相比，该生长季各处理的土壤储水量变幅较小。在播种后 80d，各处理的土壤储水量达到整个生育期的最小值，4 种集雨处理平均较处理 CK 提高 10.70%。在播种后 100d，各处理的土壤储水量达到整个生育期的最高值，4 种集雨处理平均较处理 CK 提高 9.66%。整个生育期的平均土壤储水量表现为：处理 M1、M2、M3 和 M4 分别较处理 CK 提高 6.81%、4.10%、11.51%和 10.79%。

3 个生长季中，处理 M1、M2、M3 和 M4 的全生育期平均土壤储水量分别较处理 CK 提高 7.43%、4.79%、12.30%和 11.49%。可见，全程微型聚水覆盖可大幅度提高土壤储水量，且与沟覆秸秆相比，垄覆地膜可有效提高上层土壤的水分含量。

3.2.3.2　不同集雨模式下 40～100cm 土层的储水量动态变化

与 0～40cm 土层相比，各处理生育期内 40～100cm 土层土壤储水量的变幅较大，且不同生长季的变化趋势不尽相同，如图 3.7 所示。

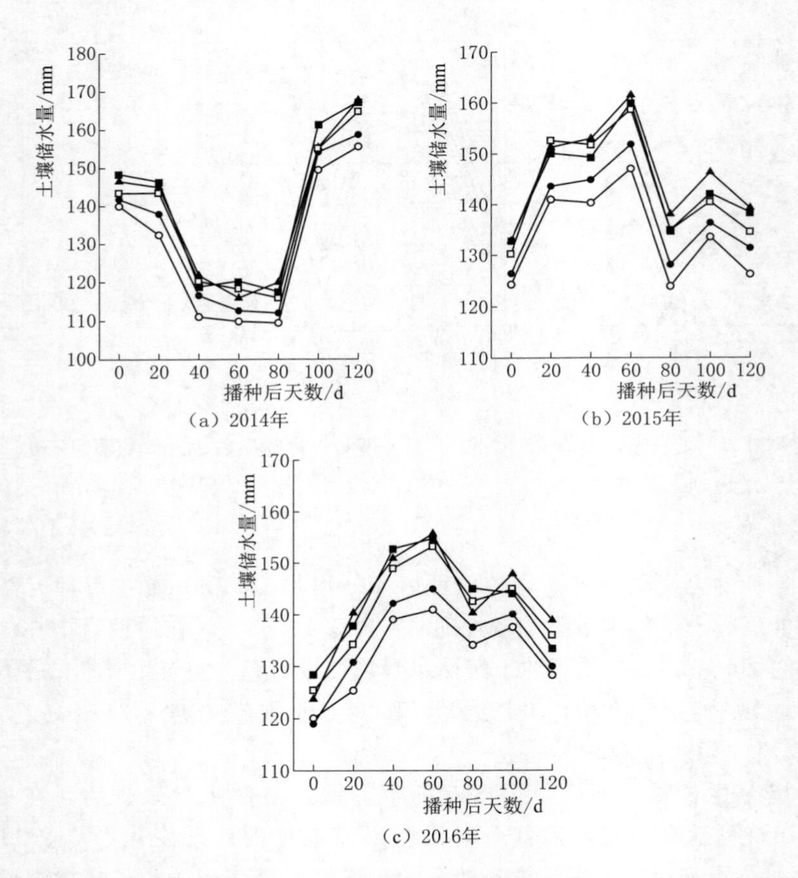

图 3.7　夏玉米生长季 40～100cm 土层土壤储水量随播种后天数的动态变化

—○— CK　—●— M1　—□— M2　—▲— M3　—■— M4

2014 年生长季，各处理 40～100cm 土层土壤储水量随播种后天数的推进呈先降低后升高的变化趋势，且表现为生育期内土壤储水量的正增长。播种前各处理的基础土壤储水量为 139.9～148.4mm。在播种后 20d，各处理的土壤储水量与播种时变化较小。这主要是由于该阶段夏玉米植株矮小，根系主要分布于 0～40cm 土层。在播种后 40d，各处理的土壤储水量平均较播种后 20d 降低 23.3mm。这主要是由于该阶段正值植株由苗期向拔节期过渡的时期，营养生长旺盛、蒸散耗水强烈，且随着根系的伸长，对下层土壤水分的消耗增大。各处理播种后 60d 和 80d 的土壤储水量基本一致。在播种后 100d，4 种集雨处理的土壤储水量平均较处理 CK 提高 4.70%。在收获时，各处理的土壤储水量达到最大值，4 种集雨处理与处理 CK 的差异有所减小。这主要是由于期间降水充足，集雨处理的集雨效应不明显。整个生育期 40～100cm 土层的平均土壤储水量表现为，处理 M1、M2、M3 和 M4 分别较处理 CK 提高 2.87%、5.87%、7.10%和 7.99%。

2015 年生长季，各处理 40～100cm 土层的土壤储水量呈“M”形变化趋势。在播种后 20d 和 40d，各处理的土壤储水量差异较小，4 种集雨处理分别平均较处理 CK 提高 5.98%和 6.72%。在播种后 60d，各处理的土壤储水量达到生育期的最高值。在播种后 80d，期间降水量较少，各处理的土壤储水量较播种后 60d 平均减少 23.8mm。在播种后 100d，由于期间降水量为 88.2mm，各处理的土壤储水量较播种后 100d 有所提高。在收获时，由于植株逐渐衰老，蒸散耗水减弱，各处理的平均土壤储水量较播种后 100d 略有降低，且与播种时大致相同，表现为土壤水分的基本平衡。整个生育期 40～100cm 土层的平均土壤储水量表现为，处理 M1、M2、M3 和 M4 分别较处理 CK 提高 2.79%、7.15%、9.16%和 7.61%。

与 2014 年和 2015 年生长季不同，在 2016 年生长季，各处理 40～100cm 土层的土壤储水量呈先增加后降低的趋势，且在播种后 60d 达到最大值。整个生育期 40～100cm 土层的平均土壤储水量表现为，处理 M1、M2、M3 和 M4 分别较处理 CK 提高 2.06%、6.46%、7.82%和 7.68%。

3 个生长季中，处理 M1、M2、M3 和 M4 的全生育期平均土壤储水量分别较处理 CK 提高 2.57%、6.50%、8.04%和 7.76%。可见，与冬小麦一致，在夏玉米生长季中，4 种集雨模式均可不同程度地提高 40～100cm 土层土壤储水量，且处理 M1 在提高 0～40cm 土层土壤储水量方面优于处理 M2，而在提高 40～100cm 土层土壤储水量方面表现为处理 M2 优于处理 M1。

3.2.3.3 不同集雨模式下 0～100cm 土层的储水量动态变化

表 3.8 为夏玉米生长季不同覆盖模式下 0～100cm 土层的土壤储水量随播

种后天数的变化。由表3.8分析可知，除2015年生长季中处理CK和M2外，无论是集雨处理，还是传统平作，夏玉米成熟期0～100cm土层的土壤储水量均不同程度地高于播种时。在同一测定时期，4种集雨处理的土壤储水量均显著高于处理CK，且处理M3和M4高于处理M1和M2。

表3.8　夏玉米生长季不同覆盖模式下0～100cm土层土壤储水量随播种后天数的变化

单位：mm

生长季	处理	0d	20d	40d	60d	80d	100d	120d
2014年	CK	240.6c	215.6c	200.6c	180.3c	190.2c	260.1c	270.9c
	M1	244.4bc	228.6b	213.6b	193.4b	200.4b	272.5b	282.6b
	M2	248.5b	230.7b	215.7b	194.7b	200.6b	270.3b	285.8b
	M3	253.6ab	238.4a	225.4a	201.6a	212.5a	280.5a	295.5a
	M4	256.4a	240.5a	220.5a	204.4a	208.4a	283.7a	292.7a
2015年	CK	215.1c	250.2c	227.7c	255.0c	200.4c	231.8c	208.2c
	M1	220.5b	261.4b	240.5b	268.6b	212.1b	240.4b	220.9b
	M2	223.9ab	265.9b	244.9b	271.3b	215.7b	243.2b	222.8b
	M3	228.8a	275.7a	255.2a	282.7a	224.3a	252.8a	235.5a
	M4	230.7a	272.3a	250.2a	279.5a	222.9a	250.5a	232.2a
2016年	CK	210.2c	226.5c	239.5c	243.8c	218.6c	237.8c	220.9c
	M1	214.4b	238.0b	250.6b	253.1b	228.1b	247.7b	230.2b
	M2	217.3ab	240.1b	254.8b	257.3b	231.4b	250.0b	233.7b
	M3	220.8a	252.4a	262.5a	268.8a	238.7a	260.3a	243.5a
	M4	222.1a	248.8ab	265.7a	265.0a	241.5a	258.6a	239.2ab

2014年生长季，播种前各处理的土壤储水量为240.6～256.4mm。在播种后20d，处理M1和M2的土壤储水量分别较处理CK提高6.03%和7.00%；处理M3和M4的土壤储水量分别较处理CK提高10.58%和11.55%。在播种后40d，各处理的土壤储水量均较播种后20d有所降低。在播种后60d，各处理的土壤储水量达到生育期最低值。之后，随着降水量的持续发生，各处理的土壤储水量逐渐增加，并于收获时达到土壤储水量的最高值。整个生长季中0～100cm土层的平均土壤储水量表现为，处理M1、M2、M3和M4分别较处理CK提高4.95%、5.65%、9.57%和9.52%。

2015年生长季，播种前各处理的土壤储水量低于2014年生长季。在播种后20d，期间降水量高达87.6mm，各处理的土壤储水量较播种前平均增加41.3mm。在播种后40d，各处理的土壤储水量平均较播种后20d减少21.4mm。在播种后60d，各处理的土壤储水量达到最高值。在播种后80d，

各处理的土壤储水量达到生育期的最低值。在播种后 100d，期间降水量为 79.5mm，各处理的土壤储水量较播种后 80d 平均提高 28.6mm。在收获时，各处理的土壤储水量较播种后 100d 平均减少 19.8mm。整个生育期 0～100cm 土层的平均土壤储水量表现为，处理 M1、M2、M3 和 M4 分别较处理 CK 提高 4.78%、6.25%和 10.49%和 9.44%。

2016 年生长季，播种前各处理的土壤储水量低于 2014 年和 2015 年生长季。在播种后 20d，期间降水量为 53.6mm，完全可以满足该阶段植株的蒸散耗水，各处理的土壤储水量较播种时有所提高。在播种后 40d 和 60d，期间降水量分别为 67.7mm 和 58.8mm，处理间的土壤储水量较为稳定，4 种集雨处理分别平均较处理 CK 提高 7.89%和 7.08%。在播种后 80d，各处理的土壤储水量较播种后 60d 有所减少。在播种后 100d，处理 M1、M2、M3 和 M4 的土壤储水量分别较处理 CK 提高 4.16%、5.13%、9.46%和 8.75%。整个生育期 0～100cm 土层的平均土壤储水量表现为，处理 M1、M2、M3 和 M4 分别较处理 CK 提高 4.06%、5.47%和 9.37%和 8.99%。

3 个生长季中，处理 M1、M2、M3 和 M4 的全生育期平均土壤储水量分别较处理 CK 提高 4.60%、5.79%、9.81%和 9.31%。可见，与冬小麦一致，夏玉米生长季各处理 0～100cm 土层的土壤储水量也表现为全程微型聚水覆盖较单一覆盖可大幅度提高土壤储水量，且降雨量小或土壤缺水时更能突显不同集雨模式的保水性能。

3.2.4 土壤含水率的空间变化特征

夏玉米不同集雨模式下 0～100cm 土层土壤水分（7 次取样结果的平均值）的垂直分布如图 3.8 所示。由图 3.8 分析可知，3 个夏玉米生长季，不同集雨模式下 0～100cm 土层平均土壤含水率的变化趋势存在一定差异。这与生育期的降水量和降水分布密切相关。

2014 年生长季，不同集雨模式下 0～100cm 土层土壤含水率随土层深度的增加呈或高或低的波动状态。0～30cm 土层的平均土壤含水率表现为，处理 M1 和 M2 分别较处理 CK 提高 7.69%和 5.56%；处理 M3 和 M4 分别较处理 CK 提高 11.23%和 11.30%。各处理 40～70cm 土层的土壤含水率变幅较小，该 4 个土层的平均土壤含水率表现为，处理 M1、M2、M3 和 M4 分别较处理 CK 提高 4.39%、6.57%、9.95%和 10.64%。各处理 80～100cm 土层的土壤含水率较其他土层有所降低，且处理间的差异小于其他土层。0～100cm 土层的平均土壤含水率表现为，处理 M1、M2、M3 和 M4 分别较处理 CK 提高 4.90%、5.62%、9.62%和 9.51%。

2015 年生长季，不同集雨模式下 0～100cm 土层土壤含水率随土层深度的

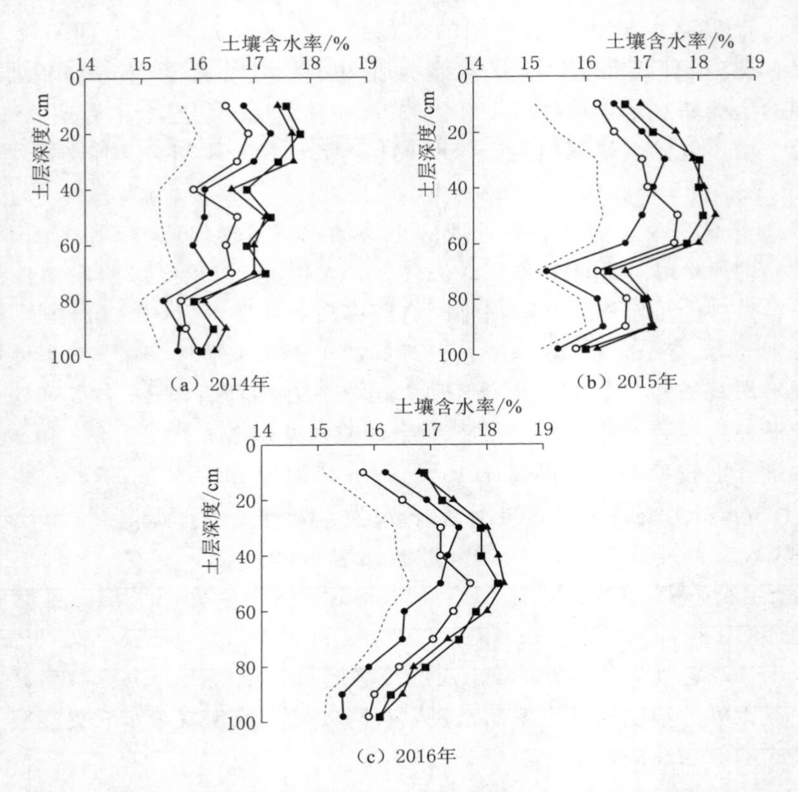

图 3.8　夏玉米生长季不同集雨模式下 0～100cm 土层土壤水分的垂直分布

CK　M1　M2　M3　M4

增加呈先增加后减少再增加再减少的趋势。0～20cm 土层的土壤含水率逐渐增加，处理间的平均土壤含水率表现为，处理 M1、M2、M3 和 M4 分别较处理 CK 提高 9.48%、6.86%、12.98%和 10.78%。各处理 30～60cm 土层的土壤含水率差异较小，且较 0～20cm 土层有所增加。各处理在 70cm 土层处的土壤含水率达到最小值。80～90cm 土层的土壤含水率差异较少。各处理 100cm 土层的土壤含水率较 80～90cm 土层有所减少，且处理间的差异达到最小。0～100cm 土层的平均土壤含水率表现为，处理 M1、M2、M3 和 M4 分别较处理 CK 提高 4.77%、6.25%、10.47%和 9.43%。

2016 年生长季，不同集雨模式下 0～100cm 土层土壤含水率随土层深度的增加呈先增加后减少的趋势，且在 50cm 土层处达到最大值。处理间 0～40cm 土层的平均土壤含水率表现为，处理 M1、M2、M3 和 M4 分别较处理 CK 提高 6.72%、4.71%、10.60%和 9.82%。各处理 60～100cm 土层的土壤含水率逐渐下降，并于 100cm 土层处达到最小值。处理间 0～100cm 土层的平均土壤含水率表现为，处理 M1、M2、M3 和 M4 分别较处理 CK 提高 4.07%、5.47%、9.36%和 8.98%。

3 个生长季中，处理 M1、M2、M3 和 M4 全生育期 0～100cm 土层的平均土壤含水率分别较处理 CK 提高 4.58%、5.78%、9.82%和 9.31%。可见，与冬小麦一致，夏玉米生长季中，4 种集雨处理也可一定程度上提高 0～100cm 土层的土壤含水率，且与单一覆盖相比，全程微型聚水二元覆盖的提高幅度较大；与垄覆地膜相比，沟覆秸秆有利于提高下层土壤的含水率。

3.2.5 土壤水分亏缺度与储水亏缺补偿度

3.2.5.1 土壤水分亏缺度

不同集雨模式下夏玉米生长季中土壤储水量亏缺度随播种后天数的变化见表 3.9。由表 3.9 分析可知，在降水集中期，不同集雨模式下 0～40cm 和 40～100cm 土层的土壤水分亏缺状况均可得到一定的缓解，但整体上均处于不同程度的亏缺状态。与冬小麦不同，3 个夏玉米生长季均表现为，40～100cm 土层的土壤水分亏缺度变幅大于 0～40cm 土层。这主要与 2 种作物生长季的降水特征有关，在冬小麦中，次降水量较少，因此主要湿润上层土壤；而在夏玉米中，次降水量较大，且经常性地出现短时间的大雨、暴雨，有利于降水下渗，从而使下层土壤水分的亏缺状况得以缓解。

2014 年生长季播种时，各处理 0～40cm 和 40～100cm 土层的土壤水分亏缺度差异较小。在播种后 20d，由于期间降水量较少，各处理 0～40cm 和 40～100cm 土层的土壤水分亏缺度均较播种时有所加大，但与处理 CK 相比，4 种集雨处理的土壤水分亏缺程度均较小。在播种后 40d，各处理 0～40cm 和 40～100cm 土层的土壤水分亏缺程度均较播种后 20d 有所减少，且土壤水分亏缺程度表现为 0～40cm 土层低于 40～100cm 土层。在播种后 60d 和 80d，各处理 0～40cm 和 40～100cm 土层的土壤水分亏缺状态均高于播种后 40d，其中 0～40cm 土层表现为，处理 M1、M2、M3 和 M4 土壤水分亏缺状态分别较处理 CK 减少 6.21%、3.44%、9.37%和 8.24%；40～100cm 土层表现为，处理 M1、M2、M3 和 M4 土壤水分亏缺状态分别较处理 CK 减少 1.25%、3.44%、3.85%和 4.30%。在播种后 100d 和 120d，各处理 0～40cm 和 40～100cm 土层的土壤水分亏缺状况均有较大幅度的缓解，且在播种后 120d 达到最小值。

2015 年生长季播种时，各处理 0～40cm 和 40～100cm 土层的土壤水分亏缺度均大于 2014 年生长季。在播种后 20d，期间降水量为 87.6mm，各处理 0～40cm 和 40～100cm 土层的土壤水分亏缺度均较播种时有所缓解，且与 0～40cm 土层相比，各处理 40～100cm 土层的土壤水分亏缺度仍较大。在播种后

表 3.9　不同集雨模式下夏玉米生长季中土壤储水量亏缺度随播种后天数的变化　%

生长季	播种后天数	处理									
		CK		M1		M2		M3		M4	
		0～40cm	40～100cm	0～40cm	40～100cm	0～40cm	40～100cm	0～40cm	40～100cm	0～40cm	40～100cm
2014 年	0d	30.10	35.21	28.73	34.36	26.99	33.62	25.64	32.17	24.99	31.30
	20d	42.20	38.72	37.00	36.17	39.40	33.60	35.08	32.91	34.67	32.21
	40d	37.82	48.58	32.63	46.03	33.71	44.33	28.03	43.63	29.41	44.98
	60d	51.07	49.15	43.91	47.85	46.88	45.28	40.51	46.33	41.59	44.31
	80d	43.91	49.34	38.64	48.13	41.21	46.32	35.73	44.47	36.91	45.58
	100d	23.14	30.82	17.78	28.66	19.94	28.23	13.08	28.09	15.06	25.29
	120d	19.86	28.01	13.90	26.56	15.87	23.77	11.19	22.40	12.87	22.58
2015 年	0d	36.94	42.45	34.65	41.48	34.98	39.69	33.33	38.52	29.12	38.48
	20d	24.12	34.75	18.16	33.54	21.30	29.36	13.58	29.98	13.74	30.51
	40d	39.29	35.06	33.55	32.96	35.33	29.73	29.00	29.19	27.15	30.89
	60d	25.00	31.94	18.90	29.71	21.80	26.53	15.82	25.24	15.43	25.94
	80d	46.90	42.62	41.67	40.69	43.87	37.56	40.07	36.11	35.29	37.56
	100d	31.74	38.19	27.70	36.90	28.64	34.98	26.00	32.30	22.42	34.23
	120d	43.08	41.56	37.79	39.21	38.69	37.73	33.12	35.56	31.59	35.97
2016 年	0d	37.41	44.41	33.73	44.92	36.13	41.98	32.59	42.72	34.99	40.52
	20d	29.75	41.97	25.55	39.45	26.46	37.87	22.17	35.04	22.92	36.20
	40d	30.23	35.63	24.69	34.19	26.44	31.08	22.48	30.15	21.55	29.29
	60d	28.56	34.76	24.86	32.92	27.70	29.08	21.43	27.94	23.41	28.38
	80d	41.28	37.94	37.05	36.36	38.30	34.00	31.63	35.07	33.02	32.85
	100d	30.34	36.34	25.19	35.19	26.94	32.96	21.86	31.58	20.47	33.30
	120d	35.63	40.65	30.33	39.87	32.08	37.08	27.30	35.74	26.50	38.26

40d，各处理 0～40cm 土层的土壤水分亏缺度有所增加，而 40～100cm 土层的亏缺度与播种后 20d 差异较小。这主要是由于该阶段植株矮小、根系分布较浅，蒸散耗水主要集中于 0～40cm 土层。在播种后 60d，各处理 0～40cm 和 40～100cm 土层的土壤水分亏缺度均得到较大的缓解。之后，各处理 0～40cm 和 40～100cm 土层的土壤水分亏缺度均有所增大，且两者间的差异逐渐减少。到收获时，各处理 0～40cm 和 40～100cm 土层的土壤水分亏缺度分别为 31.59%～43.08%和 35.56%～41.56%。

2016年生长季播种时，各处理0～40cm和40～100cm土层的土壤水分亏缺度均高于2014年和2015年生长季。在播种后20d、40d和60d，期间补充水量分别为53.6mm（降水）、67.7mm（降水）和58.8mm（降水），各处理0～40cm和40～100cm土层的土壤水分亏缺度变化较为平缓，且均高于播种时。在播种后80d，各处理0～40cm土层的土壤水分亏缺度达到最大值。在播种后100d，各处理0～40cm和40～100cm土层的土壤水分亏缺度均较播种后80d有所降低。在收获时，各处理0～40cm和40～100cm土层的土壤水分亏缺度均较播种后100d有所增加。

3个生长季中，处理M1、M2、M3和M4全生育期0～40cm土层的平均土壤水分亏缺度分别较处理CK降低了14.00%、9.02%、23.17%和24.07%；40～100cm土层的平均土壤水分亏缺度分别较处理CK降低了4.03%、10.19%、12.59%和12.16%。可见，与冬小麦一致，在夏玉米生长季中，4种集雨处理也均可一定程度上缓解0～40cm和40～100cm土层的土壤水分亏缺状况，且与40～100cm土层相比，4种集雨处理在缓解0～40cm土层土壤水分亏缺方面效果较好。

3.2.5.2 土壤储水亏缺补偿度

与播种前相比，夏玉米收获时不同集雨模式0～40cm和40～100cm土层的土壤储水量亏缺补偿度见表3.10。由表3.10可知，收获时不同处理的土壤储水亏缺补偿度在不同土层间存在明显差异，且在年际间不尽相同。

表3.10 夏玉米收获时不同集雨模式的土壤储水量亏缺补偿度 %

生长季	深度	CK	M1	M2	M3	M4
2014年	0～40cm	34.01	51.61	41.20	56.36	48.49
	40～100cm	20.46	22.70	29.31	30.36	27.88
2015年	0～40cm	−16.62	−9.05	−10.61	0.65	−8.49
	40～100cm	2.12	5.49	4.95	7.68	6.52
2016年	0～40cm	4.76	10.06	11.21	16.23	24.26
	40～100cm	8.48	11.25	11.66	16.35	5.57

2014年生长季，各处理0～40cm和40～100cm土层的土壤储水亏缺补偿度均为正值，其中0～40cm土层表现为处理M1、M2、M3和M4分别较处理CK提高51.76%、21.14%、65.72%和42.57%；40～100cm土层表现为处理M1、M2、M3和M4分别较处理CK提高10.94%、43.25%、48.38%和36.28%。这表明该生育期中蒸散量小于降水和灌水总量，且各处理0～40cm土层土壤水分的补偿程度高于40～100cm土层，其中处理M1和M2的土壤储

水亏缺补偿度在0～40cm土层表现为M1大于M2，而在40～100cm土层表现为M1小于M2。处理M3在0～40cm和40～100cm土层的土壤储水亏缺补偿度均高于处理M4。

2015年生长季，各处理0～40cm土层的土壤储水亏缺补偿度均为负值（处理M3除外），而40～100cm土层的土壤储水亏缺度均为正值。说明在该生育期中，各处理0～40cm土层收获后的土壤储水量小于播种时的土壤储水量，而40～100cm土层收获后的土壤储水量略高于播种时的土壤储水量。

与2014年相比，在2016年生长季中，各处理0～40cm和40～100cm土层的土壤储水亏缺补偿度较小，但均为正值。处理M1、M2、M3和M4在40～100cm土层的土壤储水亏缺补偿度分别较处理CK增加5.30%、6.45%、11.47%和19.50%，在40～100cm土层的土壤储水亏缺补偿度分别较处理CK增加2.76%、3.17%、7.87%和−2.91%。

3个生长季中，各处理0～40cm土层的平均土壤储水亏缺补偿度表现为，处理M1、M2、M3和M4分别较处理CK增加10.16%、6.55%、17.03%和14.04%；40～100cm土层的平均土壤储水亏缺补偿度表现为，处理M1、M2、M3和M4分别较处理CK增加2.79%、4.95%、7.78%和2.97%。可见，4种集雨处理的土壤储水亏缺补偿度均大于处理CK，其补偿效果表现为，处理M3和M4优于处理M1和M2，且处理M1在提高上层土壤储水亏缺补偿度方面优于处理M2，处理M2在提高下层土壤储水亏缺补偿度方面优于处理M1。

3.3　讨论与小结

集雨措施通过改变下垫面特性来调控土壤水分再分布，抑制表层水分无效蒸发，缓解作物需水与土壤供水间的矛盾（银敏华等，2015）。这对于干旱半干旱地区、缺乏灌溉条件或灌溉成本较高地区的农业生产具有重要意义。

集雨种植的核心思想是"接纳雨水、蓄水保墒"，因此提高集雨效率是实现集雨种植的关键。马育军等（2010）在高寒半干旱地区垄沟集雨结合砾石覆盖的研究中发现，膜垄（垄沟比为40∶40）、土垄（垄沟比为40∶40）和平地产流后的集流效率分别为62%、33%和23%，三者的临界产流降雨量差异较小。在沙棘生育期中，膜垄、土垄和平地的平均集水效率分别为34.58%、20.06%和8.35%。李小雁和张瑞玲（2005）在旱作农田沟垄微型集雨结合覆盖的研究中得出，土垄（垄沟比为40∶40）的平均集雨效率为7%，而膜垄（垄沟比为40∶40）的平均集雨效率高达87%。王琦等（2004）在不同垄沟比的试验研究中表明，30cm（垄沟比为30∶60）、45cm（垄沟比为45∶60）

和 60cm（垄沟比为 60∶60）膜垄的平均集流效率分别为 93%、87%和 89%；与膜垄相比，不同垄沟比土垄的集流效率变幅较大，30cm、45cm 和 60cm 膜垄的平均集流效率分别为 0～19%、0～28%和 0～3%。

本研究结果表明，在冬小麦生长季中，膜垄（垄沟比为 30∶30）和土垄（垄沟比为 30∶30）的集流效率分别为 84.6%和 12.2%，临界产流降雨量分别为 0.9mm 和 4.1mm。就研究时段内径流量占降雨量的比例而言，膜垄和土垄的平均集雨效率分别为 66.3%和 8.0%。在夏玉米生长季中，膜垄（垄沟比为 60∶60）和土垄（垄沟比为 60∶60）的集流效率分别为 84.5%和 10.5%，临界产流降雨量分别为 0.5mm 和 2.9mm。从研究时段内径流量占降雨量的比例来看，膜垄和土垄的平均集雨效率分别为 83.5%和 10.0%。本研究在冬小麦生长季中得出膜垄和土垄的平均集雨效应均低于夏玉米生长季，且临界产流降雨量均高于夏玉米生长季。这主要与试验地冬小麦和夏玉米生育期的降水特性有关。冬小麦生长季多为小雨，且次降水量较小；而夏玉米生长季多为大雨，甚至暴雨，次降水量较大，更易于产流。该研究得出的膜垄集流效率与李小雁和张瑞玲（2005）及王琦等（2004）的结论相似，而与马育军等（2010）的结论差异较大。这可能与不同试验地作物生育期间的降水特性、试验所用地膜厚度和垄沟尺寸等因素有关。李小雁和张瑞玲（2005）、王琦等（2004）和本研究所使用的地膜厚度均为 0.008mm，而马育军等（2010）的研究中，地膜厚度为 0.006mm。不同厚度地膜在耐久性和保水存等方面存在一定的差异，厚度薄的地膜容易破坏，且会在垄上产生积水，从而影响集雨效果。此外，集雨处理的集雨效率与测定方法、试验区风速等也存在一定的关系。

不同集雨处理的集雨效果存在差异，进而影响土壤水分的含量与分布。覆盖材料会影响集雨种植的土壤水分状况。王敏等（2011）在不同覆盖材料对农田土壤水分效应的研究中发现，在玉米成熟期，地膜覆盖处理的土壤储水量显著低于对照。在玉米生育期中，秸秆覆盖处理的 0～200cm 土层平均土壤含水量高于对照和地膜覆盖处理，且随着玉米生育期的推进，其保墒效果逐渐加强，前期主要体现在 0～100cm 土层内，后期则主要体现在 100～200cm 土层内。周怀平等（2013）在中国北方旱作农田连续 19 年秸秆还田的春玉米试验中得出，秸秆还田可有效减少玉米生育期耗水量，增加土壤储水总量。马晓丽等（2010）基于 2 年定位试验研究发现，从小麦播种到抽穗期，秸秆还田量为 9000kg/hm^2 和 6000kg/hm^2 时，其 0～80cm 土层储水量分别较秸秆不还田提高 15.96mm 和 10.74mm，且前者的土壤储水量与秸秆不还田的差异达到显著水平。

本研究对上述研究结果也有所证实，在冬小麦和夏玉米生长季，与处理

CK相比，垄覆地膜（M1）和沟覆秸秆（M2）处理均可提高0～40cm、40～100cm和0～100cm土层的土壤储水量，其中在0～40cm土层范围内表现为，处理M1的保墒效应优于处理M2；在40～100cm土层范围内表现为，处理M2的保墒效应优于处理M1；在0～100cm土层范围内两者的保墒效应基本相当。与王敏等（2011）研究得出，覆盖地膜会降低土壤含水量的结论不同。可能的原因是，在王敏等（2011）的研究中，所有处理均为平作，且为全地面覆盖，而本研究为垄沟种植，覆盖度为50%。平作不利于降水的叠加，且全田覆盖不利于降水的入渗。与之相反，全田覆盖秸秆一方面会大幅度减少土壤蒸发；另一方面，秸秆有利于降水入渗，从而获得较好的土壤水分状况。在本研究中，不同处理下作物全生育期0～100cm土层的平均土壤含水率也进一步说明了这一点。在3个冬小麦生长季中，全生育期0～40cm土层的平均土壤含水率表现为，处理M1和M2分别较处理CK提高了5.83%和3.54%；40～100cm土层的平均土壤含水率表现为，处理M1和M2分别较处理CK提高了2.69%和5.81%。在3个夏玉米生长季中，全生育期0～40cm土层的平均土壤含水率表现为，处理M1和M2分别较处理CK提高了7.31%和5.30%；40～100cm土层的平均土壤含水率表现为，处理M1和M2分别较处理CK提高了2.74%和6.10%。

集雨模式也会影响集雨种植的土壤水分状况。韩娟等（2014）在不同垄沟覆盖种植对冬小麦农田土壤水分影响的研究中得出，与传统平作相比，垄覆地膜＋沟不覆盖、垄覆地膜＋沟覆秸秆和垄覆地膜＋沟覆液体地膜均可显著提高冬小麦生育前期0～20cm和20～100cm土层的土壤储水量，其中垄覆地膜＋沟覆秸秆的保墒效果最显著，而在垄覆地膜＋沟覆液体地膜处理中，随着液态地膜的逐渐降解，到小麦生长后期时，其保墒效应与垄覆地膜＋沟不覆盖无显著差异。解文艳等（2014）在不同覆盖方式对旱地春玉米生产的研究中发现，不同降雨年型下，与传统平作相比，5种覆盖方式均可提高春玉米生育期的土壤水分状况，6个生长季0～200cm土层的平均土壤储水量表现为，普通地膜与行间秸秆覆盖、普通地膜覆盖、渗水地膜与行间秸秆覆盖、渗水地膜覆盖和秸秆覆盖分别较平作不覆盖增加了38.03mm、23.45mm、20.96mm、15.17mm和16.91mm。可见，同样为沟垄二元覆盖，由于覆盖材料的不同其保墒效应存在较大差异。此外，垄沟二元覆盖的保墒效应优于垄沟单一覆盖。李荣等（2012）研究发现，垄覆地膜，沟内分别覆普通地膜、生物降解膜、玉米秸秆、液体地膜和不覆盖5种模式，均可较传统平作显著改善玉米生长前期的土壤水分状况，且以沟覆秸秆处理的效果最好。李娜娜等（2017）研究中得出，在玉米整个生育期中，秸秆地膜二元覆盖处理下0～160cm土层土壤储水量平均较露地平作提高68mm，平均含水量表现为秸秆地膜二元覆盖、宽膜覆

盖和窄膜覆盖分别较露地平作提高 4.5%、0.4%和 1.2%。

本研究也得出了类似的结果，在冬小麦生长季，0～100cm 土层的平均土壤储水量表现为，处理 M1、M2、M3 和 M4 分别较处理 CK 提高 4.11%、4.94%、8.35%和 9.71%。在夏玉米生长季，0～100cm 土层的平均土壤储水量表现为，处理 M1、M2、M3 和 M4 分别较处理 CK 提高 4.60%、5.79%、9.81%和 9.31%。可见，4 种集雨处理均可一定程度上提高作物生育期的土壤水分状况，且全程集雨处理优于单一集雨处理。这主要是由于二元集雨处理将集雨、减蒸和保墒等有机统一，在增加作物根区土壤水分供应的同时，可大幅度减少土壤水分的无效损耗。在冬小麦生长季中，处理 M4 的保墒效应略优于处理 M3。原因可能包含两个方面，一方面，处理 M3 的耕层土壤温度较高，更有利于冬小麦生长，因此对土壤水分的吸收利用也相应增加；另一方面，黑膜特有的光学效应可有效抑制杂草生长，进一步减少土壤水分的无效消耗。在夏玉米生长季中，处理 M3 和 M4 的保墒效应基本相同。这可能是由于夏玉米生长季大气温度较高，与处理 M3 相比，处理 M4 较低的土壤温度更有利于夏玉米植株生长，增加的植株耗水与降低的无效水分损失效应相当所致。

第4章　集雨模式对冬小麦和夏玉米农田土壤温度的影响

热量是影响作物生长过程的重要环境因子。土壤温度是土壤热状况的综合反映（Wang 等，2000）。多种因素如大气温度、近地面热平衡特征、下垫面材质、土壤水分状况、作物生育进程等均会影响土壤温度的时空分布。在农业生产实践中，了解作物耕层土壤温度的动态变化可更好地研究和揭示作物生理、生长状况。调节土壤温度是集雨种植除蓄水保墒之外的另一显著特点。适宜的土壤温度对于种子萌发、根系生长、土壤微生物活性等均具有重要意义。本章内容包括不同集雨模式下，冬小麦和夏玉米根区土壤温度随播种后天数的动态变化、根区土壤温度的日变化和根区土壤温度的垂直变化共3部分。通过定期观测和分析农田土壤温度，探究不同集雨模式对土壤温度的调控机制。书中各处理冬小麦和夏玉米的土壤温度数据为3个生长季的平均值。

4.1　集雨模式对冬小麦农田土壤温度的影响

在中国北方地区（包含试验区），集雨种植的保温效应可有效避免作物在初冬和早春遭受低温、霜冻等危害。

4.1.1　根区土壤温度随播种后天数的动态变化

受土壤与环境间热量交换强度的影响，同一集雨处理在不同土层深度的温度效应不尽相同。现以冬小麦生长季不同集雨模式下5cm和25cm土层的平均土壤温度随播种后天数的变化特征为例进行分析，见表4.1。由表4.1可知，集雨种植的增温效应主要体现在越冬前，此后随生育期推进，处理间土壤温度的差异逐渐减小。

5cm土层处，播种后15～60d，大气温度相对较高，各处理的土壤温度为8.5～26.5℃，处理间土壤温度由大到小表现为，M3、M4、M1、CK、M2，其中处理M3的平均土壤温度分别较处理CK、M1、M2和M4提高13.68%、4.48%、19.50%和3.43%，且处理M1和M4之间差异不显著（$P>0.05$）。这可能是由于处理M4垄覆黑膜的增温效应和沟覆秸秆的降温效应与处理M1垄覆白膜的增温效应相当。播种后75～135d，随着大气温度逐渐下降，各处

表 4.1　　冬小麦生长季不同集雨模式下 5cm 和 25cm 土层的平均土壤温度随播种后天数的变化　　单位：℃

播种后天数	5cm 土层					25cm 土层				
	CK	M1	M2	M3	M4	CK	M1	M2	M3	M4
15d	23.8c	25.4b	22.0d	26.5a	25.7b	20.6c	22.0b	19.5d	22.6a	22.4a
30d	17.2c	19.0b	16.3d	19.8a	19.3b	15.3c	15.7b	14.8d	16.2a	16.0a
45d	14.1c	15.3b	13.1d	15.7a	15.0b	12.2c	13.0b	11.8d	13.8a	13.4ab
60d	8.5d	9.5b	9.1c	10.3a	9.9b	7.3c	7.8b	6.9d	8.5a	8.1ab
75d	2.5d	3.3b	3.2c	4.0a	3.7ab	2.0d	2.7b	2.4c	3.2a	3.0a
90d	1.5d	2.0b	1.8c	2.5a	2.2ab	1.8c	2.3b	2.1b	2.8a	2.5a
105d	−2.8c	−1.2a	−2.0b	−1.1a	−1.3a	−1.8d	−1.0b	−1.5c	−0.3a	−0.5a
120d	3.5e	4.5c	4.0d	5.6a	5.2b	3.5d	4.3b	4.0c	5.0a	4.7a
135d	8.4d	10.0b	9.6c	11.3a	11.0a	7.0d	8.5b	7.6c	9.1a	8.7ab
150d	12.5c	13.9b	12.0d	14.7a	14.2ab	11.8c	12.5b	11.5c	13.4a	13.0a
165d	16.9e	18.4c	16.2d	19.5a	19.1b	16.5c	17.5b	16.0d	18.5a	18.3a
180d	23.9c	24.9b	22.8d	26.0a	25.5ab	22.6c	23.4b	22.0d	24.1a	23.7ab
195d	25.7c	26.4b	25.0d	27.6a	27.3a	24.3c	24.8b	23.7d	25.6a	25.2a
210d	26.2c	28.7b	25.5d	29.6a	29.3a	25.0c	26.5b	24.3d	27.3a	27.0a

理的土壤温度随之降低，覆盖处理的增温效应随之减弱。该阶段表现为，处理 M3 和 M4 的土壤温度差异不显著（播种后 120d 除外），而处理 CK 的土壤温度显著低于处理 M2。这与沟内秸秆有关，秸秆覆盖在大气温度较高时，表现为降温效应，即可降低作物耕层的土壤温度；而当大气温度较低时，表现为增温效应，即可提高作物耕层的土壤温度。这在一定程度上可以使植株降低冻害和高温伤害。播种后 135d 之后，随着大气温度陆续回升，处理间土壤温度的差异开始加大，但小于播种后 15～60d。这是因为播种后 135d 之后，冬小麦逐渐由营养生长向生殖生长过渡，且冠层覆盖度逐渐加大，太阳光直射减弱，覆盖的温度效应削弱；另外，随着生育期推进，垄上膜不可避免地会出现破损，沟中秸秆也会逐渐分解，使覆盖的温度效应降低。该阶段处理间土壤温度由大到小仍表现为 M3、M4、M1、CK、M2，其中处理 M3 和 M4 之间无显著差异，但显著高于处理 CK、M1 和 M2。整个生育期中，5cm 土层的平均土壤温度表现为，处理 M3 分别较处理 CK、M1、M2 和 M4 提高 16.22%、5.65%、18.37%和 2.72%。可见，在冬小麦生长季中，处理 M3 的增温效应最好，这对于促进冬小麦生长、提高生育进程，尤其是提高生长前期的生育进程和降低早春冻害具有重要意义。

与5cm土层相比，各处理25cm土层处的土壤温度变幅较小。整个生育期中，处理CK、M1、M2、M3和M4的土壤温度分别为−1.8～25.0℃、−1.0～26.5℃、−1.5～24.3℃、−0.3～27.3℃和−0.5～27.0℃，平均土壤温度表现为，处理M3分别较处理CK、M1、M2和M4提高13.27%、5.78%、15.32%和2.36%。

4.1.2 根区土壤温度的日变化

在作物不同生长阶段，受植被覆盖度、土壤水分状况、日照时间和气温等因素的影响，不同集雨处理的土壤温度差异较大。现分别以播种后30d、150d和195d作为冬小麦生长前期、中期和后期的代表，对不同集雨处理下冬小麦根区土壤温度的日变化（08：00—18：00）进行分析。各处理在同一时间点的土壤温度为6个土层深度（表层、5cm、10cm、15cm、20cm、25cm）土壤温度的平均值。

4.1.2.1 生长前期

图4.1（a）为冬小麦生长前期（播种后30d）不同集雨模式下根区土壤温度的日变化。由图4.1（a）分析可知，各处理的平均土壤温度在一日内呈先增加后降低的变化趋势，在14：00左右达到最高值（也是处理间差异最大的时刻）。处理间平均土壤温度的日变幅为9.4～24.4℃。在08：00时，处理间土壤温度的差异较小，差异的来源主要取决于前一天的温度累积效应。随着太阳辐射的增强和气温的升高，各处理的土壤温度逐渐升高，处理间的差异逐渐加大。在14：00时，各处理的土壤温度达到19.8～24.4℃（处理间的差异为4.6℃）。之后，各处理的土壤温度逐渐下降，处理间的差异也随之减小。到18：00时，各处理的土壤温度为17.0～19.8℃。日平均土壤温度表现为，处理M3分别较处理CK、M1、M2和M4提高12.9%、6.0%、19.3%和3.0%。可见，二元集雨处理的土壤温度高于一元集雨处理，其中处理M3的土壤温度最高。

4.1.2.2 生长中期

图4.1（b）为冬小麦生长中期（播种后150d）不同集雨模式下根区土壤温度的日变化。由图4.1（b）分析可知，该时段处理间平均土壤温度的日变幅为7.4～23.6℃，较生长前期略小。这主要是由于播种后150d正值早春时期，大气温度相对较低，且正处于冬小麦拔节期，地上植株茂密，阳光直射减少。在08：00时，处理间土壤温度为7.4～8.6℃，较播种后30d平均减小2.0℃。在14：00时，各处理的土壤温度达到最高值（19.5～23.6℃），较播种后30d平均减小0.9℃。到18：00时，各处理的土壤温度为17.0～19.0℃，

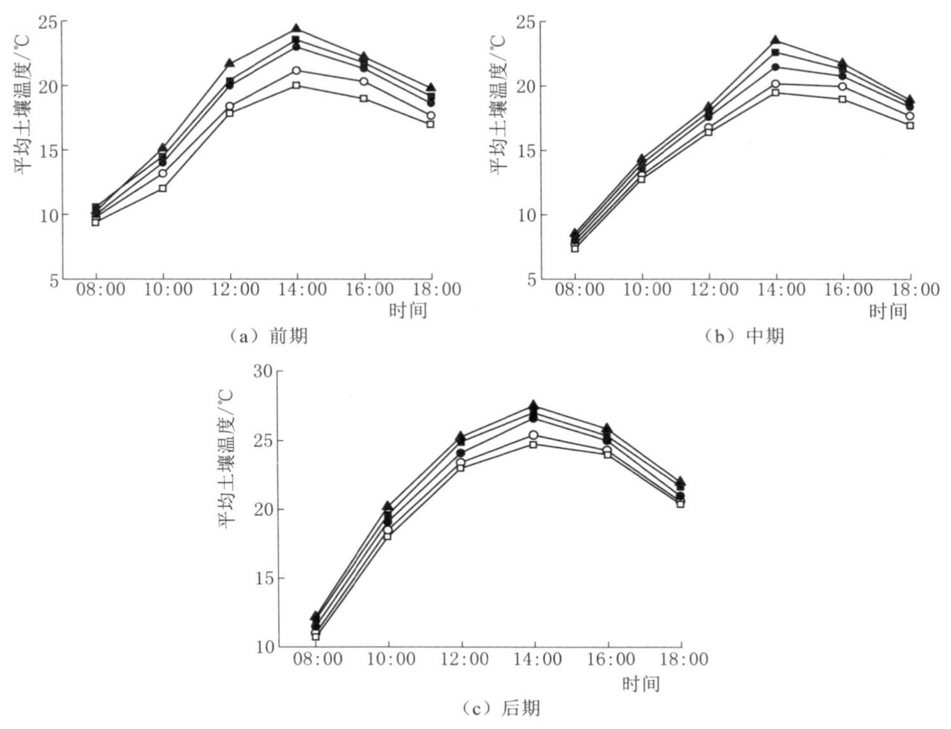

图 4.1 冬小麦生长季不同集雨模式下根区土壤温度的日变化

较播种后 30d 平均减小 0.3℃。日平均土壤温度表现为，处理 M3 分别较处理 CK、M1、M2 和 M4 提高 10.6%、5.7%、14.7%和 2.5%。可见，在冬小麦生长中期，各集雨处理仍具有一定的增温效应，但较前期有所降低。

4.1.2.3 生长后期

图 4.1 (c) 为冬小麦生长后期（播种后 195d）不同集雨模式下根区土壤温度的日变化。由图 4.1 (c) 分析可知，各处理的平均土壤温度在 14：00 左右达到最高值。处理间平均土壤温度的日变幅为 10.7～27.5℃，较冬小麦前期和中期大幅度降低。这是由于该阶段已处于初夏，大气温度相对较高，尽管地面接收的太阳辐射较少，在热量交换的作用下，各处理的土壤温度仍较高。在 08：00、14：00 和 18：00 时，各处理的平均土壤温度分别为 10.7～12.2℃、24.8～27.5℃和 17.0～19.8℃。日平均土壤温度表现为，处理 M3 分别较处理 CK、M1、M2 和 M4 提高 8.1%、4.6%、10.2%和 2.0%。可见，不同集雨处理的温度效应随生育期推进逐渐减小，到播种后 195d 时仍具有一定的温度效应，但处理间的差异仅为 2.0℃左右。

4.1.3　根区土壤温度的垂直变化

冬小麦生长季正值一年中大气温度相对较低的时段。通过集雨种植提高耕层土壤温度尤其是提高冬小麦生长前期的土壤温度，对于实现齐苗、壮苗和降低早冬冻害均具有重要作用。现以冬小麦生长季播种后 15d、30d 和 45d 的平均值，分析不同集雨模式下土壤温度随土层深度的变化特征，并分别选取 08：00、14：00 和 18：00 共 3 个时间点进行分析，见表 4.2。

表 4.2　冬小麦生长前期不同集雨模式下根区土壤温度的垂直变化　单位：℃

处理	土层深度/cm	08：00			14：00			18：00		
		沟内	垄上	平均	沟内	垄上	平均	沟内	垄上	平均
CK	0	9.7	9.7	9.7	21.5	21.5	21.5	17.1	17.1	17.1
	5	8.6	8.6	8.6	20.4	20.4	20.4	18.9	18.9	18.9
	10	7.8	7.8	7.8	18.4	18.4	18.4	17.9	17.9	17.9
	15	8.6	8.6	8.6	16.7	16.7	16.7	17.7	17.7	17.7
	20	7.8	7.8	7.8	16.2	16.2	16.2	16.2	16.2	16.2
	25	8.8	8.8	8.8	15.3	15.3	15.3	16.3	16.3	16.3
M1	0	10.5	11.0	10.8	20.0	26.2	23.1	14.5	17.8	16.2
	5	8.2	8.5	8.3	19.2	23.0	21.1	16.0	20.7	18.4
	10	7.3	8.4	7.9	17.3	20.8	19.1	15.5	20.0	17.8
	15	8.5	9.0	8.8	16.6	19.3	18.0	15.8	19.5	17.7
	20	8.2	8.3	8.3	16.5	17.2	16.8	14.3	18.3	16.3
	25	8.5	9.0	8.8	15.5	16.0	15.8	14.7	17.5	16.1
M2	0	9.0	9.5	9.3	17.5	23.3	20.4	13.0	16.2	14.6
	5	7.8	8.2	8.0	17.0	21.9	19.5	14.0	19.2	16.6
	10	6.8	7.7	7.2	15.6	19.7	17.7	13.9	19.0	16.5
	15	8.5	9.0	8.8	15.0	17.7	16.3	14.8	19.1	17.0
	20	7.5	7.5	7.5	15.2	16.0	15.6	13.2	18.0	15.6
	25	8.3	9.2	8.8	14.2	15.3	14.8	14.0	17.0	15.5
M3	0	9.2	11.3	10.3	17.8	27.5	22.7	13.5	18.3	15.9
	5	8.0	9.0	8.5	17.7	25.0	21.4	14.5	21.6	18.1
	10	7.0	8.7	7.8	16.3	21.5	18.9	14.3	21.5	17.9
	15	9.0	9.0	9.0	15.5	20.3	17.9	15.3	20.3	17.8
	20	7.8	8.5	8.2	15.8	18.8	17.3	13.7	19.0	16.4
	25	8.3	9.3	8.8	14.8	16.7	15.8	14.2	18.3	16.3

续表

处理	土层深度/cm	08：00			14：00			18：00		
		沟内	垄上	平均	沟内	垄上	平均	沟内	垄上	平均
M4	0	9.5	11.7	10.6	18.0	33.5	25.8	14.0	22.8	18.4
	5	8.3	9.3	8.8	17.4	24.0	20.7	14.8	21.0	17.9
	10	7.2	9.2	8.2	16.0	20.0	18.0	14.7	20.3	17.5
	15	9.2	9.2	9.2	15.2	19.0	17.1	15.0	20.0	17.5
	20	8.0	8.7	8.3	15.5	17.8	16.7	14.0	18.6	16.3
	25	9.3	10.5	9.9	14.5	16.0	15.3	14.4	17.8	16.1

由表4.2分析可知，在08：00左右，沟内各处理6个土层的平均土壤温度表现为，处理CK最高，处理M2最低。垄上各处理6个土层的平均土壤温度表现为，处理M4最高，处理CK最低。沟内和垄上土壤温度的平均值表现为，处理CK为7.8～9.7℃，处理M1为7.9～10.8℃，处理M2为7.2～9.3℃，处理M3为7.8～10.3℃，处理M4为18.2～10.6℃。该时刻各处理的平均土壤温度总体上表现为，覆膜处理高于不覆膜处理，且随土壤深度的增加，处理间土壤温度的变幅减小。

在14：00左右，正值一日中大气温度较高的阶段，各处理的土壤温度也随之增加，处理间的差异逐渐凸显。沟内的土壤温度表现为，沟覆秸秆较不覆盖平均降低1.7℃，最高可降低4.0℃（表层土壤）。垄上的土壤温度表现为，垄上0cm（膜上）处为覆黑膜分别较无覆盖和覆白膜提高11.1℃和6.7℃（$P<0.05$），而5～25cm土层范围内为覆白膜较覆黑膜提高1.1℃。可见，与白色地膜相比，黑色地膜较低的热辐射和透光率可显著提高自身温度，而降低膜下土壤温度（$P<0.05$）。

在18：00左右，随着大气温度逐渐降低，各处理的上层土壤温度较14：00有所降低，但下层土壤温度较14：00有所提高，因此不同土层土壤温度的变幅也较14：00减小。

综上所述，处理M3较处理M4具有较高的土壤温度，且较处理M1具有较好的保墒效应，可为冬小麦生长创造较为适宜的土壤水热环境。

4.2 集雨模式对夏玉米农田土壤温度的影响

在中国北方地区，夏玉米出苗阶段大气温度基本可以满足玉米种子的萌发和出苗，但集雨种植下较高的土壤水热条件可实现足苗、壮苗，同时有利于植株加快进入拔节期。这对于加快生育进程和抵抗短期的干旱缺水及其他极端气候现象有重要意义。此外，玉米属C4作物，喜温喜水，集雨处理下适宜的耕层土壤水热状况有助于实现玉米的高产、优质和高效。

4.2.1 根区土壤温度随播种后天数的动态变化

4.2.1.1 根区地表土壤温度

图4.2（a）为夏玉米生长季不同集雨模式下表层平均土壤温度随播种后

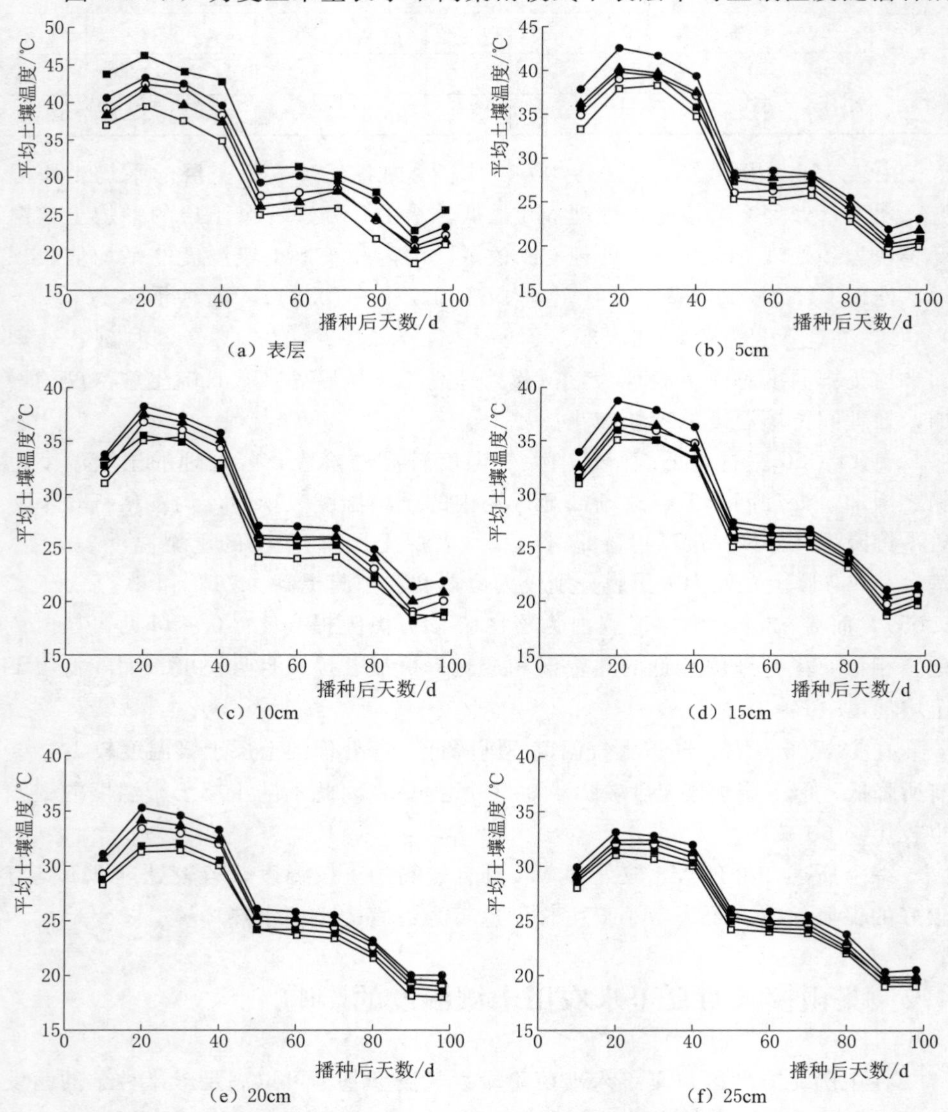

图4.2 夏玉米生长季不同集雨模式下平均土壤温度随播种后天数的变化

天数的变化。由图4.2（a）分析可知，处理间表层土壤温度的变化基本趋势一致。不同处理下播种后10～100d的表层土壤温度变化范围为18.4～46.2℃，且不同时期的土壤温度均表现为处理M4最高，M2处理最低。

在播种后20d，正值夏玉米苗期的中间阶段，冠层覆盖度低、太阳直射强烈，各处理的表层土壤温度均达到最高值，其中处理M4分别较处理CK、M1、M2和M3提高8.95%、6.67%、17.15%和10.74%。之后，各处理的表层土壤温度逐渐降低，处理间的差异逐渐减小，到播种后50d时，处理间土壤温度的极差为6.2℃。在播种后50～70d期间，各处理的表层土壤温度变幅较小。在播种后90d，各处理的表层土壤温度达到整个生育期的最低值，处理间的极差也达到最小值（4.6℃）。这一方面是由于冠层基本封垄，受阳光直射的影响减小；另一方面是随着生育期的推进，垄上膜逐渐破损，沟内秸秆逐渐分解。整个生育期中，表层土壤温度的平均值表现为，处理M4分别较处理CK、M1、M2和M3提高3.3℃、1.9℃、6.0℃和4.2℃。可见，黑色地膜较白色地膜和不覆盖可大幅度提高表层土壤温度。

4.2.1.2 根区5cm土层土壤温度

图4.2（b）为夏玉米生长季不同集雨模式下5cm土层平均土壤温度随播种后天数的变化。由图4.2（b）分析可知，不同处理5cm土层土壤温度的变化趋势与表层基本一致，但生育期内的变幅和处理间的差异较表层土壤有所减小。不同时期的土壤温度均表现为处理M1最高，M2处理最低。

在播种后10d，各处理基本完成出苗过程，处理间的土壤温度为33.2～37.8℃。在播种后20d，各处理的表层土壤温度均达到最高值，其中处理M2分别较处理CK、M1、M2和M3提高3.5℃、4.6℃、2.3℃、2.7℃。之后，各处理的表层土壤温度逐渐降低，在播种后50～70d期间，各处理的土壤温度变幅较小。在播种后90d，各处理的土壤温度达到整个生育期的最低值。整个生育期中，5cm土层土壤温度的平均值表现为，处理M1分别较处理CK、M2、M3和M4提高2.4℃、3.4℃、1.2℃和1.9℃。

4.2.1.3 根区10cm土层土壤温度

图4.2（c）为夏玉米生长季不同集雨模式下10cm土层平均土壤温度随播种后天数的变化。由图4.2（c）分析可知，不同处理10cm土层土壤温度的变化趋势与5cm土层基本一致，处理间土壤温度的变幅为18.2～38.2℃。不同时期的土壤温度仍表现为处理M1最高，M2处理最低。

在播种后10d，处理间的土壤温度较5cm土层处平均降低3.0℃。在播种后20d，各处理的土壤温度均达到整个生育期的最高值，平均值较5cm土层处降低3.3℃。各处理播种后50d、60d和70d的土壤温度变幅较小，平均分别较 5cm 土层处降低 1.3℃、1.3℃和 1.5℃。随着生育期的推进，不同土层间土壤温度的差异逐渐减小。在播种后 100d，处理间土壤温度由高到低表现为 M1、M3、CK、M4、M2。整个生育期中，10cm 土层土壤温度的平均值表现为，处理 M1 分别较处理 CK、M2、M3 和 M4 提高 1.6℃、2.9℃、0.8℃和 2.3℃。

4.2.1.4　根区 15cm 土层土壤温度

图 4.2（d）为夏玉米生长季不同集雨模式下 15cm 土层平均土壤温度随播种后天数的变化。由图 4.2（d）分析可知，不同处理 15cm 土层土壤温度的变化趋势与 5cm 和 10cm 土层基本一致，处理间土壤温度的变幅为 18.6～38.7℃。

在播种后 10d，处理间的土壤温度与 10cm 土层处基本相同。在播种后 20d，各处理的土壤温度均达到整个生育期的最高值。各处理播种后 50～70d 的土壤温度变幅较小，分别为 25.0～27.3℃、25.0～26.8℃和 25.0～26.7℃。在播种后 80d，处理间土壤温度极差达到最小（1.5℃）。整个生育期中，15cm 土层的平均土壤温度表现为，处理 M1 分别较处理 CK、M2、M3 和 M4 提高 1.3℃、2.3℃、0.9℃和 1.9℃。可见，不同集雨模式下，随播种后天数的推进，10cm 和 15cm 土层的平均土壤温度变化较小。

4.2.1.5　根区 20cm 土层土壤温度

图 4.2（e）为夏玉米生长季不同集雨模式下 20cm 土层平均土壤温度随播种后天数的变化。由图 4.2（e）分析可知，不同处理 20cm 土层土壤温度的变化趋势与 5cm、10cm 和 15cm 土层基本一致，但处理间的变幅有所减小，为 18.0～35.3℃。

在播种后 10d，处理间的土壤温度较 15cm 土层平均相差 2.6℃。在播种后 20d，各处理的土壤温度达到整个生育期的最高值，平均值分别较 5cm、10cm 和 15cm 土层减小 6.7℃、3.4℃和 3.5℃。各处理播种后 50～70d 的土壤温度变幅较小，分别为 24.2～26.1℃、23.7～25.8℃和 23.4～25.5℃。在播种后 80d，处理间土壤温度极差达到最小（1.6℃）。整个生育期中，处理 M1 的平均土壤温度分别较处理 CK、M2、M3 和 M4 提高 1.2℃、2.5℃、0.6℃和 2.0℃。

4.2.1.6　根区 25cm 土层土壤温度

图 4.2（f）为夏玉米生长季不同集雨模式下 25cm 土层平均土壤温度随播种后天数的变化。由图 4.2（f）分析可知，不同处理 25cm 土层土壤温度的变化趋势与 5cm、10cm、15cm 和 25cm 土层基本一致，但处理间土壤温度的变幅达到最小（19.0～33.1℃）。

在播种后 10d，处理间的平均土壤温度分别较 5cm、10cm、15cm 和 20cm 土层减小 6.6℃、3.7℃、3.3℃和 0.7℃。在播种后 20d，各处理的土壤温度均达到整个生育期的最高值，平均分别较 5cm、10cm、15cm 和 20cm 土层减小 7.9℃、4.6℃、4.7℃和 1.2℃。各处理播种后 50～70d 的土壤温度变幅较小。在播种后 90d，处理间土壤温度的极差达到最小（1.3℃）。整个生育期中，平均土壤温度表现为，处理 M1 分别较处理 CK、M2、M3 和 M4 提高 1.0℃、1.8℃、0.6℃和 1.3℃。可见，随土壤深度的加深和生育期的推进，处理间土壤温度的差异逐渐减小。与白色地膜相比，黑色地膜较低的热辐射和透光率可显著提高自身温度，而降低膜下土壤温度。沟内覆盖秸秆可有效拦截和吸收太阳直射及地表有效辐射，阻碍土壤与大气间的水热交换，从而降低土壤温度。

4.2.2 根区土壤温度的日变化

现分别以播种后 30d、60d 和 90d 作为夏玉米生长前期、中期和后期的代表，对不同集雨模式下夏玉米根区（沟内和垄上）土壤温度的日变化（06：00—20：00）进行分析。由于处理 CK 为传统平作，无垄沟存在，所以将其沟内和垄上的土壤温度取相同值。

4.2.2.1 生长前期

图 4.3 为夏玉米生长前期（播种后 30d）不同集雨模式下根区土壤温度的日变化。由图 4.3（a）可知，不同集雨模式下，沟内平均土壤温度在一日内呈先增加后降低的变化趋势，在 14：00 左右达到最高值（也是处理间差异最大的时刻）。处理间平均土壤温度的日变幅为 27.0～42.2℃。在 06：00 时，太阳刚出山不久，处理间土壤温度的差异较小。随着太阳辐射的增强和气温的升高，各处理的土壤温度逐渐升高，处理间的差异逐渐加大。在 14：00 时，

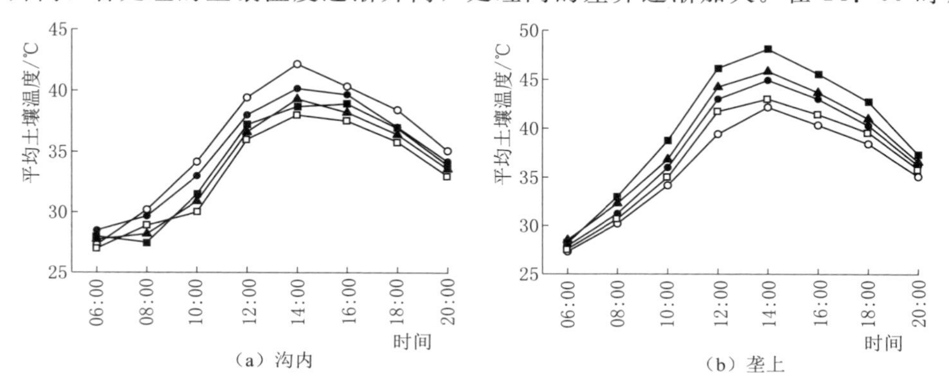

图 4.3 夏玉米生长前期（播种 30d）不同集雨模式下根区土壤温度的日变化

—○— CK —●— M1 —□— M2 —▲— M3 —■— M4

各处理的土壤温度为38.0～42.2℃。之后，各处理的土壤温度逐渐下降，处理间的差异也随之减小。到20：00时，各处理的土壤温度为33.0～35.1℃。日平均土壤温度表现为，处理CK分别较处理M1、M2、M3和M4提高0.9℃、2.6℃、2.0℃和1.8℃。可见，与传统平作相比，垄沟种植（处理M1）和沟覆秸秆（处理M2、M3和M4）均可一定程度上降低沟内的土壤温度。

由图4.3（b）分析可知，与沟内相比，不同集雨模式的垄上平均土壤温度在一日内也呈先增加后降低的变化趋势，在14：00左右达到最高值，但各处理平均土壤温度的日变幅有所增大，为27.3～48.1℃。在06：00时，处理间的土壤温度与沟内基本相同。随着太阳辐射的增强和气温的升高，各处理的土壤温度逐渐升高，处理间的差异逐渐加大。在14：00时，各处理的土壤温度为42.2～48.1℃，平均较沟内提高5.1℃。之后，各处理的土壤温度逐渐下降。到20：00时，各处理的土壤温度平均较沟内提高2.3℃。处理间日平均土壤温度由高到低表现为M4、M3、M1、M2、CK，其中处理M4分别较处理CK、M1、M2和M3提高4.1℃、2.2℃、3.1℃和1.4℃。可见，垄沟种植条件下，通过微地形可实现垄上土壤温度高于平作，而沟内土壤温度低于平作。与白色地膜相比，垄覆黑色地膜的垄上土壤温度较高。

4.2.2.2 生长中期

图4.4为夏玉米生长中期（播种后60d）不同集雨模式下根区土壤温度的日变化。由图4.4（a）分析可知，不同集雨模式下，各处理沟内平均土壤温度在12：00左右达到最高值。处理间平均土壤温度的日变幅为21.5～30.0℃，较夏玉米前期大幅度降低。这一方面可能是由于测量日为阴天或多云天气，大气温度相对较低；另一方面可能是随着冠层覆盖度的增加，土壤温度

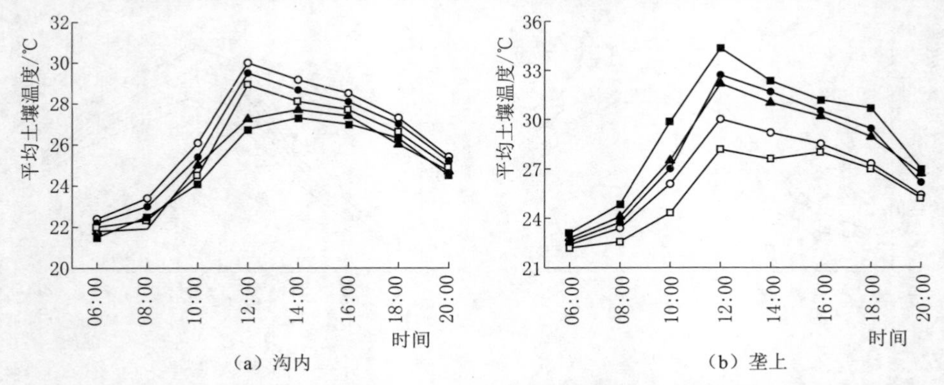

（a）沟内　（b）垄上

图4.4 夏玉米生长中期（播种60d）不同集雨模式下根区土壤温度的日变化

低于大气温度。在06：00时，各处理的土壤温度为21.5～22.4℃。在12：00时，各处理的土壤温度达到最高值，平均较夏玉米前期降低9.1℃。到20：00时，各处理的土壤温度平均较夏玉米前期降低9.0℃。日平均土壤温度表现为，处理CK分别较处理M1、M2、M3和M4提高0.4℃、0.9℃、1.3℃和1.5℃。可见，随着生育期推进，处理间日平均土壤温度的差异趋于减小。

由图4.4（b）分析可知，与沟内相比，不同集雨模式下，各处理垄上平均土壤温度也在12：00左右达到最高值，但各处理平均土壤温度的日变幅有所增大。在06：00时，处理间的土壤温度为22.2～23.1℃，与沟内的土壤温度基本相同。在12：00时，各处理的土壤温度为28.2～34.3℃，平均较沟内提高3.0℃。到20：00时，各处理的土壤温度为25.2～27.0℃，平均较沟内提高1.2℃。处理间日平均土壤温度表现为，处理M4分别较处理CK、M1、M2和M3提高2.7℃、1.2℃、3.6℃和1.3℃。

4.2.2.3 生长后期

图4.5为夏玉米生长后期（播种后90d）不同集雨模式下根区土壤温度的日变化。由图4.5（a）分析可知，不同集雨模式下，各处理沟内平均土壤温度在14：00左右达到最高值。处理间平均土壤温度的日变幅较夏玉米前期和中期大幅度降低。在06：00、14：00和20：00时，各处理的土壤温度分别为17.0～17.7℃、20.2～21.8℃和19.4～19.9℃，均低于夏玉米前期和中期的对应土壤温度。日平均土壤温度表现为，处理CK分别较处理M1、M2、M3和M4提高0.3℃、0.8℃、1.1℃和1.0℃。可见，在夏玉米生长后期，不同处理仍具有一定的土壤温度效应，但该效应已逐渐减小甚至可以忽略。

由图4.5（b）分析可知，与沟内相比，不同集雨模式下，各处理垄上平均土壤温度也在14：00左右达到最高值，但各处理平均土壤温度的日变幅有

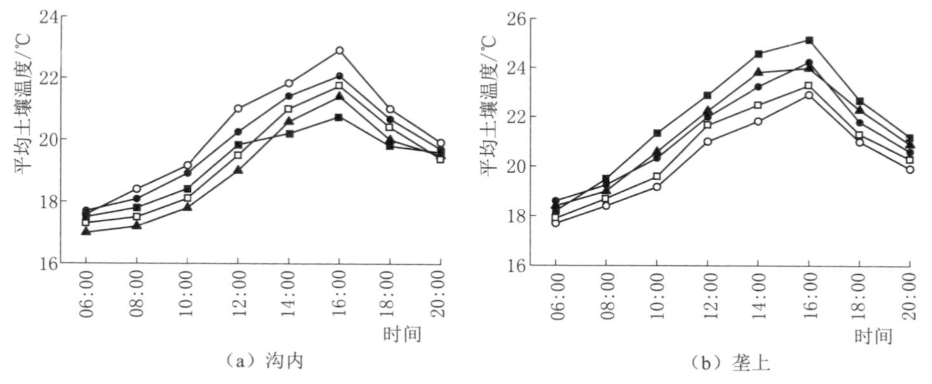

图4.5 夏玉米生长后期（播种90d）不同集雨模式下根区土壤温度的日变化

所增大，为 17.7～25.2℃。在 06：00 时，处理间的土壤温度为 17.7～18.6℃，分别平均较夏玉米前期和中期降低 9.7℃和 4.5℃。在 14：00 时，各处理的土壤温度为 21.8～24.6℃，分别平均较夏玉米前期和中期降低 21.6℃和 7.1℃。到 20：00 时，各处理的土壤温度为 19.9～21.2℃，分别平均较夏玉米前期和中期降低 15.6℃和 5.5℃。处理间日平均土壤温度表现为，处理 M4 分别较处理 CK、M1、M2 和 M3 提高 1.8℃、0.7℃、1.3℃和 0.6℃。

4.2.3　根区土壤温度的垂直变化

集雨种植可提高作物耕层土壤温度，尤其能提高作物生长前期的土壤温度。现以夏玉米生长季播种后 10d、20d 和 30d 的平均值，分析不同集雨模式下根区土壤温度随土层深度的变化特征，并分别选取 08：00、14：00 和 18：00共 3 个时间点进行分析，见表 4.3。

表 4.3　夏玉米生长前期不同集雨模式下根区土壤温度随土层深度的变化　单位：℃

处理	土层深度/cm	08：00			14：00			18：00		
		沟内	垄上	平均	沟内	垄上	平均	沟内	垄上	平均
CK	0	30.3	30.3	30.3	55.1	55.1	55.1	39.6	39.6	39.6
	5	28.6	28.6	28.6	48.4	48.4	48.4	41.5	41.5	41.5
	10	27.8	27.8	27.8	41.4	41.4	41.4	39.5	39.5	39.5
	15	28.6	28.6	28.6	37.6	37.6	37.6	39.2	39.2	39.2
	20	27.8	27.8	27.8	32.7	32.7	32.7	35.7	35.7	35.7
	25	28.8	28.8	28.8	31.2	31.2	31.2	33.3	33.3	33.3
M1	0	30.3	31.2	30.8	52.3	63.2	57.8	37.5	42.8	40.2
	5	28.2	28.5	28.3	44.7	55.0	49.8	38.0	44.3	41.2
	10	27.3	28.4	27.9	38.3	45.8	42.1	36.5	42.0	39.3
	15	28.5	29.0	28.8	35.0	42.3	38.7	35.8	43.2	39.5
	20	28.2	28.3	28.3	31.5	35.2	33.3	33.3	39.8	36.6
	25	28.5	29.0	28.8	30.5	33.2	31.8	31.8	35.0	33.4
M2	0	28.8	29.5	29.2	47.5	59.2	53.3	36.0	42.2	39.1
	5	27.8	28.2	28.0	41.0	53.3	47.2	35.5	42.5	39.0
	10	26.8	27.7	27.2	35.6	46.2	40.9	33.0	41.0	37.0
	15	28.5	29.0	28.8	33.5	41.7	37.6	33.8	41.3	37.6
	20	27.5	27.5	27.5	30.0	34.0	32.0	30.2	35.7	32.9
	25	28.3	29.2	28.8	29.2	32.3	30.8	30.3	34.7	32.5
M3	0	29.2	31.3	30.3	48.8	64.5	56.7	36.5	44.3	40.4
	5	28.0	29.0	28.5	42.8	59.0	50.9	36.0	43.0	39.5

续表

处理	土层深度/cm	08：00			14：00			18：00		
		沟内	垄上	平均	沟内	垄上	平均	沟内	垄上	平均
M4	10	27.0	28.7	27.8	36.3	48.5	42.4	34.3	42.5	38.4
	15	29.0	29.0	29.0	34.5	45.3	39.9	34.3	41.3	37.8
	20	27.8	28.5	28.2	30.8	37.8	34.3	31.3	38.0	34.7
	25	28.3	29.3	28.8	29.8	33.7	31.8	30.8	36.8	33.8
M4	0	30.0	31.7	30.8	50.0	73.5	61.8	37.0	47.8	42.4
	5	28.3	29.3	28.8	42.5	53.7	48.1	36.8	41.0	38.9
	10	27.2	29.2	28.2	36.0	45.5	40.8	35.0	41.3	38.2
	15	29.2	29.2	29.2	34.0	41.5	37.8	35.0	40.0	37.5
	20	28.0	28.7	28.3	30.5	34.8	32.7	32.0	37.0	34.5
	25	29.3	30.5	29.9	29.5	32.3	30.9	31.3	34.8	33.1

由表4.3可知，在08：00左右，沟内各处理6个土层深度的平均土壤温度表现为处理CK最高，处理M2最低。垄上各处理6个土层深度的平均土壤温度表现为处理M4最高，处理CK最低。各处理沟内和垄上土壤温度的平均值表现为CK为27.8～30.3℃，M1为27.9～30.8℃，M2为27.2～29.2℃，M3为27.8～30.3℃，M4为28.2～30.8℃，整体表现为覆膜处理高于不覆盖处理。可见，在该时刻，随土壤深度的增加，各处理土壤温度的变幅较小，基本维持在3℃之内。

在14：00左右，大气温度相对较高，各处理的土壤温度也随之增加。沟内各处理的平均土壤温度表现为，沟覆秸秆较不覆盖可平均降低3.1℃，且降温效应主要体现在上层土壤（最高可降低6.3℃），随土壤深度的增加，降温效应减弱。垄上各处理的平均土壤温度表现为，垄上0cm（膜上）处为覆黑膜分别较无覆盖和覆白膜提高16.4℃和9.7℃（$P<0.05$），而覆黑膜、覆白膜和无覆盖条件下，5～25cm土层的平均土壤温度分别为31.7～53.3℃，33.2～59.0℃和32.3～53.7℃。可见，与白色地膜相比，黑色地膜较低的热辐射和透光率可显著提高自身温度，而降低膜下土壤温度（$P<0.05$）。沟内和垄上土壤温度的平均值表现为，处理M4低于处理M1和M3，但高于处理CK和M2。

在18：00左右，随着大气温度逐渐降低，各处理上层土壤温度较14：00有所降低，下层土壤温度则较14：00有所提高。这主要与土壤热传导梯度有关。6个土层沟内、垄上土壤温度的平均值表现为，处理CK、M1、M2、M3和M4分别为38.1℃、38.3℃、36.3℃、37.4℃和37.4℃。

总体而言，处理M4在最大限度蓄水保墒的同时，可降低植株根层的土壤温度，从而为玉米的生长创造相对适宜的土壤水热环境。

4.3　讨论与小结

集雨栽培的土壤温度效应因土壤类型、气候条件和覆盖材料等不同而有所差异。本研究结果表明，在冬小麦和夏玉米生长季中，不同处理的根区土壤温度随播种后天数的变化趋势基本相同，但处理间土壤温度的差异随土层深度的增加而减小。冬小麦生长季中，处理间5cm和25cm土层平均土壤温度的极差分别为2.3℃和1.8℃；夏玉米生长季中，处理间表层、5cm、10cm、15cm、20cm和25cm土层平均土壤温度的极差分别为6.0℃、3.4℃、2.9℃、2.3℃、2.5℃和1.8℃。此外，随着土层加深，土壤增温过程表现出一定的滞后性。这与Liu等（2009）和刘胜尧等（2014）的研究结论一致。张鹏（2016）在集雨限量补灌对农田土壤温度的研究中也发现，在不同降雨年型下，集雨种植较传统平作均可显著增加0～25cm土层的土壤温度，平均土壤温度（5cm、10cm、15cm、20cm和25cm）分别增加了0.74℃、0.67℃、0.88℃、0.95℃和1.06℃，且该增温效应随作物生育期降雨量的增加而逐渐减小。王敏等（2011）研究表明，从玉米播种到出苗期，生物降解膜和普通地膜处理的0～25cm平均土壤温度分别较不覆盖处理提高8.2%和12.3%。

本研究中，根区土壤温度的日变化结果表明，集雨种植的土壤温度效应主要表现在作物生长前期，随生育期推进，该效应逐渐减弱。在冬小麦生长前期、中期和后期，处理间日平均土壤温度的极差分别为3.1℃、2.3℃和2.1℃；在夏玉米生长季，处理间沟内和垄上日平均土壤温度的极差，在前期分别为2.6℃和4.1℃，在中期分别为1.5℃和3.6℃，在后期分别为1.1℃和1.8℃。可见，与冬小麦相比，夏玉米生长季处理间温度效应的差异有所加大。这主要与作物生育期的大气温度有关，较高的大气温度在热量梯度和热传导的作用下更能凸显集雨处理的温度效应。土壤水分状况也会影响不同集雨处理的土壤温度效应。任小龙（2008）在模拟降雨量对微集水种植农田土壤温度状况的研究中发现，微集水种植条件下，玉米耕层的土壤温度明显增加，但随着玉米生育期降水量的增加，增温效果呈减弱趋势。可见，较为充足的土壤水分含量在提高土壤湿度的同时，会降低集雨种植的增温效果。

本研究结果表明，根区土壤温度的垂直变化表现为，不同集雨处理的差异在早晚较小，在中午较大。沟覆秸秆较不覆盖可降低耕层土壤温度，在冬小麦和夏玉米生长季分别平均降低1.7℃和3.1℃。这与王敏等（2011）的秸秆覆盖处理的0～25cm土层平均土壤温度较不覆盖降低了15.8%，和李荣

等（2012）的垄覆地膜沟覆秸秆处理的 5～25cm 土层土壤温度均较不覆盖处理有所降低的研究结论相一致。然而，覆盖秸秆并不总表现为降温效应。在本研究的冬小麦生长季中，播种后 75～135d，处理 CK 的土壤温度显著低于处理 M2。这主要是由于秸秆覆盖在低温时具有增温效应，而高温时具有降温效应。研究间的差异可能与试验中秸秆覆盖量、覆盖时期和测量时段等有关。秸秆覆盖条件下，作物耕层土壤温度在夜间和早晚较不覆盖高，而白天较不覆盖低。“秸秆覆盖增温”的说法可能主要以早晚的土壤温度测定结果为依据，而“秸秆覆盖降温”的说法可能是以白天或某一时刻的土壤温度测定结果为基础。在炎热的夏季，秸秆覆盖的降温效应有利于提高根系活性、延缓植株衰老，这对于夏茬作物具有重要意义。在寒冷的冬季，秸秆覆盖的增温效应或较小的土壤温度变幅有利于冬茬作物的新陈代谢和生命活动。

本研究中，垄上土壤温度表现为，覆黑膜较无覆盖和覆白膜可显著提高表层（0cm）土壤温度，而膜下土壤温度表现为覆白膜高于覆黑膜。这与张立功等（2016）的黑膜覆盖小麦全生育期 0～25cm 土层土壤积温表现为覆盖黑色膜较覆盖无色膜降低 108.8℃，以及路海东等（2017）的在雨养旱作农业区，黑色地膜覆盖的春玉米 0～15cm 土层日平均土壤温度较覆盖普通白色地膜降低 0.8℃的研究结果一致。就冬小麦而言，生育期大气温度较低，覆盖白色地膜较高的土壤温度有利于植株生长，因此本研究中处理 M3 较为适宜；而对于夏玉米，生育期内大气温度本身较高，温度不是限制其生长的主要因子，而一定程度上降低土壤温度更有利于玉米生长，因此本研究中处理 M4 在蓄水保墒的同时，低于处理 M3 的土壤温度更有助于改善玉米的生长环境。

基于此，覆盖黑膜和白膜对作物的生长可能存在 3 种情况：第一，若不覆盖时土壤温度略低于作物生长需求，覆盖黑膜小幅度提高夜间土壤温度可有效缓解夜间低温，从而满足作物生长；第二，若地温极低，严重制约作物生长，覆盖 2 种地膜的增温效果均不能满足作物生长；第三，若地温较高，覆盖地膜反而不利于作物生长，则覆盖黑膜的效果优于覆盖白膜或两者均会对作物生长产生负效应。

第5章　集雨模式与氮肥运筹对土壤硝态氮的影响

合理的集雨种植和氮肥运筹可以实现土壤水、热和肥的协同效应（岳文俊、银敏华等分别于2015、2016年提出）。土壤中的氮素绝大部分为有机结合的形态，无机态氮的含量仅为1%～5%，但是可被作物直接吸收利用的矿质态氮，能反映土壤的短期供氮能力，其在土壤中的分布和含量对作物生长意义重大（周昌明，2016年提出）。本章包括冬小麦和夏玉米生长季，控释氮肥的氮素累积释放速率、不同集雨模式和氮肥运筹对土壤硝态氮含量和分布的影响三部分。通过定期测量和分析农田土壤硝态氮，探究集雨模式和氮肥运筹对土壤硝态氮含量和分布的影响机制。

5.1　控释氮肥的氮素累积释放速率

5.1.1　夏玉米农田中控释氮肥的氮素累积释放速率

图5.1（a）为夏玉米农田中控释氮肥的氮素累积释放速率随施肥后天数的变化特征。由图5.1（a）分析可知，控释氮肥在2个夏玉米生长季的氮素累积释放规律基本相同。在施肥后0～20d，氮素释放较为缓慢，在2013年和2014年生长季分别累积达10.1%和8.2%。在施肥后20～80d，氮素释放速率急剧增加，到80d时分别达到87.8%和93.3%。之后逐渐趋于缓慢，在施肥

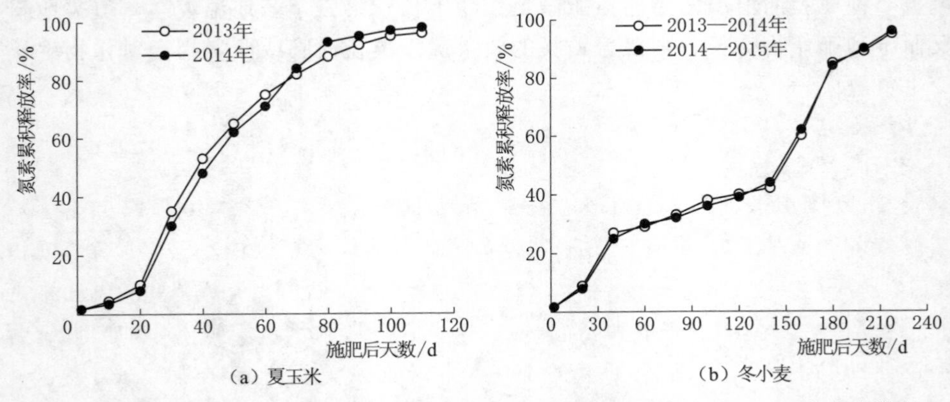

图5.1　夏玉米和冬小麦农田中控释氮肥的氮素累积释放速率随施肥后天数变化特征

后 90d，两年的氮素累积释放量均达到 95%以上；在施肥后 110d 时，两年分别累积释放 95.6%和 98.2%。与 2014 年相比，2013 年生长季在施肥后 60d 之前氮素释放较快，之后则较慢。这主要与 2 个生长季的降水分布有关。2013 年夏玉米生长季的降水总量较少，但降水分布较为均匀，而 2014 年夏玉米生长季的降水总量较多，且主要集中于夏玉米生长后期。可见，控释氮肥的氮素释放速率与夏玉米的生长过程较为吻合。

5.1.2 冬小麦农田中控释氮肥的氮素累积释放速率

图 5.1（b）为冬小麦农田中控释氮肥的氮素累积释放速率随施肥后天数的变化特征。由图 5.1（b）分析可知，控释氮肥在 2 个冬小麦生长季的氮素累积释放规律基本相同。在施肥后 0～40d，氮素释放速率较快，在施肥后 40～140d，氮素释放较为缓慢。这主要是由于该阶段正值冬小麦越冬期，大气温度达到一年中的最低值，降水量较少，且主要为积雪。施肥后 140d 之后，随着大气温度的逐渐回升、降水的陆续发生和冬小麦植株的快速生长，控释氮肥的氮素释放速率迅速加快，到播种后 200d 时，两年的累积释放量分别达到 88.8%和 90.2%。到收获时，两年的累积释放量均达到 95%以上。可见，控释氮肥的氮素释放速率与冬小麦的生长过程较为吻合。

5.2 集雨模式与氮肥运筹对冬小麦农田土壤硝态氮的影响

5.2.1 集雨模式对土壤硝态氮含量和分布的影响

5.2.1.1 硝态氮含量

表 5.1 为冬小麦生长季中，主要生育期 0～200cm 土层土壤硝态氮累积量的动态变化。由表 5.1 分析可知，不同集雨处理下，0～200cm 土层土壤硝态氮的累积量随冬小麦生育期的推进，基本呈下降趋势，且在不同生长季的变化特征不尽相同。

表 5.1 不同集雨模式下冬小麦主要生育期 0～200cm 土层的土壤硝态氮累积量

单位：kg/hm^2

生长季	处理	苗期	拔节期	抽穗期	灌浆期	成熟期
2013—2014 年	CK	560.41c	546.35c	476.21c	421.82c	355.04c
	M1	583.35b	578.23b	505.55b	452.41b	380.90b
	M2	555.00c	557.54c	475.37c	430.12c	375.80b
	M3	618.88a	610.14a	535.44a	480.38a	402.48a
	M4	601.04ab	595.63a	521.82a	474.22a	396.51a

续表

生长季	处理	苗期	拔节期	抽穗期	灌浆期	成熟期
2014—2015年	CK	547.59c	543.33c	470.73c	410.05c	356.18c
	M1	583.67b	580.88b	505.50b	432.41b	370.94b
	M2	553.43c	546.00c	486.35bc	427.00b	372.81b
	M3	605.42a	600.10a	525.47a	460.33a	395.47a
	M4	591.12ab	591.63ab	511.84ab	454.22a	390.50a
2015—2016年	CK	529.38c	521.42c	451.63c	392.79c	339.31c
	M1	560.40b	556.34b	477.53b	420.30b	360.51b
	M2	534.95c	527.46c	460.16bc	412.46bc	355.66b
	M3	590.74a	581.63a	503.01a	446.56a	378.97a
	M4	577.24ab	567.65ab	494.94a	438.07a	370.93a

2013—2014年生长季，苗期阶段，处理间0～200cm土层的硝态氮累积量为555.00～618.88kg/hm^2，其中处理M1、M3和M4显著高于处理M2和CK，且处理M2和CK之间差异不显著。这可能是由于处理M2的土壤温度较低，使得土壤有机质分解和根系氮素吸收较慢。拔节期追施氮肥后，各处理的土壤硝态氮累积量与苗期大致相同。之后，随着大气温度的逐渐升高和降水的陆续发生，冬小麦植株生长旺盛，对氮素的吸收量逐渐增多。到抽穗期时，处理间的硝态氮累积量较拔节期明显降低，其中处理M1、M3和M4分别较处理CK提高6.16%、12.44%和9.58%；处理M1、M3和M4分别较处理M1提高6.35%、12.64%和9.77%。在灌浆期，4种集雨处理的土壤硝态氮累积量平均较平作不覆盖提高8.88%。到成熟期时，各处理的土壤硝态氮累积量达到最小值。5个主要生育期的平均土壤硝态氮累积量表现为，处理处理M1、M2、M3和M4分别较处理CK提高5.96%、1.44%、12.18%和9.72%。

2014—2015年生长季，冬小麦生育期的降水量和降水分布与2013—2014年生长季大致相同。在苗期，与2013—2014年生长季相同，处理间土壤硝态氮累积量的大小关系表现为M1、M3和M4显著高于M2和CK，且M2和CK之间差异不显著。拔节期各处理的土壤硝态氮累积量与苗期差异较小。在抽穗期时，处理间的硝态氮累积量较拔节期明显降低。这可能是随大气温度逐渐回升，土壤温度已不是限制作物生长和有机质分解、转化的主要因子。在灌浆期，处理M1与M2和处理M3与M4之间的土壤硝态氮累积量均不显著，且均显著高于处理CK。到成熟期时，各处理的土壤硝态氮累积量均达到最小值。5个主要生育期的平均土壤硝态氮累积量表现为处理M1、M2、M3和M4分别较处理CK提高6.25%、2.48%、11.12%和9.08%。

2015—2016 年生长季，冬小麦生育期的降水分布呈前期和后期多而中期少的特征。在苗期，处理间的土壤硝态氮累积量略低于 2013—2014 年和 2014—2015 年生长季。处理间土壤硝态氮累积量的大小关系表现为 M1、M3 和 M4 显著高于 M2 和 CK，且 M1、M3 和 M4 之间和 M2 和 CK 之间差异不显著。与苗期一致，拔节期时处理间的土壤硝态氮累积量仍表现为处理 M3 最高，但与处理 M4 无显著差异。在抽穗期时，处理 M1 和 M4 的土壤硝态氮累积量分别与处理 M2 和 M3 无显著性差异。到灌浆期时，各处理的土壤硝态氮累积量进一步降低。到成熟期时，各处理的土壤硝态氮累积量均达到最小值。5 个主要生育期的平均土壤硝态氮累积量表现为，处理 M1、M2、M3 和 M4 分别较处理 CK 提高 6.19％、2.42％、11.55％和 9.36％。

3 个生长季中，主要生育期的平均土壤硝态氮累积量表现为，处理 M1、M2、M3 和 M4 分别较处理 CK 提高 6.13％、2.11％、11.62％和 9.39％。可见，4 种集雨处理均可在一定程度上提高冬小麦生育期的土壤硝态氮累积量，其中处理 M2 在冬小麦生长前期与平作不覆盖差异不显著。与一元覆盖相比，二元覆盖的提高幅度较大。较高的土壤硝态氮含量可为植株提供充足的氮素，尤其在作物生长后期可有效避免脱肥现象的发生。

5.2.1.2 硝态氮分布

以 40cm 为间隔，对冬小麦收获时各土层土壤硝态氮含量占 0～200cm 土层硝态氮总量的比例（表 5.2）进行分析发现，3 个生长季，0～40cm 和 40～80cm 土层的土壤硝态氮所占比例表现为处理 CK 较大，而 80～120cm、120～160cm 和 160～200cm 土层的土壤硝态氮所占比例表现为集雨处理较大。这主要与不同处理的土壤水分运移和作物氮素吸收情况等有关。

2013—2014 年生长季，各处理 0～40cm 土层的土壤硝态氮占比为 12.76％～17.51％，其中处理 CK 分别较处理 M1、M2、M3 和 M4 增加 1.53％、1.15％、4.74％和 4.75％。各处理 40～80cm 土层的土壤硝态氮占比为 17.99％～25.90％，其中处理 CK 分别较处理 M1、M2、M3 和 M4 增加 4.79％、4.95％、7.51％和 7.91％。80～120cm 土层的土壤硝态氮占比表现为，4 种集雨处理平均较处理 CK 增加 3.18％。处理间 120～160cm 土层的土壤硝态氮占比由大到小表现为 M3 和 M4、M1 和 M2、CK。各处理 160～200cm 土层的土壤硝态氮占比差异不显著。该生长季中，处理 CK、M1、M2、M3 和 M4 的土壤硝态氮峰值分别出现在 80cm、100cm、100cm、120cm 和 120cm 土层处。

与 2013—2014 年类似，2014—2015 年生长季中，各处理 80～120cm 土层的土壤硝态氮占比最高，为 22.01％～28.76％。处理间 0～80cm 土层的土壤

表 5.2　冬小麦收获时各土层土壤硝态氮含量占 0～200cm 土层硝态氮总量的比例　%

生长季	处理	0～40（含）cm	40～80（含）cm	80～120（含）cm	120～160（含）cm	160～200（含）cm
2013—2014年	CK	17.51a	25.90a	22.90b	18.06c	15.63a
	M1	15.99b	21.11b	26.59a	19.94b	16.37a
	M2	16.36b	20.95b	26.12a	20.56b	16.02a
	M3	12.77c	18.39c	25.83a	27.21a	15.80a
	M4	12.76c	17.99c	25.80a	27.26a	16.19a
2014—2015年	CK	20.32a	26.91a	22.01c	16.44b	14.32a
	M1	18.71b	25.64a	25.75b	15.61b	14.29a
	M2	18.45b	25.53a	26.19b	15.24b	14.59a
	M3	13.92c	21.67b	28.36a	21.01a	15.04a
	M4	14.27c	21.48b	28.76a	20.76a	14.73a
2015—2016年	CK	21.46a	27.61a	19.17c	16.62b	15.13a
	M1	18.65b	26.65a	21.44b	17.75b	15.51a
	M2	18.94b	26.44a	21.39b	17.71b	15.53a
	M3	15.15c	25.26b	23.92a	19.76a	15.91a
	M4	15.12c	25.22b	23.93a	19.50a	16.22a

硝态氮占比为35.59%～47.22%，其中处理CK分别较处理M1、M2、M3和M4增加2.87%、3.24%、11.63%和11.47%。处理间160～200cm土层的土壤硝态氮占比差异不显著。该生长季中，处理CK、M1、M2、M3和M4的土壤硝态氮峰值分别出现在70cm、80cm、80cm、100cm和100cm土层处。

与2013—2014年和2014—2015年不同，2015—2016年生长季各处理的土壤硝态氮含量占比的最高值出现在40～80cm土层处（处理CK、M1、M2、M3和M4的土壤硝态氮峰值分别出现在50cm、60cm、60cm、80cm和80cm土层处）。该生育期的降水分布呈前期和后期较多，而中期较少的特征，但由于降水总量较少，因此土壤硝态氮的运移较浅。0～40cm和40～80cm土层的土壤硝态氮分别占15.12%～21.46%和25.22%～27.61%，其中处理CK分别平均较处理M1、M2、M3和M4增加3.77%、3.70%、8.66%和8.73%。处理间80～120cm和120～160cm土层的土壤硝态氮占比表现为，处理M3和M4分别较处理CK增加7.88%和7.65%，处理M1和M2分别较处理CK提高3.40%和3.31%。

可见，全程微型聚水覆盖较好的土壤水分状况使得硝态氮入渗加深，但其

峰值仍保持在120cm土层范围内，不会产生深层渗漏。

5.2.2 氮素运筹对土壤硝态氮含量和分布的影响

5.2.2.1 土壤硝态氮的时间变化特征

图5.2为不同氮肥运筹下冬小麦主要生育期0～100cm土层土壤硝态氮累积量的动态变化。由图5.2分析可知，不同氮肥运筹下，土壤硝态氮累积量随冬小麦生育期的推进，呈先增加后减少的变化特征。在同一取样时期，施氮处理的土壤硝态氮累积量显著高于不施氮处理，且土壤硝态氮累积量随施氮量的增加而增加。

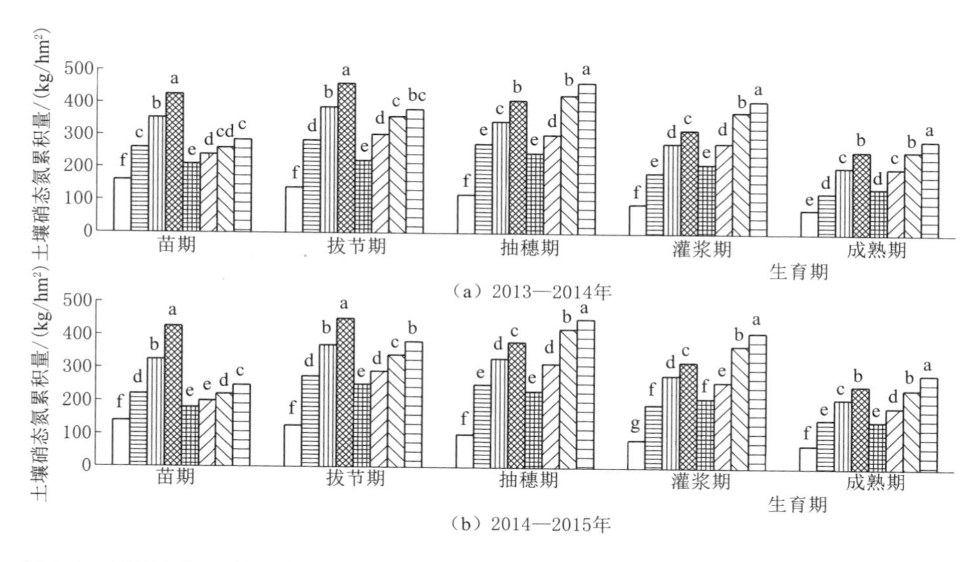

图5.2 不同氮肥运筹下冬小麦主要生育期0～100cm土层土壤硝态氮累积量的动态变化❶

2013—2014年生长季，在苗期，土壤硝态氮累积量表现为，施用尿素和施用控释氮肥各处理分别平均较处理CK提高116.69%和55.47%。在拔节期，尿素各处理经追肥后其土壤硝态氮累积量到达生育期最高值，平均较苗期提高8.83%；控释氮肥各处理随着气温的升高和降水量的增加，氮素逐渐释放，其土壤硝态氮累积量平均较苗期提高27.22%。到抽穗期，尿素各处理的土壤硝态氮累积量较拔节期有所降低；而控释氮肥各处理的土壤硝态氮累积量达到生育期最高值，其中处理C240较U240提高13.31%。之后，2种氮肥各处理的土壤硝态氮累积量均逐渐减少。到灌浆期时，控释氮肥各处理和尿素各

❶ 图5.2中不同小写字母表示在0.05水平差异显著，余同。

处理的土壤硝态氮累积量分别为280.1～410.3kg/hm^{2}和187.5～320.7kg/hm^2，其中，处理C240较U240提高27.83%。收获后，处理C240的土壤硝态氮累积量较处理U240提高13.12%。

2014—2015年与2013—2014年生长季的降水量和降水分布差异较小，不同氮肥运筹的土壤硝态氮累积量变化特征基本相似。在苗期，尿素各处理的土壤硝态氮累积量为220.4～426.5kg/hm^2；控释氮肥各处理的土壤硝态氮累积量差异较小，且低于尿素各处理。在拔节期追肥后，尿素各处理的土壤硝态氮累积量达到生育期最高值；控释氮肥各处理的土壤硝态氮也较苗期有所提高。在抽穗期，尿素各处理的土壤硝态氮累积量较拔节期大幅度降低；而控释氮肥各处理的土壤硝态氮累积量达到生育期中最高值，其中处理C240较处理U240提高18.42%。到灌浆期时，处理C240的土壤硝态氮累积量较处理U240提高27.85%。收获后，控释氮肥各处理的土壤硝态氮累积量平均较尿素各处理提高5.42%。

可见，与尿素相比，控释氮肥能大幅度提高冬小麦生长中后期0～100cm土层的土壤硝态氮累积量，且与冬小麦生长的氮素需求基本吻合，从而为冬小麦生殖生长提供充足的养分。

5.2.2.2　土壤硝态氮的空间分布特征

为了进一步了解不同氮肥运筹对土壤硝态氮的影响，对冬小麦收获后各处理0～200cm土层的土壤硝态氮分布（图5.3）进行分析。结果发现，2个生长季，不同氮肥运筹下，冬小麦收获后0～200cm土层的土壤硝态氮分布差异较大，整体表现为浅层和下层差异较小，而中层差异较大。与尿素相比，施用控释氮肥各处理的土壤硝态氮含量在不同土层间变幅较小。

2013—2014年生长季，2种氮肥处理间的平均土壤硝态氮含量表现为处理C120较处理U160提高11.09%，处理C240较处理U240提高22.39%。50～100cm土层范围内，2种氮肥各处理的土壤硝态氮含量差异逐渐增大。尿素各处理在100cm土层处差异达到最大，控释氮肥各处理在90cm土层处差异达到最大。与0～40cm土层不同，该土层的土壤硝态氮含量表现为，处理C120较处理U160降低9.20%，处理C240较处理U240降低7.12%。100～200cm土层的平均土壤硝态氮含量表现为，处理C120较处理U160降低40.63%，处理C240较处理U240降低30.52%。不同氮肥处理间除土壤硝态氮平均含量差异较大外，土壤硝态氮峰值所在土层深度不尽相同。施用尿素各处理（U80、U160和U240）的土壤硝态氮峰值分别出现在80cm、90cm和100cm土层处；而施用控释氮肥各处理（C60、C120、C180和C240）的土壤硝态氮峰值分别出现在50cm、60cm、70cm和90cm土层处。

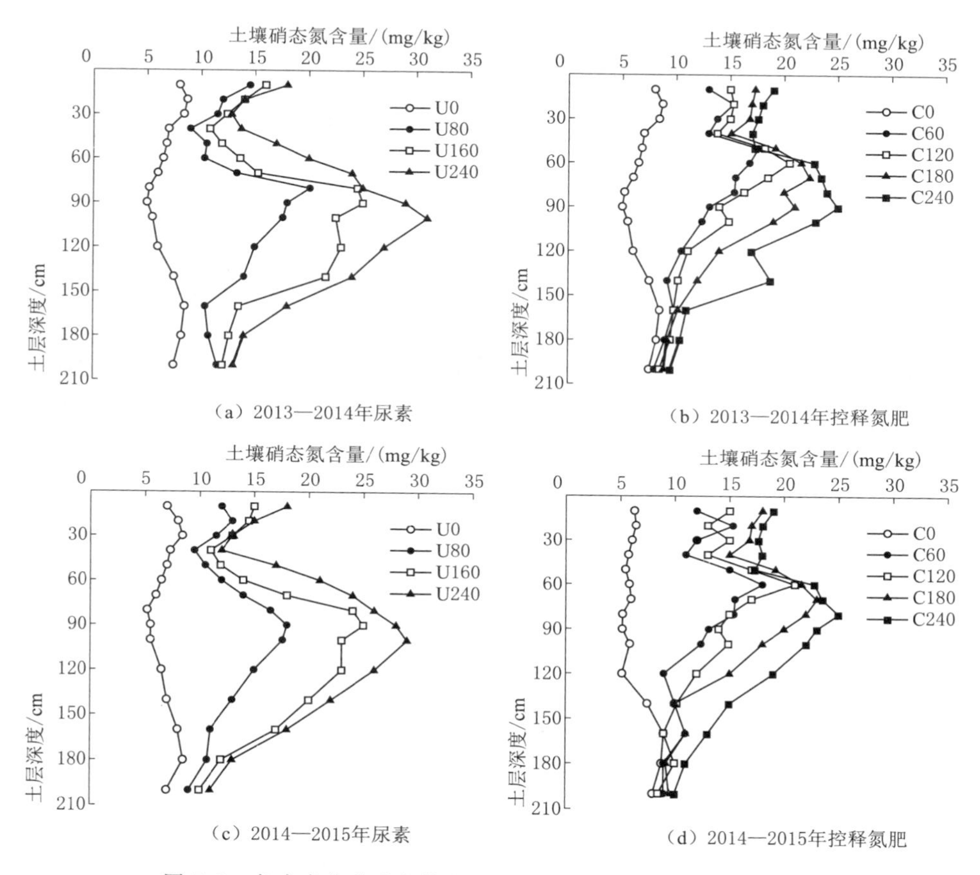

(a) 2013—2014年尿素
(b) 2013—2014年控释氮肥
(c) 2014—2015年尿素
(d) 2014—2015年控释氮肥

图 5.3 冬小麦收获后各处理 0～200cm 土层的土壤硝态氮分布

2014—2015 年生长季，2 种氮肥条件下，0～40cm 土层的平均土壤硝态氮含量表现为，处理 C120 较处理 U160 提高 4.67%，处理 C240 较处理 U240 提高 25.17%。40～100cm 土层的平均土壤硝态氮含量表现为，处理 C120 较处理 U160 降低 15.07%，处理 C240 较处理 U240 降低 7.86%。100～200cm 土层的平均土壤硝态氮含量表现为，处理 C120 较处理 U160 减少 33.29%，处理 C240 较处理 U240 提高 24.44%。施用尿素各处理（U80、U160 和 U240）的土壤硝态氮峰值分别出现在 90cm、90cm 和 100cm 土层处；而施用控释氮肥各处理（C60、C120、C180 和 C240）的土壤硝态氮峰值分别出现在 60cm、60cm、70cm 和 80cm 土层处。

可见，与尿素相比，控释氮肥与作物生长需求高度吻合的氮素释放特性可减少土壤硝态氮下移，减少土层间硝态氮变幅。

5.3 集雨模式与氮肥运筹对夏玉米农田土壤硝态氮的影响

5.3.1 集雨模式对土壤硝态氮含量和分布的影响

5.3.1.1 硝态氮累积量

表5.3为3个生长季中不同集雨模式下夏玉米主要生育期0～200cm土层的土壤硝态氮累积量。由表5.3分析可知，随生育期推进，0～200cm土层的土壤硝态氮累积量整体呈下降趋势，且在生育前期下降较为缓慢，在生育后期下降有所加快。这主要与不同时期夏玉米根系分布、土壤水分运移等有关。不同集雨处理下0～200cm土层土壤硝态氮累积量存在一定的差异，且在不同年际间变化特征不尽相同。

表5.3 不同集雨模式下夏玉米主要生育期0～200cm土层的土壤硝态氮累积量

单位：kg/hm^2

生长季	处理	苗期	拔节期	抽雄期	灌浆期	成熟期
2014年	CK	525.89d	514.32c	440.43c	373.81b	317.15b
	M1	580.76b	568.21b	483.26b	370.88b	310.34b
	M2	550.69c	550.07b	470.68b	385.94b	319.54b
	M3	605.04a	592.03a	510.66a	411.76a	359.71a
	M4	601.29a	588.37a	504.68a	408.11a	354.23a
2015年	CK	500.27d	501.33d	421.39c	352.34b	302.34b
	M1	547.95b	541.03b	460.40b	355.78b	295.90b
	M2	525.83c	522.95c	452.80b	360.73b	302.78b
	M3	573.58a	565.25a	482.33a	402.50a	338.00a
	M4	550.78b	560.40a	480.70a	397.90a	334.38a
2016年	CK	485.20d	490.26d	420.68d	350.66c	281.68c
	M1	530.98b	541.63b	464.55b	373.50b	300.30b
	M2	503.63c	518.00c	440.40c	372.78b	305.00b
	M3	554.19a	575.76a	489.94a	409.76a	330.29a
	M4	540.21ab	567.88a	480.69a	405.04a	326.11a

2014年生长季，苗期阶段，各处理土壤硝态氮累积量由大到小表现为，M3和M4、M1、M2、CK，其中处理M3和M4之间差异不显著，处理M1显著高于处理M2。4种集雨处理平均较平作不覆盖提高11.13%。在拔节期，追施氮肥后，各处理的土壤硝态氮累积量仍略低于苗期，其中处理M1、M2、

M3 和 M4 分别较处理 CK 提高 10.48%、6.95%、15.11%和 14.40%，处理 M2 的提高幅度小于其他集雨处理。这主要是由于处理 M2 在沟中覆有秸秆，秸秆覆盖较低的土壤温度使得土壤有机质的分解、转化等速率减慢。到抽雄期时，各处理的土壤硝态氮累积量均大幅度低于苗期和拔节期，但 4 种集雨处理仍显著高于平作不覆盖。在灌浆期时，处理 M3 和 M4 的土壤硝态氮累积量显著高于处理 CK、M1 和 M2，而处理 CK、M1 和 M2 之间差异不显著。这可能是由于处理 M1 和 M2 较好的土壤水热效应，在促进微生物活性和土壤有机质分解、转化的同时，也促进了植株自身的生长和对土壤氮素的吸收利用，两者效应相互抵消所致。到成熟期时，各处理的土壤硝态氮累积量均到达生育期的最低值。5 个主要生育期的平均土壤硝态氮累积量表现为，处理 M3 分别较处理 CK、M1 和 M2 提高 14.16%、7.16%和 8.88%；处理 M4 分别较处理 CK、M1 和 M2 提高 13.13%、6.19%和 7.89%。

2015 年生长季，苗期阶段，处理间的土壤硝态氮累积量较 2014 年生长季有所降低。这一方面可能与取样时期有关，另一方面可能是由于随着种植年限的持续，土壤自身供氮能力有所减弱。在拔节期，处理间土壤硝态氮累积量的大小关系与苗期基本相同，4 种集雨处理平均较平作不覆盖提高 9.19%。之后，各处理的土壤硝态氮累积量均逐渐降低。到抽雄期时，处理 M1、M2、M3 和 M4 的土壤硝态氮累积量分别较处理 CK 提高 9.26%、7.45%、14.46%和 14.07%。到灌浆期时，处理 M3 和 M4 的土壤硝态氮累积量显著高于处理 CK、M1 和 M2。到成熟期时，各处理的土壤硝态氮累积量达到最小值。主要生育期的平均土壤硝态氮累积量表现为，处理 M3 分别较处理 CK、M1 和 M2 提高 13.67%、7.30%和 9.08%；处理 M4 分别较处理 CK、M1 和 M2 提高 11.86%、5.59%和 7.35%。

2016 年生长季，在苗期，4 种集雨处理的土壤硝态氮累积量均显著高于平作不覆盖，且处理 M3 和 M4 之间差异不显著，而处理 M2 显著低于处理 M1。在拔节期，各处理追施氮肥后，各处理的土壤硝态氮累积量均较苗期有所提高，4 种集雨处理平均较平作不覆盖提高 12.51%。该阶段正值夏玉米营养生长的旺盛时期，集雨处理下充足的土壤氮素供应有利于植株的生长。到抽雄期时，处理 M3 和 M4 的土壤硝态氮累积量显著高于其他处理，且处理 M1 显著高于处理 M2。与 2014 年和 2015 年生长季不同，灌浆期和成熟期的土壤硝态氮累积量均表现为，处理 M1 和 M2 显著高于处理 CK。这可能与该生长季夏玉米的 2 次倒伏有关。倒伏在一定程度上造成植株根系的部分损伤，从而影响其对土壤氮素的吸收。5 个主要生育期的平均土壤硝态氮累积量表现为，处理 M3 分别较处理 CK、M1 和 M2 提高 16.34%、6.74%和 10.29%；处理 M4 分别较处理 CK、M1 和 M2 提高 14.37%、4.93%和 8.42%。

3个生长季中，主要生育期的平均土壤硝态氮累积量表现为，处理M1、M2、M3和M4分别较处理CK提高7.13%、4.84%、14.70%和13.11%。可见，4种集雨处理均可一定程度上提高夏玉米生育期的土壤硝态氮累积量，其中二元集雨处理可显著提高整个生育期0～200cm土层的土壤硝态氮累积量，而一元集雨处理可显著提高生长前中期0～200cm土层的土壤硝态氮累积量，而生长后期与平作不覆盖差异不显著。

5.3.1.2　硝态氮含量

为了进一步了解不同集雨模式下土壤硝态氮的分布特征，对夏玉米收获时各土层土壤硝态氮含量占0～200cm土层硝态氮总量的比例（表5.4）进行分析，发现3个生长季中，0～40cm和40～80cm土层的土壤硝态氮所占比例表现为处理CK较大，而80～120cm、120～160cm和160～200cm土层的土壤硝态氮所占比例表现为集雨处理较大。

表5.4　夏玉米收获时各土层土壤硝态氮含量占0～200cm土层硝态氮总量的比例　%

生长季	处理	0～40（含）cm	40～80（含）cm	80～120（含）cm	120～160（含）cm	160～200（含）cm
2014年	CK	16.93a	33.48a	20.72c	14.86c	14.00b
	M1	15.26b	26.02b	27.99a	16.35b	14.37b
	M2	14.56c	25.24b	28.05a	16.04b	14.02b
	M3	14.56c	17.51c	26.68b	25.76a	15.49a
	M4	14.04c	17.63c	26.76b	26.53a	15.04a
2015年	CK	25.66a	36.28a	19.56d	10.37b	8.13c
	M1	25.20a	32.95b	23.75c	9.45b	8.65c
	M2	24.33a	29.72c	25.86b	10.80b	9.30b
	M3	21.58b	26.28d	27.66a	15.03a	9.44b
	M4	21.63b	25.65d	27.04a	15.28a	10.39a
2016年	CK	20.08a	31.66a	23.06b	13.57b	11.63b
	M1	20.37a	30.04a	23.21b	14.50b	11.89b
	M2	20.25a	30.76a	23.66b	13.95b	11.37b
	M3	18.11b	26.27b	25.43a	17.45a	12.74a
	M4	18.14b	25.93b	24.64a	18.26a	13.04a

2014年生长季，处理间0～40cm和40～80cm土层的土壤硝态氮分别占14.04%～16.93%和17.51%～33.48%，其中处理CK分别平均较处理M1、

M2、M3 和 M4 增加 9.13%、10.61%、18.34%和 18.74%。处理间 80～120cm 和 120～160cm 土层的土壤硝态氮分别占 20.72%～28.05%和 14.86%～26.53%，表现为二元集雨处理＞单一集雨处理＞平作不覆盖，其中处理 M3 和 M4 分别平均较处理 CK 增加 16.86%和 17.71%，处理 M1 和 M2 分别平均较处理 CK 增加 8.76%和 8.51%。各处理 160～200cm 土层的土壤硝态氮占比较小，且处理间的差异也较小。该生长季中，处理 CK、M1、M2、M3 和 M4 的土壤硝态氮含量最大值分别出现在 70cm、90cm、90cm、140cm 和 140cm 土层处。

与 2014 年相比，2015 年夏玉米生育期的降水分布较为均匀，各处理的土壤硝态氮含量在上层土壤所占比例提高，而在下层土壤所占比例减少。处理间 0～80cm 土层的土壤硝态氮占比为 47.28%～61.94%，其中处理 CK 分别较处理 M1、M2、M3 和 M4 增加 3.79%、7.89%、14.08%和 14.66%。处理间 80～160cm 土层的土壤硝态氮占比为 29.93%～42.69%，其中处理 M3 和 M4 分别较处理 CK 增加 12.76%和 12.39%，处理 M1 和 M2 分别较处理 CK 提高 3.27%和 6.73%。处理间 160～200cm 土层的土壤硝态氮占比为 8.13%～10.39%。该生长季，处理 CK、M1、M2、M3 和 M4 的土壤硝态氮峰值分别出现在 50cm、80cm、90cm、100cm 和 100cm 土层处。

与 2014 年和 2015 年相比，2016 年夏玉米生育期的降水分布基本与植株需水相吻合，各处理的土壤硝态氮含量在不同土层深度处差异较小。处理间 0～40cm 和 40～80cm 土层的土壤硝态氮分别占 18.11%～20.37%和 25.93%～31.66%，其中处理 CK 较处理 M1、M2、M3 和 M4 分别平均增加 1.33%、0.73%、7.36%和 7.67%。处理间 80～120cm 和 120～160cm 土层的土壤硝态氮占比，表现为处理 M3 和 M4 较处理 CK 分别平均增加 6.25%和 6.27%，处理 M1 和 M2 较处理 CK 分别平均提高 1.08%和 0.98%。处理间 160～200cm 土层的土壤硝态氮占比为 11.37%～13.04%。该年生长季中，处理 CK、M1、M2、M3 和 M4 的土壤硝态氮峰值分别出现在 70cm、80cm、90cm、120cm 和 120cm 土层处。

可见，土壤硝态氮分布与生育期降水量、降水分布和不同集雨处理的土壤水分效应密切相关，全程微型聚水处理（M3 和 M4）较好的水分条件使得硝态氮入渗加深，但其峰值仍保持在 140cm 土层范围内，不会产生深层渗漏。

5.3.2 氮素运筹对土壤硝态氮含量和分布的影响

5.3.2.1 土壤硝态氮的时间变化特征

土壤硝态氮是作物生长发育最为重要的氮素形态，根系的吸收利用与土壤水分状况均会影响土壤硝态氮的含量。图 5.4 为不同氮肥运筹下夏玉米主要生

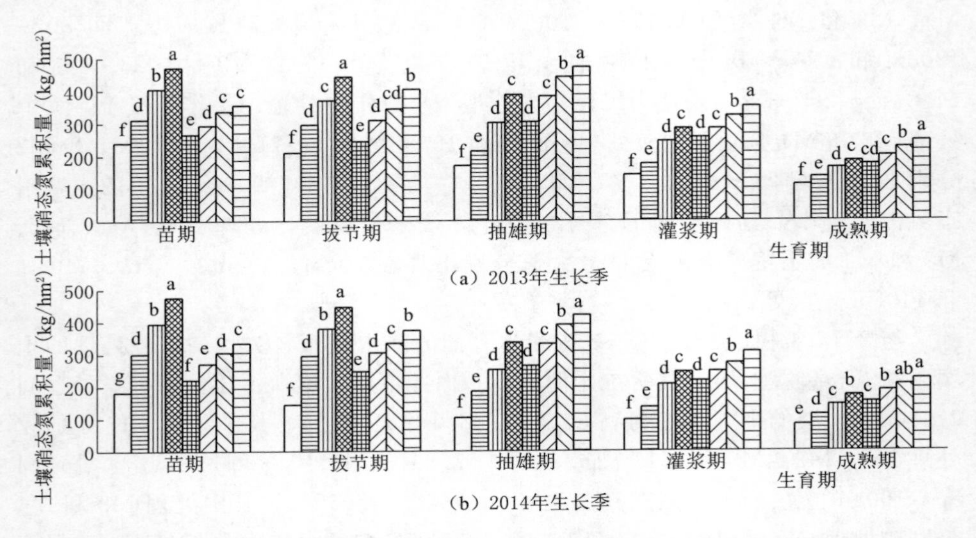

图 5.4　不同氮肥运筹下夏玉米主要生育期 0～100cm 土层土壤硝态氮累积量的动态变化

CK　U80　U160　U240　C60　C120　C180　C240

育期 0～100cm 土层土壤硝态氮累积量的动态变化。由图 5.4 分析可知，不同氮肥运筹下土壤硝态氮累积量的差异较大，且施氮处理的土壤硝态氮累积量显著高于不施氮处理。

2013 年生长季，在苗期，与处理 C240 相比，处理 U160 和 U240 的硝态氮累积量分别提高 14.03%和 32.77%。这主要与 2 种氮肥的氮素释放特性有关。尿素为速效氮肥，施入土壤后可快速提高土壤氮素含量，而控释氮肥的氮素随时间逐渐释放。在拔节期，施用尿素处理经追肥后其土壤硝态氮累积量仍低于苗期。产生这一现象的原因与夏玉米生长规律和土壤养分运移有关。一方面，拔节期正值夏玉米营养生长的旺盛时期，植株对养分尤其是速效养分的需求量较大；另一方面，随着雨季来临，土壤硝态氮向较深土层的运移加剧。控释氮肥各处理在拔节期的土壤硝态氮累积量平均较苗期提高 4.09%，其中处理 C60 的土壤硝态氮累积量低于苗期。这可能是由于该处理的施氮量较低，释放的氮素足以被植株及时吸收，使得土壤氮素含量呈负增长。到抽雄期时，尿素各处理的土壤硝态氮累积量较拔节期进一步降低；而控释氮肥各处理的土壤硝态氮累积量较拔节期仍有所提高。之后，2 种氮肥各处理的土壤硝态氮累积量均逐渐减少。在灌浆期和收获时，控释氮肥各处理的土壤硝态氮累积量分别平均较尿素各处理提高 29.34%和 32.03%。

2014 年生长季，在苗期，尿素和控释氮肥各处理的土壤硝态氮累积量分别为 300.72～475.27kg/hm^2 和 220.19～334.21kg/hm^2。尿素各处理在拔节

期追肥后，土壤硝态氮累积量仍低于苗期，而控释氮肥各处理的土壤硝态氮较苗期有所提高。抽雄期之后，尿素和控释氮肥各处理的土壤硝态氮累积量均低于2013年生长季的同期含量。这主要与2个生长季的降水量和降水分布有关。2014年夏玉米生长季的降水量较高，且主要集中于夏玉米生长后期，使得部分硝态氮经淋溶（100cm土层以下）、挥发等途径损失。收获时，控释氮肥各处理的土壤硝态氮累积量为150.29～211.11kg/hm²，平均较尿素各处理提高35.06%。

可见，与尿素相比，控释氮肥的氮素释放与夏玉米生长需求较为吻合，且能大幅度提高夏玉米生长中后期0～100cm土层的土壤硝态氮累积量，从而减少氮素损失，为夏玉米生殖生长提供充足的养分。

5.3.2.2 土壤硝态氮的空间分布特征

对夏玉米收获后各处理0～200cm土层的土壤硝态氮分布（图5.5）进行分析发现，2个生长季，夏玉米不同氮肥运筹下收获时0～200cm土层的土壤

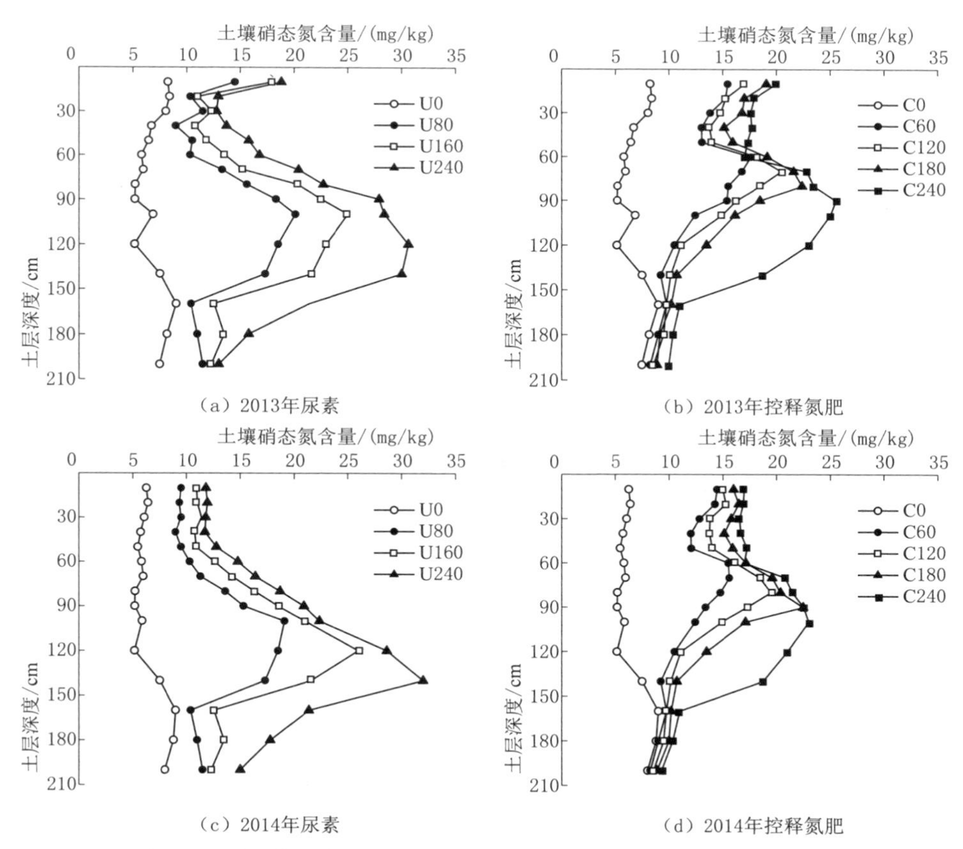

图5.5 夏玉米收获后各处理0～200cm土层的土壤硝态氮含量分布

硝态氮含量整体呈S形分布特征，且与尿素相比，施用控释氮肥各处理的土壤硝态氮含量变幅较小。

2013年生长季，0～50cm土层的平均土壤硝态氮含量表现为处理C120较处理U160提高16.82%，处理C240较处理U240提高22.07%。60～100cm土层的平均土壤硝态氮含量表现为处理C120与U160和处理C240与U240之间差异不显著。100～200cm土层的平均土壤硝态氮含量则正好相反，处理C120较处理U160降低40.87%，处理C240较处理U240降低34.05%。施用不同氮肥条件下，除土壤硝态氮平均含量差异较大外，另一显著特点是土壤硝态氮峰值所在土层深度不同。施用尿素各处理（U80、U160和U240）的土壤硝态氮峰值分别出现在100cm、100cm和120cm土层处；施用控释氮肥各处理（C60、C120、C180和C240）的土壤硝态氮峰值则分别出现在60cm、70cm、80cm和90cm土层处。

与2013年相比，2014年生长季各处理的浅层土壤硝态氮含量有所减少，而深层土壤硝态氮含量有所增加，且土壤硝态氮含量的峰值有所下移。施用2种氮肥条件下，0～50cm土层的平均土壤硝态氮含量分别为9.36～12.02mg/kg和13.12～16.89mg/kg，其中处理C120较处理U160提高30.47%，处理C240较处理U240提高40.57%。50～100cm土层平均土壤硝态氮含量表现为，处理C120较处理U160提高4.42%，处理C240较处理U240提高12.56%。100～200cm土层的平均土壤硝态氮含量则表现为尿素各处理显著高于控释氮肥各处理，其中处理C120较处理U160减少42.93%，处理C240较处理U240减少38.68%。施用尿素各处理（U80、U160和U240）的土壤硝态氮峰值分别出现在100cm、120cm和140cm土层处；而施用控释氮肥各处理（C60、C120、C180和C240）的土壤硝态氮峰值分别出现在70cm、80cm、90cm和100cm土层处。

可见，与尿素相比，控释氮肥氮素缓慢释放的特性可缓解土壤硝态氮的淋溶并减小土层间的变幅，从而使硝态氮维持在作物根系所在土层范围内。

5.4 讨论与小结

在农业生态系统中，土壤养分尤其是速效养分是维持作物生命周期的关键因素。氮素是作物生长需求量最多、对产量贡献最大的矿质元素（周昌明，2016年提出），其中硝态氮是能被作物直接吸收利用的氮素形态。土壤水分状况和施氮水平是影响硝态氮在土壤剖面中积累和淋溶的关键因子。

不同集雨模式通过改变土壤水、气、热、盐状况，影响土壤呼吸强度、土壤微生物活性和作物生长发育，使得养分在土壤中的迁移、转化过程随之改变，最终影响土壤的肥力水平。Wang 等（2014）通过 3 年定位试验发现，垄沟覆膜集雨种植可显著促进土壤矿质营养的分解，从而提高土壤耕层磷、钾等累积量。张鹏等（2016）研究表明，与传统平作相比，垄沟集雨种植仅在生育期降雨量较多时，可显著提高玉米耕层 0～40cm 土层的速效磷和速效钾含量，且随土层深度的增加提高幅度逐渐减小。张仙梅（2011）等在覆膜方式对旱作玉米硝态氮时空变化的研究中得出，覆膜处理下，整个玉米生育期的 0～10cm 土层 NO_3^-－N 浓度均明显高于露地处理。研究发现，在冬小麦和夏玉米生长季中，成熟期 0～40cm 土层的硝态氮含量均表现为处理 CK 显著高于 4 种集雨处理。与前人研究结果的差异，可能是由于测定时期和土壤水分状况的不同，在作物生长过程中，集雨种植较好的土壤水热环境会加速土壤有机质矿化速率，增加土壤硝态氮含量，而到成熟期时，经过整个生育期的降水和灌水淋洗，表层的硝态氮含量会降低。此外，当土壤水分亏缺严重时，覆膜处理下土壤 NO_3^-－N 会随着水分的上移而聚积到上层土壤。在本研究中，4 种集雨处理均可一定程度上提高冬小麦和夏玉米主要生育期 0～200cm 土层的土壤硝态氮累积量。较高的土壤硝态氮含量可为植株提供充足的氮素，尤其在作物生长后期可有效避免脱肥现象的发生。这与周昌明（2016）不同地膜覆盖及种植方式的夏玉米研究结论一致。

研究发现，与平作不覆盖相比，4 种集雨处理下冬小麦生长季的 0～200cm 土层土壤硝态氮累积量提高幅度小于夏玉米生长季。这可能与 2 种作物生育期的大气温度、土壤水分状况以及植株氮素吸收、氮素挥发损失有关。此外，处理 M2 和 M4 在提高土壤硝态氮累积量方面效果低于处理 M1 和 M3。这可能与不同集雨处理的土壤温度效应有关，较高的土壤温度会加快土壤有机质的矿化速率。这也从侧面反映出，集雨栽培技术在使农田水热资源优化配置，大幅度提高作物产量的同时，可能会引起农田土壤肥力的下降。处理 M3 和 M4 较好的土壤水热状况在促进植株生长和氮素吸收的同时，仍可保持较高的土壤硝态氮含量。可见，二元覆盖可实现用田和养田的双重效应。在生产实践中，应通过增施有机肥、秸秆还田或与其他豆科作物间作等措施，实现农田生态系统的生产潜力和持续发展。

李世清等（2004）在定西持续 2 年的试验中得出，覆盖地膜改变了土壤的水热状况和生物特性，也必然会影响土壤氮素的转化过程和 NO_3^-－N 在土壤剖面中的累积与分布。春小麦全生育期覆膜，可显著增加收获时土壤剖面的 NO_3^-－N 累积量，而配施玉米秸秆时，会降低残留 NO_3^-－N 的累积量，且随秸秆用量的增加，残留 NO_3^-－N 的累积量下降。大量研究认为，土壤中的硝态氮具有很高的生物有效性，在作物生育期覆膜，尤其在作物生育后期覆膜，会使土壤有机质分解、矿化加剧，硝态氮大量累积，而此时作物的需氮量逐渐减少，因此硝态氮一般会被淋洗到较深土层处，难以为下茬作物吸收利用，且在降水和灌水的作用下，很有可能被淋洗到作物根系可吸收范围之外，造成地下水污染。研究发现，不同冬小麦和夏玉米生长季的降水量和降水分布存在一定的差异，在成熟期时，不同集雨处理的土壤硝态氮峰值所在土层深度不同。此外，无论冬小麦或是夏玉米，不同集雨处理的土壤硝态氮峰值均集中于140cm 土层范围内，完全有机会被后续的作物吸收利用。此外，较为均匀的降水分布可促进植株对养分的吸收，从而减少土壤硝态氮含量在不同土层深度间的差异。

硝态氮在土壤中的分布和含量因氮肥运筹不同而差异较大。研究表明，适当减少施氮量和增加追肥比例可在一定程度上降低土壤硝态氮的深层渗漏损失。合理协调基、蘖、穗肥比例可显著改善光合产物的运转、分配和积累速率。适宜的施氮量与追肥时期有助于养分的优化配置（姜涛，2013 年提出）。化肥有机肥配施可协调土壤氮、磷、钾平衡，降低土壤硝态氮的淋溶和渗漏（徐明岗等，2008 年提出）。与尿素相比，控释氮肥的氮素可更及时地被作物吸收，从而减少氮素损失机会。研究发现，在冬小麦生长季中，施用尿素各处理的土壤硝态氮累积量在拔节期追肥后达到最大值；施用控释氮肥各处理的土壤硝态氮累积量在抽穗期达到最大值。在夏玉米生长季中，施用尿素各处理的土壤硝态氮累积量从苗期到成熟期呈逐渐减小的趋势；而控释氮肥各处理的土壤硝态氮累积量与作物需氮规律高度吻合，表现为拔节期和抽雄期较高，而灌浆期后逐渐减小。

进一步对各处理收获时 0～200cm 土层土壤硝态氮分布进行分析，发现与冬小麦相比，夏玉米生长季中 2 种氮肥硝态氮峰值之间的差异较小，且作物生育期内降水越集中，高氮处理的氮素下渗越严重。这主要是由于夏玉米生长季降水量较多，且次降雨量较大，使氮素淋溶加深。此外，在冬小麦生长季中残留的氮素，也可能会在下一茬的夏玉米生长季发生淋溶。这与刘敏等（2015）研究得出的结论是一致的，即：在相同施氮水平下，玉米苗期硫膜和树脂膜控释氮肥的 0～100cm 土层土壤硝态氮含量分别较尿素降低 11.7%～56.7%和28.8%～68.2%，而在灌浆期和收获期，硫膜和树脂膜控释氮肥的 0～40cm 土层硝态氮含量分别较尿素提高 16.3%～46.7%和 0.5%～60.7%，硫膜和树脂膜控释氮肥具有“前控后保”的特性。此外，与薛高峰等（2012）研究得出的施用包膜控释尿素能保证小麦全生育期根层硝态氮含量维持较高的水平，且不会发生明显的硝态氮残留的结论一致。卢艳丽等（2011）也研究发现，与施用尿素相比，施用控释氮肥的土壤 NO_3^-－N 含量不高，但可以保障作物的生长需要。

在陕西关中地区冬小麦、夏玉米轮作的耕作制度中，夏玉米生育期正值雨

季，降水频率高且强度大，极易导致土壤硝态氮向较深土层淋洗，对地下水环境造成潜在威胁，导致氮素由营养物质变为污染物质。因此，在农业生产实践中，应减少速效氮肥的使用量，增施有机肥或以缓控释氮肥代替速效氮肥，以培肥土壤、提高地力，降低农田环境污染，实现节能增效与环境友好的协调统一。

第6章 集雨模式与氮肥运筹对作物生理生长的影响

土壤水、热、肥状况是影响作物生长发育的重要因素（银敏华等，2016年提出）。集雨种植可有效促进作物的生长发育。研究发现，垄沟覆膜和露地平作的玉米出苗率分别为99.0%和80.0%，且与露地平作相比，垄沟覆膜的玉米叶面积指数、株高和干物质质量均显著提高。覆盖生物降解膜和普通地膜条件下，协同的土壤水温效应可缩短玉米营养生长时间，使全生育期提前11d（王敏等，2011年提出）。增加氮肥施用量可显著提高冬小麦的叶片叶绿素含量和光合速率，并延长绿叶功能期。然而，过量施用氮肥不仅会降低氮肥利用率，而且会对农田环境和地下水造成一定的污染。研究发现，与尿素相比，施用控释氮肥和缓释氮肥可显著提高棉花植株的氮素累积量和地上部干物质累积量（Geng等，2015年提出）。施用控释氮肥的水稻功能叶绿素含量和酶活性较施用尿素显著提高，可有效延缓叶片衰老（蒋曦龙等，2014年提出）。生长性状包括株高、干物质质量和根系等，是反映作物生长状况、抗倒伏性及抗逆性的指标。叶片光合特性和叶绿素含量是反映作物生理状况的指标。本章包括冬小麦和夏玉米生长季，不同集雨模式和氮肥运筹下作物地上部生长、根系生长、生育进程、光合特性和叶绿素含量五部分。通过定期测量和取样分析作物生理生长状况，探究集雨模式和氮肥运筹对作物生理生长的影响机制。

6.1 集雨模式与氮肥运筹对冬小麦生理生长的影响

6.1.1 集雨模式与氮肥运筹对冬小麦地上部分生长的影响

6.1.1.1 株高

1. 集雨模式对冬小麦株高的影响

不同集雨模式下冬小麦主要生育期的株高变化如图6.1所示。由图6.1分析可知，随生育期推进，各处理的株高逐渐增加，并于灌浆期达到最大值。同一取样时期，株高由大到小表现为，处理M3、M4、M1、M2、CK。

2013—2014年生长季，在苗期，各处理的株高为16.5～25.1cm，4种集

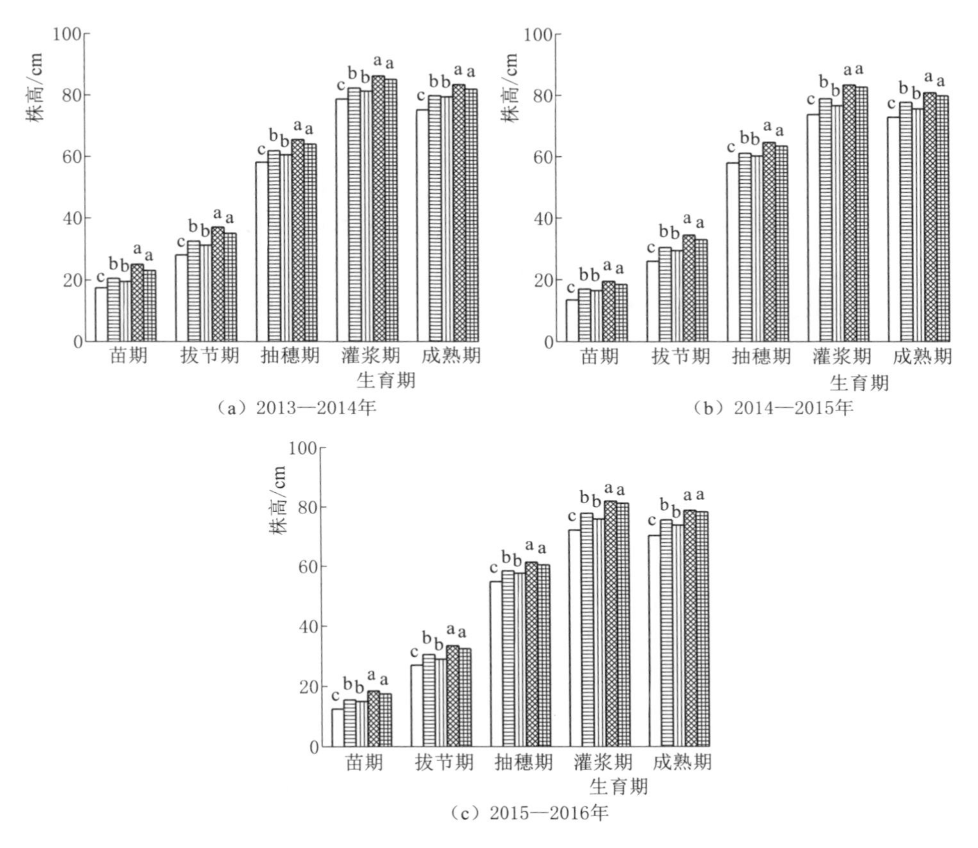

(a) 2013—2014年 (b) 2014—2015年 (c) 2015—2016年

图 6.1 不同集雨模式下冬小麦主要生育期的株高变化

CK M1 M2 M3 M4

雨处理平均较处理 CK 提高 25.71%。随着大气温度的逐渐回升，到拔节期时，各处理植株生长迅速，且由于该阶段冠层覆盖度较低，集雨模式的土壤水热效应可以充分发挥，处理间株高的差异达到最大值。在抽穗期，各处理的株高较拔节期进一步增大。在灌浆期，处理间株高的极差为 7.6cm，其中二元集雨处理平均较处理 CK 提高 8.96%，一元集雨处理平均较处理 CK 提高 3.94%。在成熟期，各处理的株高为 75.2～83.5cm。5 次取样的平均株高表现为，处理 M3 分别较处理 CK、M1 和 M2 提高 15.91%、7.37%和 9.30%，处理 M4 分别较处理 CK、M1 和 M2 提高 12.75%、4.44%和 6.32%。

与 2013—2014 年相比，2014—2015 年生长季的降水量较少，5 次取样的各处理株高均较低。在苗期，各处理的株高平均较 2013—2014 年生长季减少 3.9cm。在拔节期，4 种集雨处理的株高平均较处理 CK 提高 22.60%。在抽穗期，处理间株高的极差为 6.7cm。在灌浆期，处理间株高的极差达到最大

值（9.7cm）。在成熟期，各处理的株高平均较 2013—2014 年生长季减少 2.5cm。5 次取样的平均株高表现为，处理 M3 分别较处理 CK、M1 和 M2 提高 15.92%、6.71%和 9.47%，处理 M4 分别较处理 CK、M1 和 M2 提高 13.71%、4.67%和 7.38%。

2015—2016 年生长季的冬小麦株高在 3 个生长季中最低。该生长季的降水量与 2014—2015 年生长季大致相同，但主要分布在冬小麦生长前期和后期，使得小麦植株在生长中期受到一定的干旱胁迫。5 次取样的平均株高表现为，处理 M3 分别较处理 CK、M1 和 M2 提高 15.73%、6.27%和 9.02%，处理 M4 分别较处理 CK、M1 和 M2 提高 14.00%、4.70%和 7.39%。

通过对 3 个生长季的株高分析发现，垄覆白膜沟覆秸秆（处理 M3）在提高冬小麦株高方面优于其他处理。这主要与处理 M3 具有较优的土壤水分和温度环境有关。

2. 氮肥运筹对冬小麦株高的影响

不同氮肥运筹下冬小麦主要生育期的株高变化如图 6.2 所示。由图 6.2 分析可知，随生育期的推进，各处理的株高逐渐增加，并于灌浆期达到最大值。在同一取样时期，处理间的株高表现为施氮处理显著高于不施氮处理，且随施氮水平的提高呈先增加后平稳的趋势。

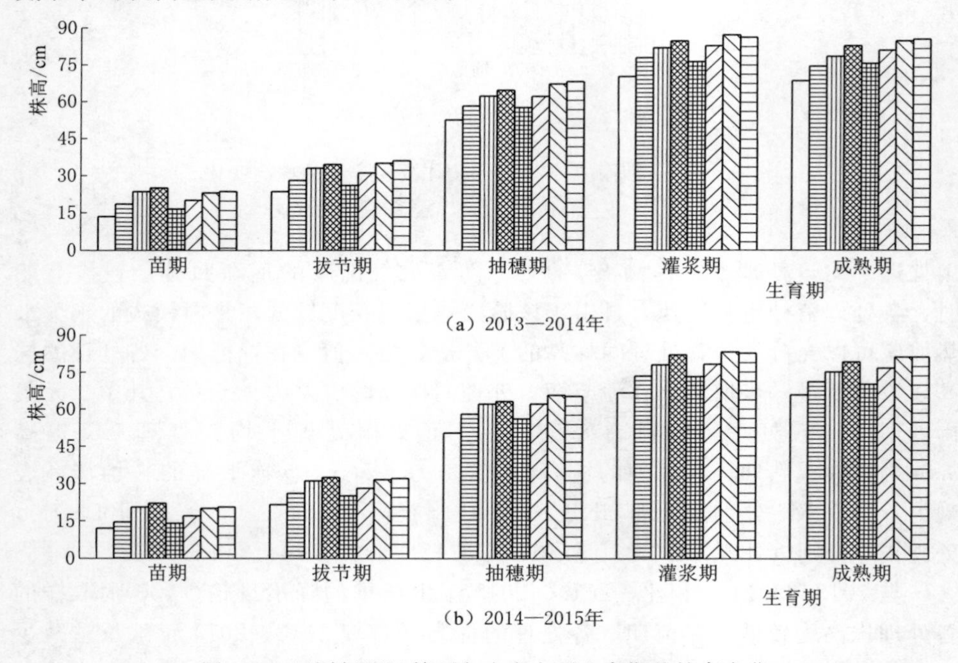

(a) 2013—2014年

(b) 2014—2015年

图 6.2　不同氮肥运筹下冬小麦主要生育期的株高变化

CK　U80　U160　U240　C60　C120　C180　C240

2013—2014 年生长季，在苗期尿素各处理的株高为 18.5～25.0cm。与尿素相比，控释氮肥各处理的株高较低，其中处理 U240 较处理 C240 提高 6.38%。这可能是由于控释氮肥在苗期的氮素释放相对较少，而尿素为速溶性氮肥，施入土壤后，氮素含量迅速增加，可供植株吸收利用的氮素较多。在拔节期，尿素和控释氮肥各处理的株高分别为 28.1～34.5cm 和 26.1～36.2cm，其中处理 C240 较处理 U240 提高 4.35%。在抽穗期，处理 U160 与 C120 的株高差异不显著，而处理 C180 和 C240 的株高分别较处理 U240 提高 3.88%和 5.43%。在灌浆期，处理 U160 的株高显著低于处理 U240；处理 C180 和 C240 的株高差异不显著，但均显著高于处理 C120。在成熟期，处理 C180 和 C240 的株高略高于处理 U240，但无显著性差异。5 次取样的平均株高表现为，处理 U160 显著低于处理 U240，处理 C120 显著低于处理 C180 和 C240，且处理 U160 与 C120 之间和处理 C180 与 C240 之间差异不显著。

2014—2015 年生长季，各处理 5 次取样的株高均低于 2013—2014 年生长季。这主要与生育期的降水量和降水分布有关。在苗期，处理 U240 的株高较处理 C240 提高 7.32%。在拔节期，处理 U240 和 C240 的株高之间差异不显著，而处理 C120 较处理 U160 的株高显著降低 10.71%。这主要与尿素各处理在拔节期追肥有关。在抽穗期，处理 C180 和 C240 的株高均略高于处理 U240，但差异不显著。之后，处理 U160 的株高均显著低于处理 U240，处理 C120 的株高均显著低于处理 C180 和 C240，且处理 U240、C180 和 C240 之间差异不显著。5 次取样的平均株高表现为，处理 C120 与 U160 和处理 U240、C180 与 C240 之间均无显著差异。

可见，与尿素相比，控释氮肥的氮素有效性较高，在获得统计意义上无差异的冬小麦株高时，所需要的施氮量较少。

6.1.1.2 干物质质量

1. 集雨模式对冬小麦干物质质量的影响

不同集雨模式下冬小麦主要生育期地上部干物质质量的变化见表 6.1。由表 6.1 分析可知，3 个生长季中，冬小麦的地上部干物质质量均表现为集雨处理显著（$P<0.05$）高于平作不覆盖，且二元集雨处理显著高于一元集雨处理。

2013—2014 年生长季，苗期各处理的地上部干物质质量为 0.41～0.52t/hm^2，其中处理 M1 与 M4 之间和处理 M3 与 M4 之间差异不显著，但均显著高于处理 M2。之后，随着大气温度的逐渐回升和降水的陆续发生，各处理的干物质质量累积迅速，到拔节期时，各处理地上部干物质质量达到 4.48～5.72t/hm^2，其中处理 M1、M2、M3 和 M4 分别较处理 CK4 提高 15.40%、

表 6.1　不同集雨模式下冬小麦主要生育期地上部干物质质量的变化　单位：t/hm²

生长季	处理	苗期	拔节期	抽穗期	灌浆期	成熟期
2013—2014 年	CK	0.41d	4.48d	8.54c	13.42c	14.24c
	M1	0.47b	5.17b	9.28b	14.23b	15.21b
	M2	0.44c	4.88c	9.11b	14.47b	14.92b
	M3	0.52a	5.72a	10.08a	15.38a	16.24a
	M4	0.49ab	5.41ab	9.91a	15.11a	15.89a
2014—2015 年	CK	0.39d	4.31d	8.28c	13.00c	13.85c
	M1	0.44c	5.01b	9.13b	14.07b	14.68b
	M2	0.43c	4.78c	8.99b	14.29b	14.51b
	M3	0.50a	5.56a	9.84a	15.13a	15.84a
	M4	0.47b	5.17b	9.61a	14.81a	15.51a
2015—2016 年	CK	0.44e	4.75d	8.18c	12.25c	13.11c
	M1	0.50c	5.45b	9.33b	12.98b	13.82b
	M2	0.48d	5.26c	9.16b	12.88b	14.09b
	M3	0.56a	5.99a	9.89a	14.05a	15.08a
	M4	0.53b	5.76ab	9.76a	13.81a	14.71a

8.93%、27.68%和 20.76%。到抽穗期时，随着大气温度的继续升高，土壤温度已不再是植株生长的限制因子。处理 M1 和 M2 之间与处理 M3 和 M4 之间的地上部干物质质量差异不再显著。随着冬小麦冠层覆盖度逐渐加大并封垄，不同集雨处理的覆盖效应随之减弱。到灌浆期时，处理 M1、M2、M3 和 M4 的地上部干物质质量分别较处理 CK 提高 6.04%、7.82%、14.61%和 12.59%。之后，冬小麦的生长主要表现为营养物质由茎叶向果穗转移和籽粒逐渐充实的过程，地上部干物质质量的增加速率减小。5 个生育期的平均地上部干物质质量表现为，处理 M1、M2、M3 和 M4 分别较处理 CK 提高 7.96%、6.64%、16.67%和 13.92%。

2014—2015 年生长季，冬小麦苗期的降水量较少，各处理的地上部干物质质量低于 2013—2014 年生长季。到拔节期时，冬小麦植株营养生长旺盛，且大气温度逐渐提高，补充灌水并追施氮肥，各处理的地上部干物质质量较苗期大幅度提高。到抽穗期时，处理 M1、M2、M3 和 M4 的地上部干物质质量分别较处理 CK 提高 10.27%、8.57%、18.84%和 16.06%。到灌浆期时，4 种集雨处理的地上部干物质质量分别较平作不覆盖提高 8.23%、9.92%、16.38%和 13.92%。到成熟期时，处理间干物质质量的差异进一步减小。生育期的平均干物质质量表现为，处理 M1、M2、M3 和 M4 分别较处理 CK 提

高 8.79%、7.96%、17.68%和 14.41%。

2015—2016 年生长季，冬小麦苗期的降水量较多，各处理的地上部干物质质量平均较 2013—2014 年和 2014—2015 年生长季提高 7.73%和 12.56%。到拔节期时，处理 M1、M2、M3 和 M4 的干物质质量分别较处理 CK 提高 14.74%、10.74%、26.11%和 21.26%。到抽穗期时，由于期间降水量较少，各处理的干物质质量低于 2013—2014 年和 2014—2015 年生长季的同期干物质质量。到灌浆期时，尽管期间降水量较 2013—2014 年和 2014—2015 年生长季同期高，但此时较高的土壤水分已对冬小麦干物质质量的作用减少。5 个生育期的平均干物质质量表现为，处理 M1、M2、M3 和 M4 分别较处理 CK 提高 8.65%、8.11%、17.89%和 15.08%。

3 个生长季中，生育期的平均干物质质量表现为，处理 M1、M2、M3 和 M4 分别较处理 CK 提高 8.46%、7.56%、17.40%和 14.46%。可见，4 种集雨处理均可提高冬小麦的地上部干物质质量，其中处理 M2 由于在冬小麦生长前期的土壤温度较低，促进效果低于处理 M1，但在生长后期与处理 M1 效应相当。4 种集雨处理中，二元集雨处理尤其是垄覆白膜沟覆秸秆在促进冬小麦地上部干物质质量方面效果较优。

2. 氮肥运筹对冬小麦干物质质量的影响

不同氮肥运筹下冬小麦地上部干物质质量变化如图 6.3 所示。由图 6.3 分析可知，同一取样时期，随施氮水平的提高，冬小麦地上部干物质质量呈先增加后平稳的趋势，说明一定范围内提高施氮水平可有效促进植株生长，而施氮过量会造成氮素供过于求，无法被植株充分吸收。

2013—2014 年生长季，在苗期，尿素和控释氮肥各处理的干物质质量分别为 0.44～0.52t/hm^2 和 0.43～0.51t/hm^2。在拔节期，处理 C120 和 U160 的干物质质量仅相差 0.16t/hm^2。在抽穗期，尿素和控释氮肥各处理的干物质质量分别为 9.49～10.47t/hm^2 和 9.31～10.52t/hm^2，其中处理 C240 低于处理 C180。可见，过剩的土壤氮素会在一定程度上限制植株生长。在灌浆期，尿素和控释氮肥各处理的干物质质量分别为 14.06～15.84t/hm^2 和 13.82～15.94t/hm^2。在成熟期，各处理的干物质质量均达到最高值，尿素和控释氮肥各处理分别为 15.65～17.02t/hm^2 和 15.45～17.15t/hm^2。

与 2013—2014 年相比，2014—2015 年生长季的降水量较少，各处理的干物质质量也较低，尿素各处理为 0.41～16.70t/hm^2，控释氮肥各处理为 0.40～16.65t/hm^2。2 个生长季的平均干物质质量表现为，处理 C120 和 U160 相差 0.08t/hm^2，处理 C180 和 U240 相差 0.02t/hm^2。可见，与尿素相比，控释氮肥在获得差异较小的冬小麦干物质质量时所需要的施用量较少。

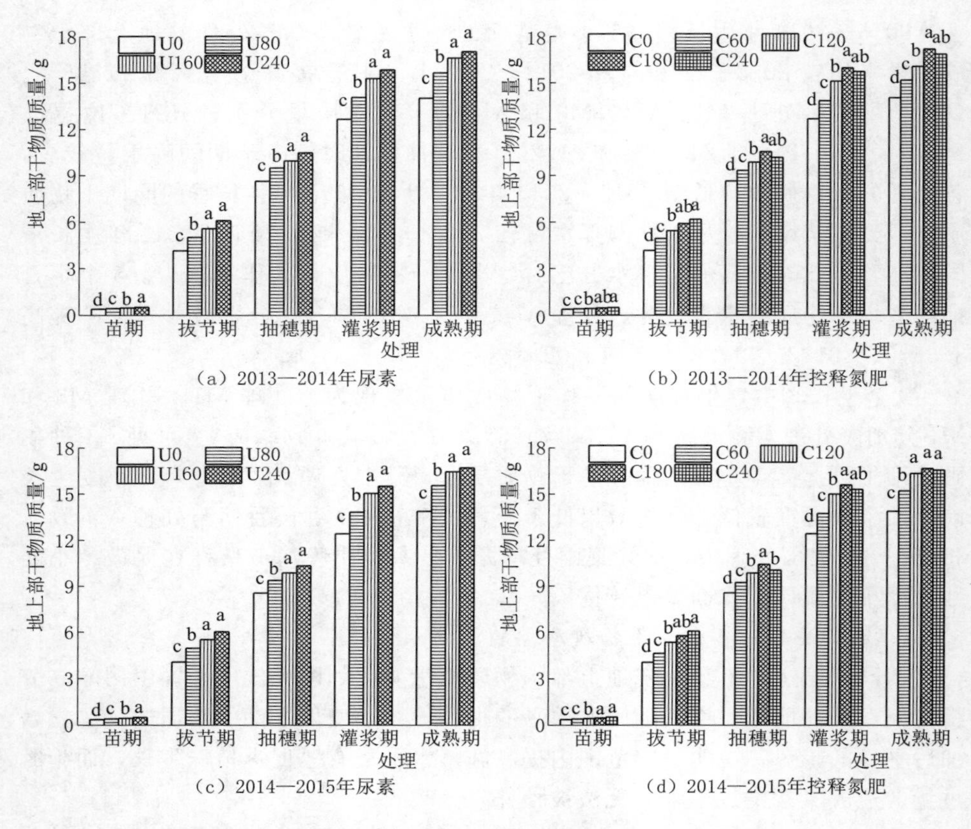

（a）2013—2014年尿素

（b）2013—2014年控释氮肥

（c）2014—2015年尿素

（d）2014—2015年控释氮肥

图6.3 不同氮肥运筹下冬小麦地上部干物质质量变化

3. 氮肥运筹对冬小麦成熟期各器官干重占比的影响

不同氮肥运筹下冬小麦成熟期各器官干重占地上部干物质总量的比例如图6.4所示。由图6.4分析可知，施用尿素条件下，各处理的叶干重占比为9.52%～12.27%、茎干重占比为30.42%～35.15%、果干重占比为53.11%～60.05%。施用控释氮肥条件下，各处理的叶干重占比为9.52%～13.53%、茎干重占比为30.42%～34.84%、果干重占比为52.72%～60.05%。2种氮肥条件下，各施氮处理的叶干重和茎干重占比均较不施氮处理有所提高，而果干重占比较不施氮处理有所降低。与不施氮处理相比，处理U240、C180和C240的叶干重占比分别平均提高23.32%、42.08%和30.71%；茎干重占比分别平均提高15.52%、7.31%和14.50%；果干重占比分别平均降低11.56%、10.38%和12.22%。可见，过多的氮肥用量会促进植株营养器官的过度生长，不利于营养物质向籽粒的运转。

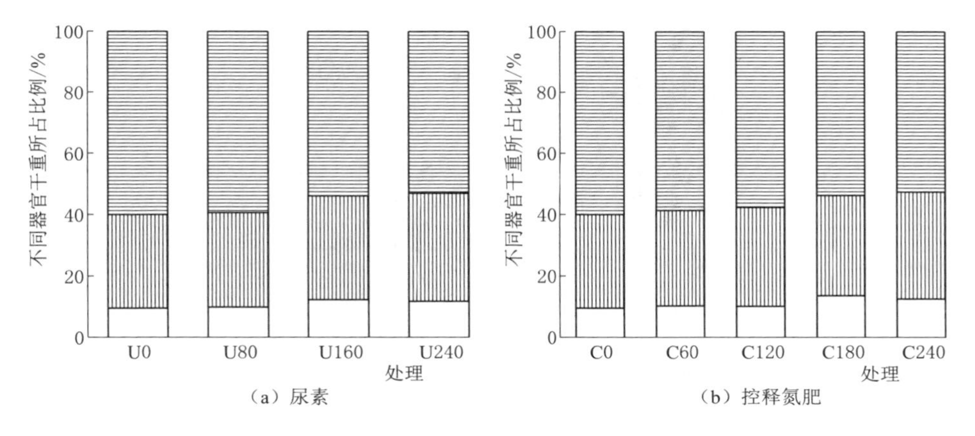

图 6.4 不同氮肥运筹下冬小麦成熟期各器官干重占地上部干物质总量的比例

果穗 茎秆 叶片

6.1.2 集雨模式与氮肥运筹对冬小麦根系生长的影响

6.1.2.1 根系特征参数

1. 集雨模式对冬小麦根系生长的影响

土壤中水分、养分的含量与分布对根系的生长至关重要。灌浆期是冬小麦生殖生长的关键时期，现以灌浆期为例分析不同集雨模式对冬小麦根系生长的影响。不同集雨模式下冬小麦灌浆期 0～60cm 土层的总根干质量（图 6.5）和总根长（图 6.6）的结果表明，在 3 个生长季中，4 种集雨处理的冬小麦总根干质量和总根长均显著（$P<0.05$）高于平作不覆盖，且全程微型聚水处理优于单一集雨处理。说明二元集雨条件下较好的土壤水、热、肥环境有利于冬小麦根系的生长。3 个生长季中，处理 M3 的总根干质量分别平均较处理 CK、M1 和 M2 提高 42.48%、25.44%和 22.98%，总根长分别平均较处理 CK、M1 和 M2 提高 19.82%、10.73%和 8.22%。处理 M4 的总根干质量分别平均较处理 CK、M1 和 M2 提高 33.01%、17.11%和 14.80%，总根长分别平均较处理 CK、M1 和 M2 提高 17.13%、8.25%和 5.79%。可见，与平作不覆盖相比，4 种集雨处理均可较好地协调植株生长和土壤水分、养分间的关系，形成健壮的根系，且在提高总根干质量方面优于总根长。4 种集雨处理中，垄覆白膜沟覆秸秆（处理 M3）的总根干质量和总根长均最优。

2. 氮肥运筹对冬小麦根系生长的影响

不同氮肥运筹下冬小麦灌浆期 0～60cm 土层的总根干质量和总根长如图

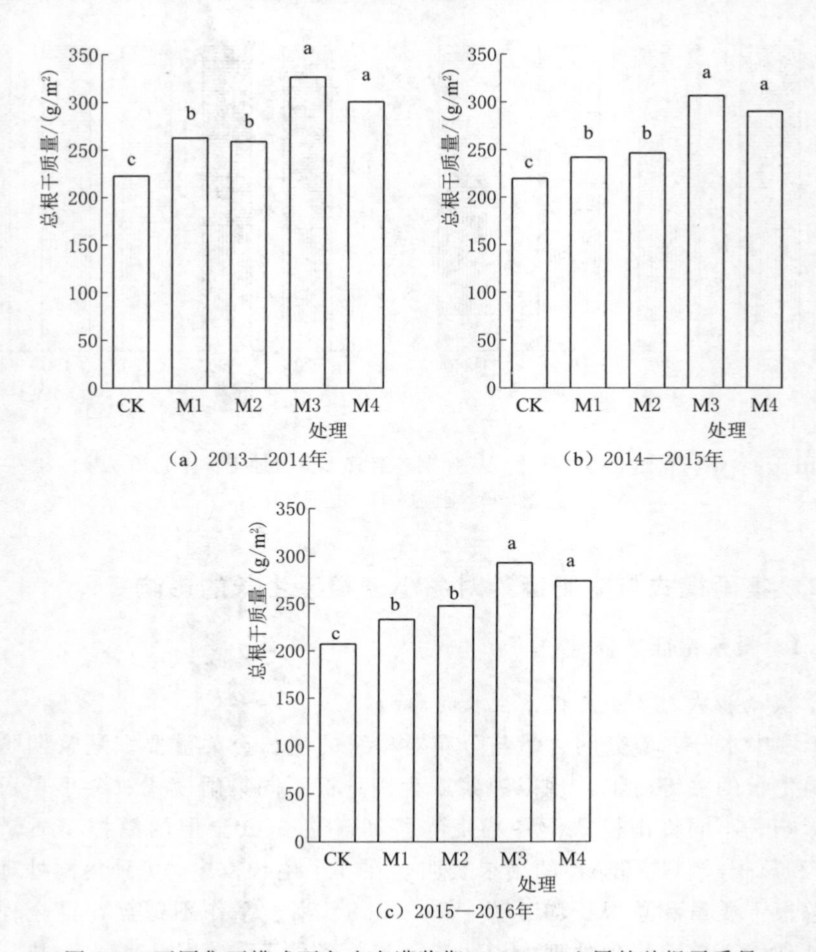

图 6.5　不同集雨模式下冬小麦灌浆期 0～60cm 土层的总根干质量

6.7 和图 6.8 所示。由图 6.7 和图 6.8 分析可知，2 个生长季中，施用尿素和控释氮肥的冬小麦总根干质量和总根长均表现为，随施氮水平的提高呈增加的趋势，但增加速率趋于减小。施用尿素时，处理 U80、U160 和 U240 的总根干质量分别平均较不施氮处理提高 33.08%、53.91%和 58.83%，总根长分别平均较不施氮处理提高 26.64%、38.17%和 42.36%。施用控释氮肥时，处理 C60、C120、C180 和 C240 的总根干质量分别平均较不施氮处理提高 25.78%、47.33%、62.68%和 61.02%，总根长分别平均较不施氮处理提高 22.03%、34.33%、43.64%和 41.67%。施用 2 种氮肥下，处理 U160 与 C120 之间和处理 U240 与 C180 之间的总根干质量和总根长均无显著性差异。可见，与尿素相比，施用较少的控释氮肥仍可获得较高的冬小麦根系参数。

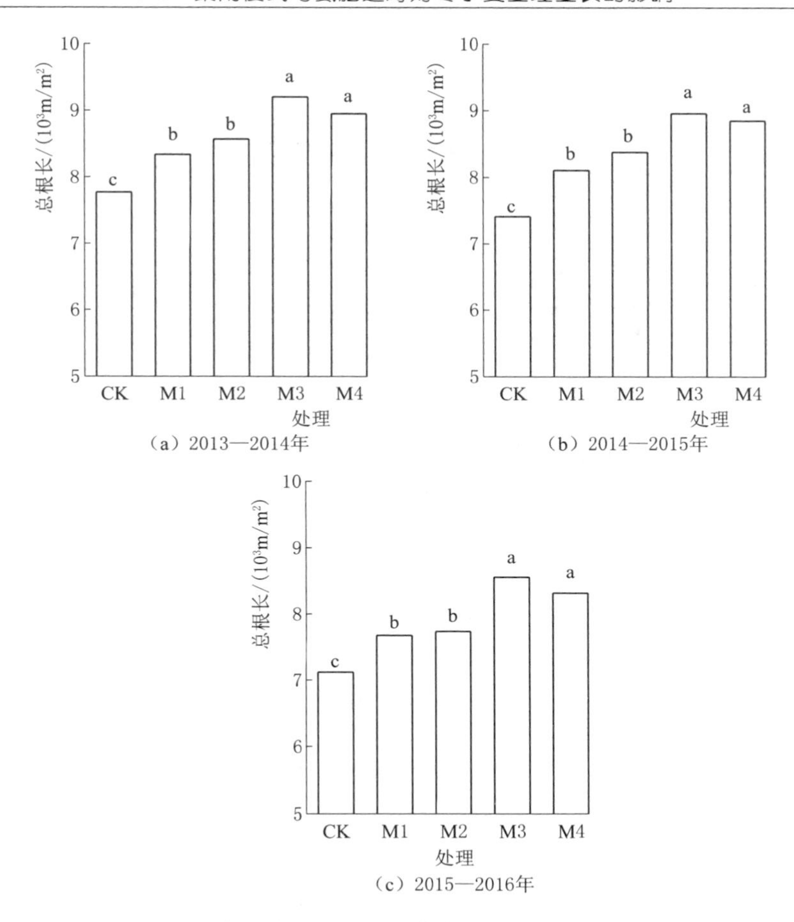

图 6.6 不同集雨模式下冬小麦灌浆期 0～60cm 土层的总根长

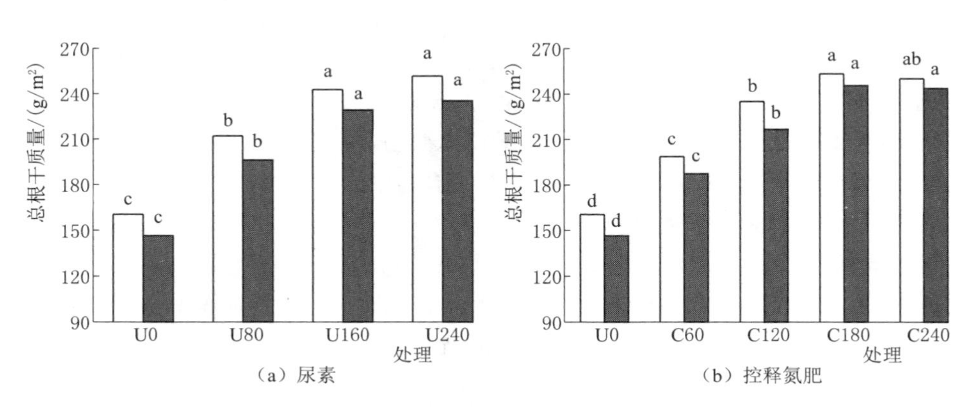

图 6.7 不同氮肥运筹下冬小麦灌浆期 0～60cm 土层的总根干质量

2013—2014年 2014—2015年

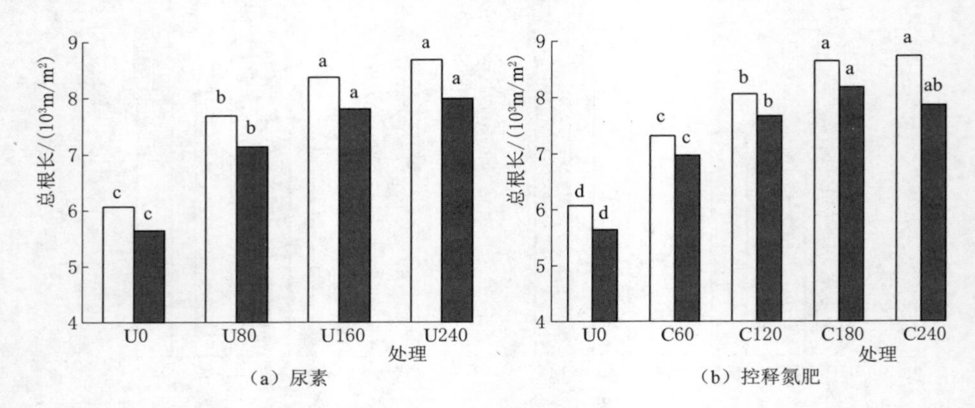

图 6.8　不同氮肥运筹下冬小麦灌浆期 0～60cm 土层的总根长

6.1.2.2　根系垂直分布

1. 集雨模式对冬小麦根长垂直分布的影响

图 6.9 为不同集雨模式下冬小麦灌浆期各土层根长占 0～60cm 土层总根长的比例。由图 6.9 分析可知，3 个生长季中，处理 CK、M1、M2、M3 和 M4 的 0～30cm 土层根长占比分别为 55.81%～63.79%、63.34%～69.33%、62.45%～67.50%、69.67%～75.70%和 67.60%～74.59%。各处理 30～45cm 土层根长占比较 0～15cm 和 15～30cm 土层有所减少。各处理 45～60cm 土层的根长占比最小，处理间的差异也最小。0～30cm 土层的根长占比表现为，处理 CK 最小，而 4 种集雨处理较大，其中处理 M3 和 M4 高于处理 M1 和 M2；而 30～60cm 土层的根长占比正好相反。说明当土壤水分含量较高时，根系的趋水性促使根系垂直分布变浅，即集雨处理下冬小麦根长分布呈浅根化趋势。与 2013—2014 年相比，2014—2015 年和 2015—2016 年生长季的 0～30cm 土层根长占比较低，而 30～60cm 土层根长占比较高。这主要与 3 个生长季的降水量（2013—2014 年生长季的降水量分别较 2014—2015 年和 2015—2016 年生长季提高 33.8mm 和 69.8mm）有关。

2. 氮肥运筹对冬小麦根长垂直分布的影响

不同氮肥运筹下冬小麦灌浆期各土层根长占 0～60cm 土层总根长的比例如图 6.10 所示。由图 6.10 分析可知，2 个生长季中，施用尿素和控释氮肥各处理的不同土层根长占总根长比例的变化趋势基本相同，均表现为随着土层深度的增加，土层根长比例逐渐减小，且随着施氮量的增加，浅层根长比例提高，而深层根长比例降低，表现为高氮营养浅根化趋势。

2 个生长季中，各处理 0～15cm 和 15～30cm 土层根长占 0～60cm 土层总

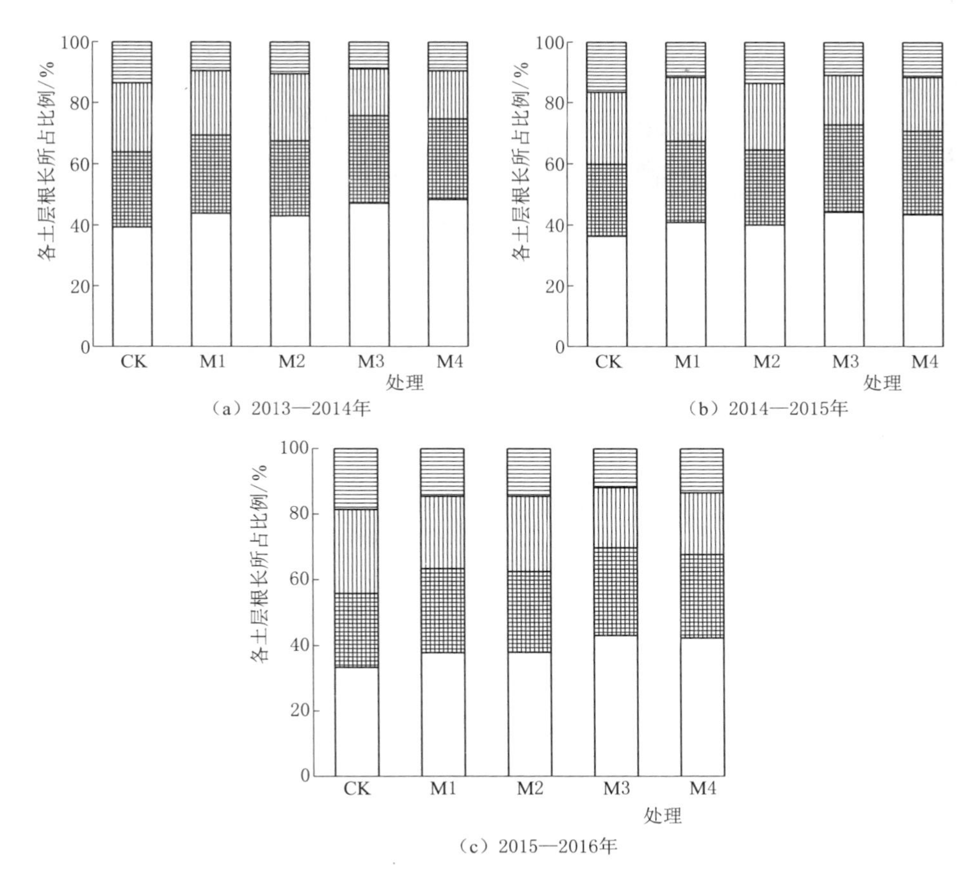

图 6.9　不同集雨模式下冬小麦灌浆期各土层根长占 0～60cm 土层总根长的比例

根长的比例分别为 30.99%～43.86%和 20.46%～26.51%，其中不施氮处理所占比例最小，处理 U160、U240 和 C180、C240 所占比例较大。各处理 30～45cm 土层根长占 0～60cm 土层总根长的比例较 0～15cm 和 15～30cm 土层有所减小。各处理 45～60cm 土层根长占 0～60cm 土层总根长的比例最小，其中不施氮处理所占比例较高，而处理 U160、U240 和 C180、C240 所占比例较小。可见，冬小麦约 70%的根长集中分布于 0～30cm 土层，当土壤氮素含量较高时，不利于根系向土层深处延伸。

6.1.3　集雨模式对冬小麦生育进程的影响

作物在品种、播期等相同的条件下，土壤水热环境是影响其生育期长度和生育进程的主要因素。不同集雨模式会影响土壤的水热状况，进而影响冬小麦

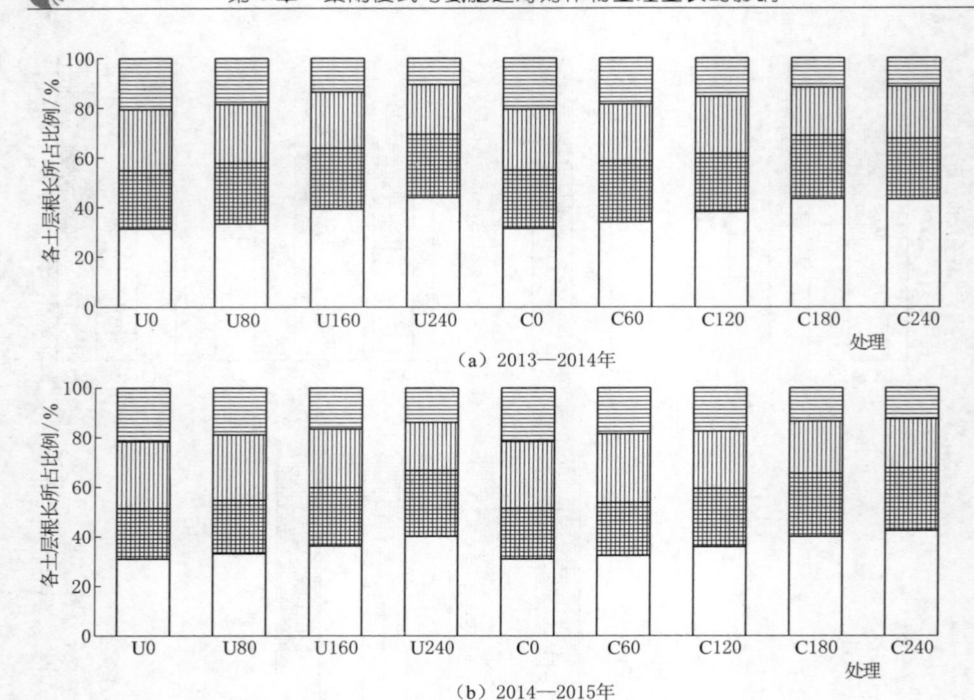

图 6.10 不同氮肥运筹下冬小麦灌浆期各土层根长占 0～60cm 土层总根长的比例

种子萌发、根系伸长和生育持续时间。不同集雨处理的冬小麦生育进程见表 6.2。由表 6.2 分析可知，不同集雨模式下，冬小麦主要生育期的持续时间存在一定差异。

2013—2014 年生长季，4 种集雨处理平均较平作不覆盖提早 2.5d。到拔节期时，4 种集雨处理较处理 CK 累积提前 3～8d。到抽穗期时，4 种集雨处理较处理 CK 累积提前 2～8d。到灌浆期时，4 种集雨处理较处理 CK 累积提前 1～6d。4 种集雨处理从灌浆期到成熟期的持续时间分别为 21d、23d、29d 和 28d，其中除处理 M1 之外，其余处理的持续时间均大于 CK 处理。各处理整个冬小麦的生育周期为 223～229d，其中处理 M3 和 M4 显著高于其他处理。

2014—2015 年生长季，从苗期到灌浆期，各集雨处理的冬小麦生育进程较平作不覆盖明显加快，其中出苗期提前 2～3d，到拔节期累积提前 3～9d，到抽穗期累积提前 2～7d，到灌浆期累积提前 1～4d。各处理整个冬小麦的生育周期为 223～231d，其中处理 M3 和 M4 显著高于处理 M2 和 CK，处理 M2 和 CK 显著高于处理 M1。

2015—2016 年生长季，10 月中下旬的大气温度较 2013—2014 年和 2014—2015

表 6.2　不同集雨处理的冬小麦生育进程　单位：d

生长季	处理	出苗期	拔节期	抽穗期	灌浆期	成熟期
2013—2014 年	CK	14	157	178	203	225b
	M1	12	152	174	202	223c
	M2	12	154	176	203	226b
	M3	11	149	170	200	229a
	M4	11	150	171	201	229a
2014—2015 年	CK	13	155	175	203	226b
	M1	10	150	171	201	223c
	M2	11	152	173	202	226b
	M3	10	146	168	199	231a
	M4	10	148	169	199	230a
2015—2016 年	CK	12	153	173	202	223b
	M1	9	150	169	200	220c
	M2	10	151	171	201	224b
	M3	9	147	166	197	227a
	M4	9	148	166	197	226a

年生长季略高，因此各处理的出苗时间略短。与处理 CK 相比，4 种集雨处理在出苗期提前 2～3d，到拔节期累积提前 2～6d，到抽穗期累积提前 2～7d，到灌浆期累积提前 1～5d。整个冬小麦生育周期由大到小表现为 M3、M4、M2、CK、M1，处理间生育周期的极差为 7d。

可见，二元集雨条件下，较好的土壤水分和温度环境有利于冬小麦前中期的快速生长，并在冬小麦后期维持较长的生殖生长时间，这有助于籽粒灌浆和实现高产。

6.1.4 集雨模式与氮肥运筹对冬小麦光合速率的影响

6.1.4.1 集雨模式对冬小麦光合速率的影响

不同集雨模式下冬小麦抽穗期的光合速率如图 6.11 所示。由图 6.11 分析可知，3 个生长季中，4 种集雨处理的光合速率均显著高于平作不覆盖，其中二元覆盖显著高于一元覆盖。在 2013—2014 年生长季，处理 M1、M2、M3 和 M4 的光合速率分别较处理 CK 提高 9.67%、10.54% 和 21.25% 和 17.06%。在 2014—2015 年生长季，处理 M1、M2、M3 和 M4 的光合速率分别较处理 CK 提高 11.12%、10.54%和 25.05 和 22.11%。在 2015—2016 年生长季，处理 M1、M2、M3 和 M4 的光合速率分别较处理 CK 提高 8.50%、

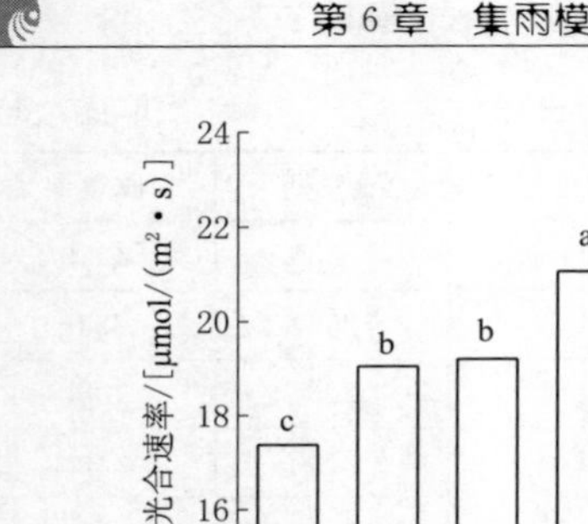

(a) 2013—2014年

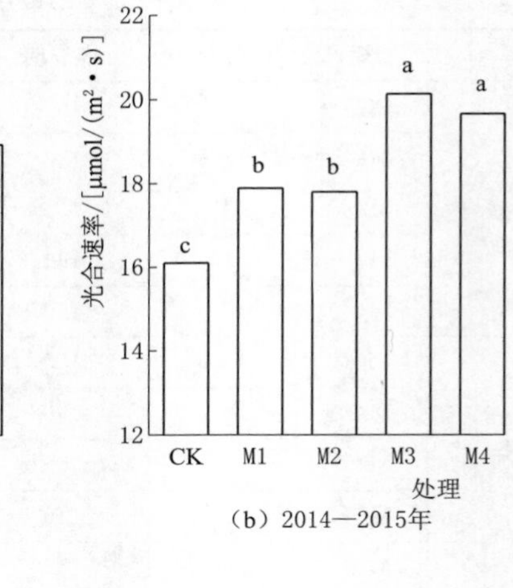

(b) 2014—2015年

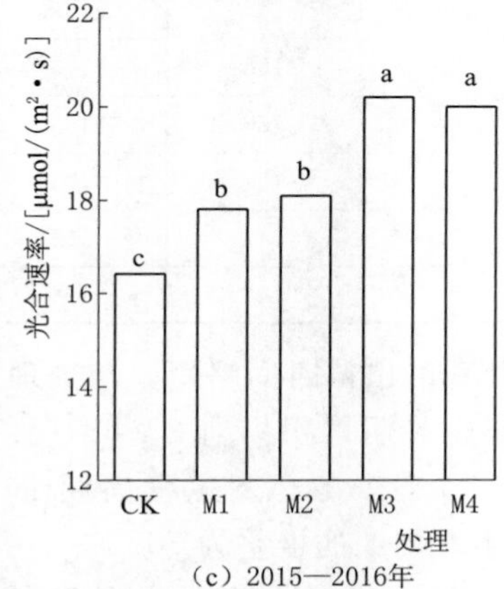

(c) 2015—2016年

图 6.11　不同集雨模式下冬小麦抽穗期的光合速率

10.23%、23.02 和 21.75%。综合 3 个生长季得出，4 种集雨处理的光合速率由大到小表现为 M3、M4、M2、M1。可见，垄覆白膜沟覆秸秆在提高冬小麦光合速率方面优于其他 3 种集雨处理。

6.1.4.2　氮肥运筹对冬小麦光合速率的影响

不同氮肥运筹下冬小麦抽穗期的光合速率如图 6.12 所示。由图 6.12 分析可知，2 个生长季中，尿素和控释氮肥各处理的光合速率均表现为，随着施氮水平的提高呈先快速增加后平稳增加的趋势。在 2014—2015 年生长季，施用控释氮肥时，出现了过量施氮（处理 C240）降低净光合速率的现象。

2013—2014 年生长季，尿素和控释氮肥各处理的光合速率分别为 14.31～21.43μmol/(m^2·s) 和 14.31～23.44μmol/(m^2·s)。与 2013—2014 年相比，

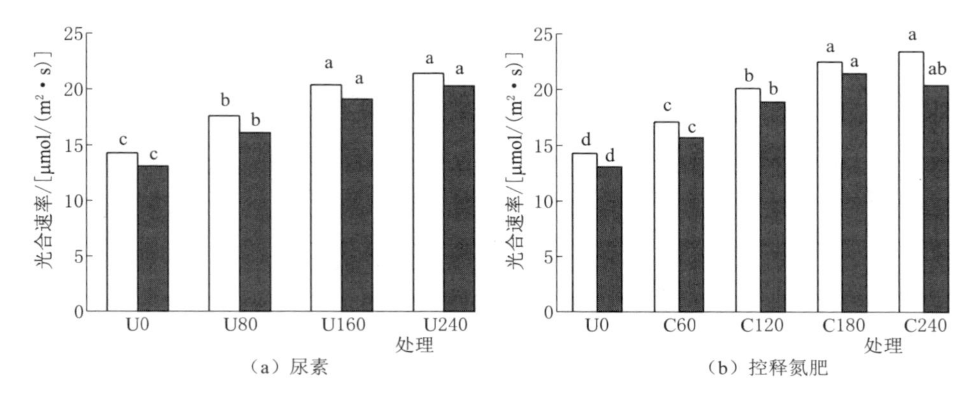

图 6.12 不同氮肥运筹下冬小麦抽穗期的光合速率

□ 2013—2014年 ■ 2014—2015年

2014—2015 年生长季各处理的光合速率均较低。这可能与 2 个生长季的降水量和降水分布有关，2013—2014 年生长季的降水量较多，且降水分布与冬小麦需水关键期较为吻合，无长时间持续干旱的情况发生。尿素和控释氮肥各处理的光合速率分别为 13.11～20.30μmol/(m² · s) 和 13.11～21.45μmol/(m² · s)。2 个生长季中，处理 U160 和 C120 的光合速率无显著差异，处理 C180 和 C240 的光合速率分别平均较处理 U240 提高 5.32%和 5.03%。可见，与尿素相比，施用较少的控释氮肥仍可获得较高的冬小麦叶片光合速率。

6.1.5 氮肥运筹对冬小麦叶绿素含量的影响

施氮会显著影响植株叶片的叶绿素含量，且一般情况下，叶片叶绿素含量随施氮量的增加而增加。不同氮肥运筹下冬小麦的叶绿素总量如图 6.13 所示。由图 6.13 分析可知，2 个生长季中，各处理的叶绿素总量均呈先增加后减少的趋势。这主要与尿素各处理在拔节期追肥和控释氮肥的氮素释放特性有关。在同一取样时期，施用 2 种氮肥各处理的叶绿素总量均表现为随着施氮量的增加而增加，但增加速率逐渐趋于平缓。

在拔节期，施用尿素和控释氮肥各处理的叶绿素总量分别为 7.29～9.71mg/g 和 7.04～9.84mg/g。在抽穗期，处理 U160 和 U240 的叶绿素总量分别平均较处理 U80 提高 15.88%和 20.49%，处理 C120、C180 和 C240 的叶绿素总量分别平均较处理 C60 提高 14.32%、19.16%和 21.49%。2 个生长季中，处理 U160 与 C120 和处理 U240 与 C180 的叶绿素总量分别平均相差 0.42mg/g 和 0.37mg/g。可见，在获得差异较小的冬小麦叶绿素总量时，所需的控释氮肥用量低于尿素。

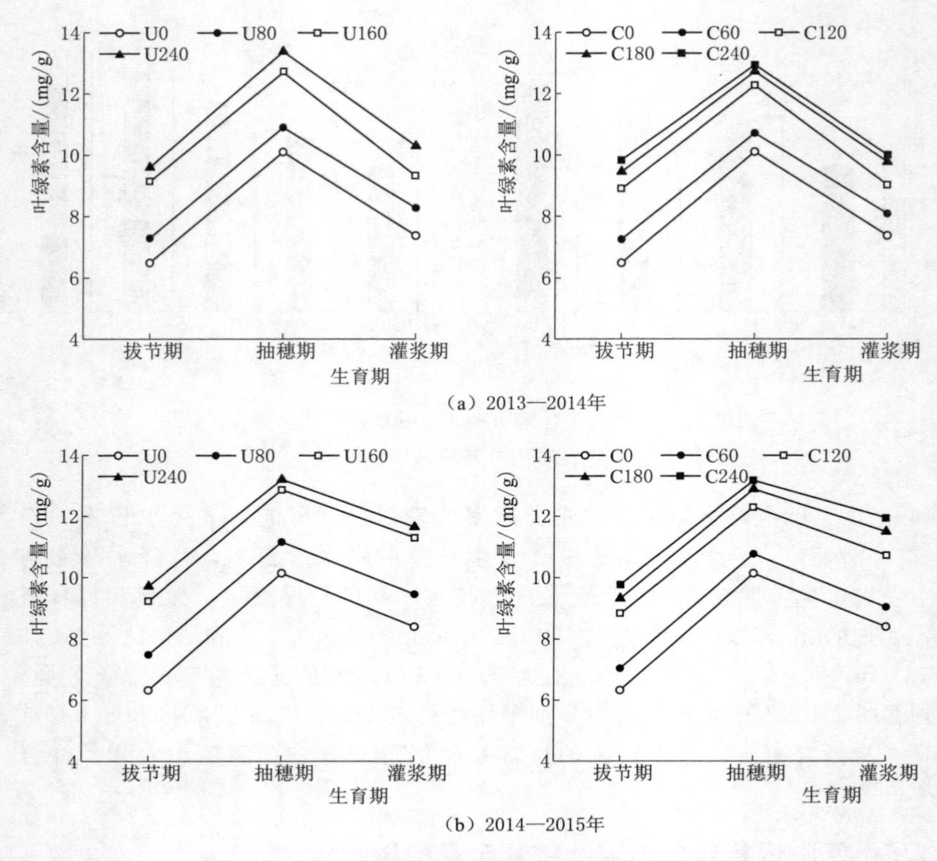

图 6.13　不同氮肥运筹下冬小麦的叶绿素总量

6.2　集雨模式与氮肥运筹对夏玉米生理生长的影响

6.2.1　集雨模式与氮肥运筹对夏玉米地上部分生长的影响

6.2.1.1　株高

1. 集雨模式对夏玉米株高的影响

不同集雨模式下夏玉米株高随播种后天数的变化如图 6.14 所示。由图 6.14 分析可知，3 个生长季中，随播种后天数的推进，各处理的株高逐渐增加，并于播种后 80d 左右达到最大值。同一取样时期，处理间的株高表现为集雨处理显著高于处理 CK。

2014 年生长季，播种后 20d 时，4 种集雨处理的平均株高较平作不覆盖提高 29.80%。播种后 40d 时，处理 M3 的株高分别较处理 CK、M1 和 M2 提高

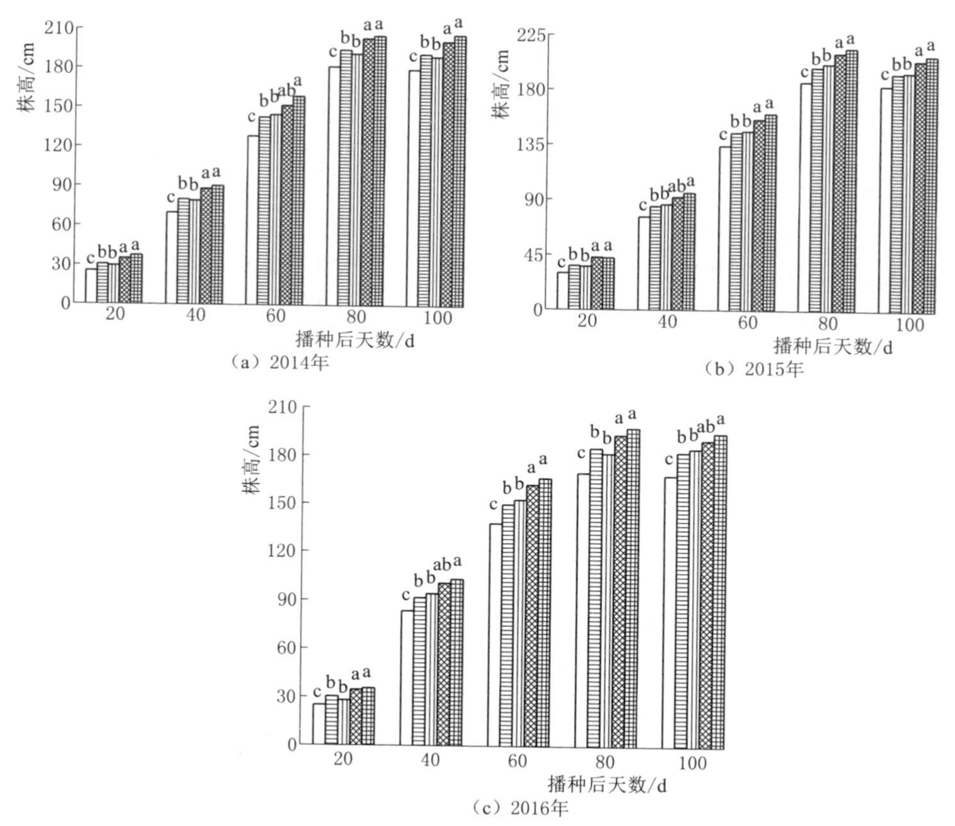

图 6.14　不同集雨模式下夏玉米株高随播种后天数的变化

25.96%、10.21%和 11.37%；处理 M4 的株高分别较处理 CK、M1 和 M2 提高 29.04%、12.91%和 14.10%。播种后 60d 时，处理间株高的差异较播种后 20d 和 40d 明显增大，4 种集雨处理平均较平作不覆盖提高 16.54%。播种后 80d 和 100d 时，处理间株高的差异逐渐减小。5 次取样的平均株高表现为，处理 M3 分别较处理 CK、M1 和 M2 提高 16.24%、6.35%和 7.16%；处理 M4 分别较处理 CK、M1 和 M2 提高 20.09%、9.88%和 10.71%。

2015 年生长季，播种后 20d 时，各处理的株高较 2014 年生长季平均增加 5.8cm。这主要是由于 2015 年生长季播种后 0～20d 期间的降水量较多，植株生长迅速。播种后 40d 时，4 种集雨处理的株高平均较处理 CK 提高 17.76%。播种后 60d 时，处理 M1、M2、M3 和 M4 的株高分别较处理 CK 提高 8.07%、9.07%、16.27%和 19.75%。播种后 80d，处理间株高的差异达到最大。播种后 100d 时，各处理的株高为 184.0～208.8cm。5 次取样的平均株高表现为，处理 M3 分别较处理 CK、M1 和 M2 提高 15.68%、7.37% 和 6.34%；处理 M4 分别较处理 CK、M1 和 M2 提高 18.24%、9.74% 和 8.70%。

2016 年生长季，播种后 20d 时，4 种集雨处理的株高平均较处理 CK 提高 28.33%。播种后 40d 时，处理间的平均株高分别较 2014 年和 2015 年生长季提高 7.7cm 和 13.0cm。这主要是由于该生长季在播种后 20～40d 期间的降水量高达 67.7mm，而 2014 年和 2015 年生长季的同期降水量较少。播种后 60d 时，各处理的株高仍高于 2014 年和 2015 年生长季的同期株高。播种后 80d 和 100d 时，各处理的株高分别平均较 2014 年和 2015 年生长季的同期株高降低 5.34%、4.98%和 8.23%、6.52%。这可能与抽雄期的 2 次倒伏有关，尽管倒伏仅与地面成 45°角左右，但仍对植株生长产生一定的影响。此外，该生长季在播种后 60～80d 期间的降水量仅为 11.5mm，尽管补充了灌水，但仍可能对植株生长造成了一定的胁迫。

通过不同集雨处理下夏玉米株高的对比分析发现，4 种集雨处理均可不同程度地促进夏玉米株高的生长，其中垄覆黑膜沟覆秸秆（处理 M4）在提高夏玉米株高方面优于其他集雨处理。

2. 氮肥运筹对夏玉米株高的影响

不同氮肥运筹下夏玉米株高随播种后天数的变化如图 6.15 所示。由图 6.15 分析可知，2 个生长季，随播种后天数的推进，各处理的株高逐渐增加，并于播种后 80d 左右达到最大值。同一取样时期，处理间的株高表现为施氮处理显著高于不施氮处理，且随着施氮量的增加，呈先增加后平稳的趋势。

2013 年生长季，播种后 20d 时，处理 U240 的株高较处理 C240 提高 10.01%。播种后 40d 时，处理 C180 和 C240 的株高均高于处理 U240，但差异不显著。可见，随着控释氮肥氮素的逐渐释放，土壤氮素含量完全可以满足夏玉米植株的氮素需求。播种后 60d 时，尿素和控释氮肥各处理的株高分别为 136.1～150.2cm 和 132.2～153.1cm。播种后 80d 时，处理 C60 与 U80 之间和处理 C120 与 U160 之间的株高均无显著差异，而处理 C180 和 C240 的株高分别较处理 U240 提高 4.09%和 2.73%。5 次取样的平均株高表现为，处理 U160 略低于处理 U240，处理 C120 略低于处理 C180 和 C240，而处理 U80 和 C60 之间和处理 U160 和 C120 之间均无显著差异。

2014 年生长季，各处理 5 次取样的株高均较 2014 年生长季有所降低。这主要是由于尽管 2014 年生长季的总降水量多于 2013 年生长季，但其主要分布于夏玉米生长后期，而此时充足的土壤水分已对玉米生长无效应或效应较小，反而会加速土壤养分的淋溶，2013 年生长季的降水分布则较为均匀，且与玉米生长需求基本协调。播种后 20d 时，控释氮肥各处理的株高略低于尿素处

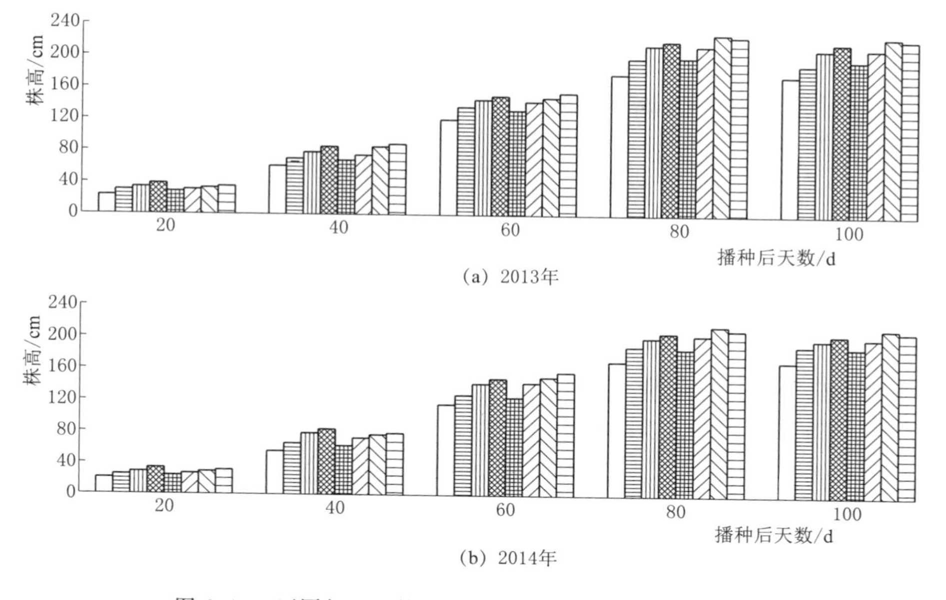

(a) 2013年

(b) 2014年

图 6.15 不同氮肥运筹下夏玉米株高随播种后天数的变化

CK U80 U160 U240 C60 C120 C180 C240

理。播种后 60d 时，处理 C240 的株高较处理 U240 提高 5.41%。播种后 80d 时，处理 C180 和 C240 的株高分别较处理 U240 提高 4.37%和 1.94%。

可见，与尿素相比，施用控释氮肥在夏玉米生长前期会出现株高较低的现象，但随着其氮素的逐渐释放，在夏玉米生长中后期株高会得以补偿甚至超越尿素处理。此外，在获得统计意义上无差异的夏玉米株高时，控释氮肥所需的施用量低于尿素。

6.2.1.2 干物质质量

作物生长发育过程中干物质质量的积累是形成产量的物质基础，不同器官间干物质的分配，尤其是生殖器官中的分配会直接影响经济产量的高低。

1. 集雨模式对夏玉米干物质质量的影响

不同集雨模式下夏玉米播种后地上部干物质质量（3 个生长季平均值）变化如图 6.16 所示。由图 6.16 分析可知，随着播种后天数的推进，各处理的干物质质量均逐渐增加，且不同器官间的比例随之变化。在同一测定时期，处理间的干物质质量由大到小表现为二元集雨处理、一元集雨处理、平作不覆盖，且差异达到显著水平。

在播种后 40d，各处理的干物质累积主要为叶片和茎秆，4 种集雨处理分别平均较处理 CK 提高 38.85%和 43.06%。在播种后 60d，各处理的干物质质

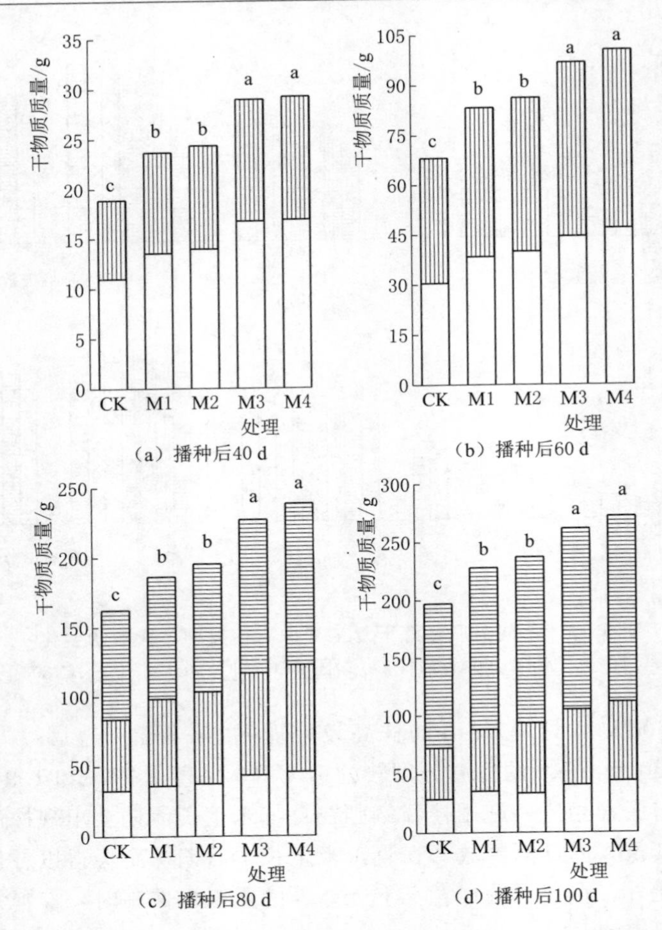

图 6.16　不同集雨模式下夏玉米播种后地上部干物质质量（3 个生长季平均值）的变化

量仍主要为叶片和茎秆，但茎干重整体高于叶干重。在播种后 80d，各处理的叶干重与播种后 60d 差异较小，而茎干重较播种后 40d 有所增加。4 种集雨处理的叶干重、茎干重和果干重分别较处理 CK 提高 24.54%、36.80% 和 28.99%。在播种后 100d，各处理的干物质总量较播种后 80d 进一步提高，其中叶干重和茎干重较播种后 80d 有所减少，而果干重较播种后 80d 大幅度增加，表现为营养物质由茎叶向果穗转移。各处理中，叶、茎和果的重量分别占干物质总量的 14.13%～16.17%、22.32%～25.23% 和 59.06%～63.20%。果干重表现为处理 M3 分别较处理 CK、M1 和 M2 提高 25.76%、12.01% 和 8.98%，处理 M4 分别较处理 CK、M1 和 M2 提高 28.99%、14.88% 和 11.78%。可见，4 种集雨处理均可有效地提高夏玉米干物质累积和果穗的生

长，其中二元集雨处理尤其是垄覆黑膜沟覆秸秆的效果最佳。

2. 氮肥运筹对夏玉米干物质质量的影响

不同氮肥运筹下夏玉米地上部干物质质量（2个生长季平均值）变化如图6.17所示。由图6.17分析可知，不同氮肥类型、施氮水平和取样时期，夏玉米地上部干物质质量的变化范围为7.83～257.76g，其中叶干重为4.58～32.31g、茎干重为3.25～70.88g、果干重为47.32～170.80g。同一取样时期，随着施氮水平的增加，夏玉米地上部干物质质量呈先增加后平稳的趋势。

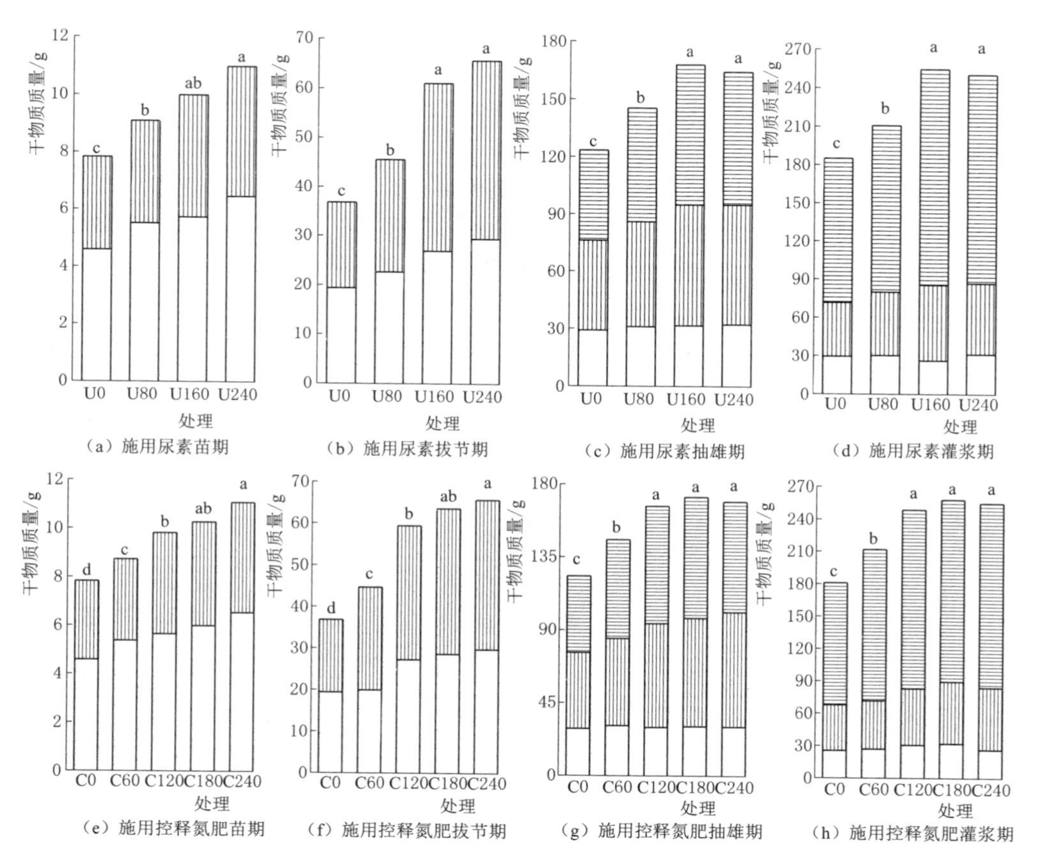

图6.17 不同氮肥运筹下夏玉米地上部干物质质量（2个生长季平均值）的变化

在苗期，尿素各处理的干物质质量为7.83～10.98g，其中叶干重为4.58～6.46g、茎干重为3.25～4.52g。控释氮肥各处理的干物质质量为7.83～11.07g，其中叶干重为4.58～6.54g、茎干重为3.25～4.52g。在拔节

期，与叶干重相比，各处理的茎干重所占比例有所提高。尿素和控释氮肥各处理的干物质质量分别为36.81～65.61g和36.81～65.70g。在抽穗期，各处理的干物质质量为123.30～172.12g，其中叶干重占17.72%～23.59%、茎干重占36.90%～41.83%、果干重占38.38～43.51g。处理间的总干物质质量表现为，U160与C120之间差异不显著，C180和C240分别较U240提高4.82%和3.18%。在灌浆期，各处理的叶干重和茎干重较抽雄期有所减少，而果干重较抽雄期大幅度提高。该阶段各处理的叶干重占比为10.28%～15.89%、茎干重占比为21.05%～23.65%、果干重占比为61.29%～67.08%。干物质总量表现为，处理C120与U160之间和处理C180、C240和U240之间无显著差异。果干重则表现为，处理C180和C240分别较处理U240提高3.05%和4.46%。可见，与尿素相比，控释氮肥达到统计意义上最高干物质质量时所需的最小施氮量较低，前者为160kg/hm^2，后者为120kg/hm^2。

3. 氮肥运筹对夏玉米成熟期各器官干重占比的影响

不同氮肥运筹下夏玉米成熟期各器官干重占地上部干物质总量的比例如图6.18所示。由图6.18分析可知，施用尿素条件下，各处理的叶干重、茎干重和果干重占比分别为9.91%～11.64%、20.04%～23.57%和60.80%～70.05%。施用控释氮肥条件下，各处理的叶干重、茎干重和果干重占比分别为9.05%～12.79%、18.09%～22.47%和64.73%～72.86%。2种氮肥条件下，与不施氮处理相比，各施氮处理的叶干重和茎干重占比有所提高，而果干重占比有所降低，其中处理U240、C180和C240的果干重占比分别平均较不施氮处理降低7.50%、5.05%和7.59%。说明较高的施氮量容易造成植株营养器官生长过盛，而籽粒充实过程减缓。

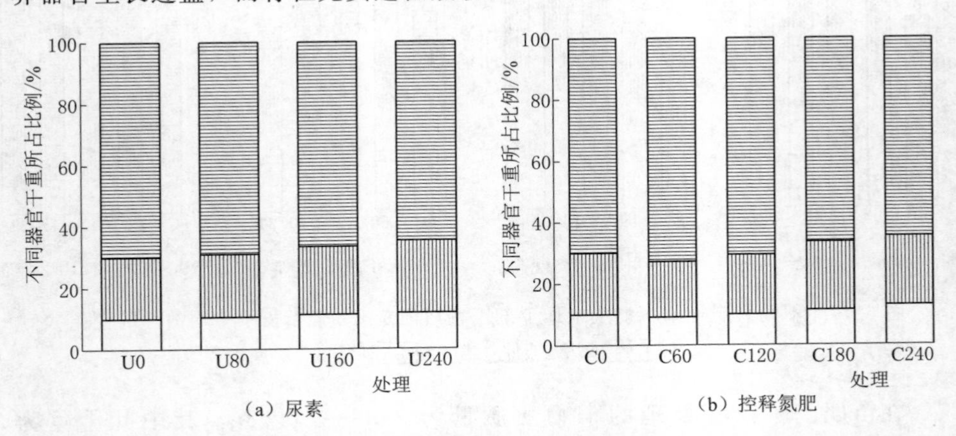

图6.18 不同氮肥运筹下夏玉米成熟期各器官干重占地上部干物质总量的比例

6.2.2 集雨模式与氮肥运筹对夏玉米根系生长的影响

6.2.2.1 根系特征参数

1. 集雨模式对夏玉米根系特征参数的影响

根系作为植物吸收和代谢的主要器官，具有“向水趋肥”性。土壤中水肥数量及其分布与根系生长密切相关。灌浆期是夏玉米产量形成的关键时期，现以灌浆期为例分析不同集雨模式对夏玉米根系生长的影响。

不同集雨模式下夏玉米灌浆期（0～100cm 土层）的根系特征参数见表6.3，在3个生长季中，4种集雨处理的夏玉米根系特征参数均显著（$P<0.05$）高于对照，且全程微型聚水处理优于单一集雨处理。说明二元集雨较单一集雨可更好地促进夏玉米根系生长。与处理CK相比，4种集雨处理的3年平均根体积、总根长、根表面积和总根干质量分别提高52.31%、61.01%、59.09%和48.14%。与处理M1、M2和M3相比，处理M4的3年平均根体积分别增加31.25%、40.48%和12.20%；平均总根长分别增加47.98%、53.26%和8.07%；平均根表面积分别增加49.20%、39.64%和9.65%；平均总根干质量分别增加36.47%、40.48%和9.99%。可见，4种集雨处理较平作不覆盖均可更好地协调植株生长和土壤水分、养分间的关系，形成健壮的根系，从而为获得高产提供物质基础，其中垄覆黑膜沟覆秸秆的效果最好。

表6.3 不同集雨模式下夏玉米灌浆期（0～100cm 土层）的根系特征参数

生长季	处理	根体积/cm^3	总根长/cm	根表面积/cm^2	总根干质量/g
2014年	CK	34.91±3.12d	4034.39±123.76c	920.92±32.14e	6.07±0.30e
	M1	48.30±6.45c	7097.06±190.56b	1305.91±50.34d	7.60±0.51d
	M2	43.15±5.98c	6636.81±186.06b	1490.11±65.34c	8.01±0.39c
	M3	58.80±9.04b	9657.05±234.78a	1850.56±60.98b	9.45±0.81b
	M4	65.61±8.12a	10227.43±312.16a	1948.71±67.12a	10.23±0.85a
2015年	CK	41.44±4.11d	5899.54±232.44d	1091.12±36.24d	6.89±0.75c
	M1	57.34±5.54b	7172.11±400.66c	1395.64±55.44c	8.26±0.53b
	M2	54.11±5.78c	7245.23±396.68c	1450.33±60.98c	7.45±0.64b
	M3	61.21±7.11ab	9887.43±674.08b	1976.43±89.21b	9.76±0.87a
	M4	69.21±8.13a	11005.95±845.02a	2134.43±110.34a	10.84±0.75a
2016年	CK	30.12±4.13d	4877.21±156.77d	921.32±67.64d	4.11±0.57c
	M1	41.23±4.87c	5543.23±314.57c	1091.59±105.88c	6.24±0.78b
	M2	39.96±4.67c	5248.79±456.45c	1112.47±99.34c	6.01±0.59b
	M3	51.79±6.78b	7585.31±664.33b	1334.36±105.86b	8.21±0.63a
	M4	57.94±6.58a	8085.71±645.23a	1576.36±123.56a	9.09±0.55a

注 表中数据为3个重复的平均值±标准差。同列数据后不同小写字母表示在0.05水平上差异显著。

2. 氮肥运筹对夏玉米根系特征参数的影响

根系形态除与作物品种、土壤类型和土壤水分状况有关外，还与土壤中养分含量和分布紧密相关。灌浆期是夏玉米产量形成的关键时期。不同氮肥运筹下夏玉米灌浆期的根特征参数见表6.4。

表6.4　　不同氮肥运筹下夏玉米灌浆期的根系特征参数

氮肥类型	处理	2013年生长季				2014年生长季			
		总根长 /cm	根表面积 /cm²	根体积 /cm³	根质量 /g	总根长 /cm	根表面积 /cm²	根体积 /cm³	根质量 /g
尿素	U0	5001.22f	1182.07e	44.41e	5.02e	4618.60e	1011.79e	43.68e	4.88e
	U80	6032.78d	1409.82d	54.82d	6.91d	5834.14d	1358.00d	53.72d	5.71d
	U160	8456.71a	2099.82a	70.39a	9.79a	8355.69a	2005.56a	69.32a	9.52a
	U240	7118.03c	1503.06c	60.22c	7.55c	7036.81c	1550.56c	58.91c	7.38c
控释氮肥	C0	5001.22f	1182.07e	44.41e	5.02e	4618.60e	1011.79e	43.68e	4.88e
	C60	5478.77e	1449.91d	53.22d	7.35c	5647.11d	1376.54d	52.57d	5.55d
	C120	8521.63a	2112.87a	69.98a	9.63a	8399.54a	2041.97a	67.68ab	9.44a
	C180	7891.26b	1798.08b	67.45b	8.55b	7662.05b	1713.23b	64.19b	8.84b
	C240	7611.90b	1594.82c	61.08c	7.99bc	7378.69bc	1581.59c	53.61d	7.65c

由表6.4分析可知，2个生长季中，施用尿素和控释氮肥的夏玉米整根各参数均表现为，随着施氮水平的提高呈先增加后减小的趋势，说明一定范围内提高施氮水平可明显促进根系生长，而施氮过量会导致氮素供过于求，无法为植株吸收利用，甚至会阻碍作物根系的生长。施用尿素时，处理U160的根系各项指标均较高，与处理U0、U80和U240相比，其2年平均总根长分别提高74.77%、41.67%和18.77%；平均根表面积分别增加87.13%、48.33%和34.44%；平均根体积分别提高58.60%、28.72%和17.28%；平均根质量分别提高95.05%、53.01%和29.34%。施用控释氮肥时，处理C120的整根各指标均较高，与处理C0、C60、C180和C240相比，其2年平均总根长分别增加75.90%、52.09%、8.79%和12.88%；平均根表面积分别增加89.38%、47.00%、18.33%和30.80%；平均根体积分别增加56.27%、30.13%、4.57%和20.03%；平均根质量分别增加92.63%、47.83%、9.66%和21.93%。2种氮肥中，处理U160与C120的各项指标均无显著差异。

与2013年相比，不同氮肥运筹下4种根系特征参数值在2014年生长季均较高。这主要是由于尽管2014年生长季的降水量较多，但主要集中分布在夏玉米生长后期，该阶段充足的土壤水分不仅无法为植株吸收利用，而且会促使土壤养分向下运移，使得根区土壤养分含量降低。

6.2.2.2　根系垂直分布

1. 集雨模式对夏玉米根长垂直分布的影响

集雨处理会影响植株根系的生长和根系在土壤剖面中的分布。图6.19为

不同集雨模式下夏玉米灌浆期各土层根长占 0～100cm 土层总根长的比例。由图 6.19 分析可知，3 个生长季中，各处理 0～20cm 土层根长占比分别为 41.63%～47.55%、40.98%～46.99%和 43.98%～47.17%。与 2014 年和 2015 年相比，2016 年生长季，各处理 0～20cm 土层根长占比较高，这可能与 2 次倒伏有关，倒伏使得部分下层根系拉伸到表层土壤中。各处理 20～40cm 土层根长占比分别为 26.45%～29.16%、26.39%～30.09%和 23.39%～38.88%。0～40cm 土层的根长占比表现为，处理 CK 最小，处理 M1 和 M2 次之，处理 M3 和 M4 较大。该土层内处理间根长占比的变幅最大，3 年平均为 8.82%。40～80（含）cm 土层根长占比表现为，处理 CK 最大，处理 M1 和 M2 次之，处理 M3 和 M4 较小。各处理 80～100（含）cm 土层根长占比较少，且处理间的差异达到最小。不同处理下根长占比的差异主要与耕层土壤的水分和养分分布有关。可见，夏玉米约 70%的根长集中分布在 0～40cm 土层，且集雨种植条件下根长分布呈浅根化趋势。

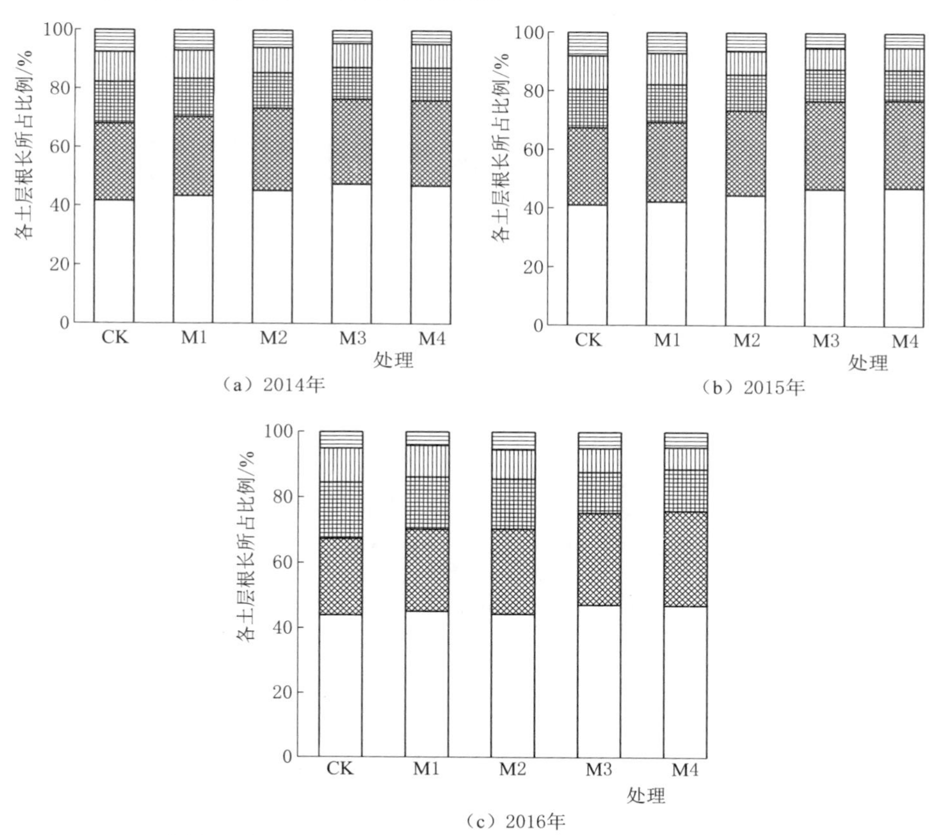

图 6.19 不同集雨模式下夏玉米灌浆期各土层根长占 0～100cm 土层总根长的比例

2. 氮肥运筹对夏玉米根长垂直分布的影响

氮肥运筹不仅能调控根系生长发育，同时会影响根系在土层剖面中的垂直分布。不同氮肥运筹下夏玉米灌浆期各土层根长占 0～100cm 土层总根长的比例如图 6.20 所示。由图 6.20 分析可知，2 个生长季，施用尿素和控释氮肥各处理的不同土层根长占总根长的比例均表现为，随着土层深度的增加，根长比例逐渐减小，且随着施氮量的增加，浅层根长比例提高，而深层根长比例降低，表现为高氮营养浅根化趋势。

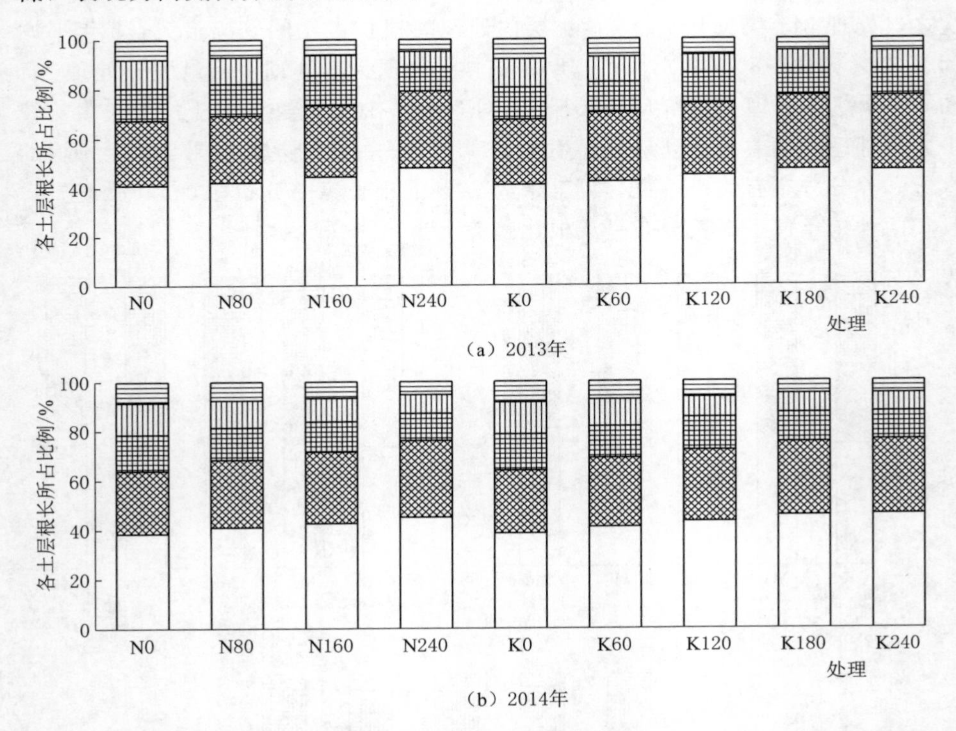

图 6.20　不同氮肥运筹下夏玉米灌浆期各土层根长占 0～100cm 土层总根长的比例

80～100cm　60～80cm　40～60cm　20～40cm　0～20cm

2013 年生长季，各处理 0～20cm 和 20～40cm 土层的根长占比分别为 40.98%～47.94%和 26.39%～31.09%，其中不施氮处理最小，处理 U240、C180 和 C240 较大。各处理 40～60cm 和 60～80cm 土层根长占比分别为 9.76%～13.07%和 6.29%～11.45%，其中不施氮处理最大，而处理 U240、C180 和 C240 较小。各处理 80～100cm 土层根长占比均较小，变化规律与 40～80cm 土层类似。不同处理下，各土层根长占比的变幅在 0～40cm 土层最大（极差为 11.67%），其他土层的变幅较小，为 3.19%～5.16%。可见，夏玉米约 70%的根长集中分布在 0～40cm 土层，且土壤供

氮不足会促使根系向剖面深处延伸，而当土壤氮素较为充足时，上层根长比例提高。

2014 年生长季，不同处理下各土层根长占比的变化规律与 2013 年生长季基本一致。

6.2.3 集雨模式对夏玉米生育进程的影响

不同集雨模式下，土壤的水热状况、通透性等存在差异，进而影响作物的生育进程。表 6.5 为不同集雨模式下夏玉米的生育进程。由表 6.5 分析可知，不同集雨模式对夏玉米主要生育期持续时间的影响不尽相同。

表 6.5　　不同集雨模式下夏玉米的生育进程　　单位：d

生长季	处理	苗期	拔节期	抽雄期	灌浆期	成熟期
2014 年	CK	30	62	74	91	113b
	M1	26	54	64	87	107c
	M2	27	55	66	88	113b
	M3	25	53	62	85	116a
	M4	25	53	63	85	117a
2015 年	CK	28	59	72	87	109b
	M1	25	54	65	85	105c
	M2	26	55	67	86	109b
	M3	24	52	62	82	112a
	M4	24	52	63	83	114a
2016 年	CK	26	57	70	90	107b
	M1	22	52	64	87	102c
	M2	24	54	66	87	108b
	M3	20	50	60	82	111a
	M4	20	50	61	83	112a

2014 年生长季，在苗期，4 种集雨处理较处理 CK 提前 3～5d。从苗期到拔节期，4 种集雨处理较处理 CK 累积提前 7～9d。从苗期到抽雄期，4 种集雨处理较处理 CK 累积提前 8～12d。从苗期到灌浆期，4 种集雨处理较处理 CK 累积提前 6～9d。各处理灌浆期到成熟期的持续时间为 20～32d，其中处理 CK、M1、M2、M3 和 M4 分别为 22d、20d、25d、31d 和 32d。可见，4 种集雨处理均可加快玉米营养生长。生殖生长周期则表现为，处理 M2、M3 和 M4 较处理 CK 延长，而处理 M1 较处理 CK 缩短。这主要与玉米耕层的土壤温度有关，覆膜条件下较高的土壤温度会加快玉米生育进程，而处理 M2、M3 和 M4 沟内覆盖的秸秆可有效降低土壤温度，从而延长生殖生长时间。各处理整个夏玉米的生育周期为 107～117d，其中处理 M4 最长，处理 M1 最短。

2015 年生长季，从苗期到灌浆期，各集雨处理的夏玉米生育进程较处理 CK 均明显加快，其中苗期提前 2～4d，到拔节期累积提前 4～7d，到抽雄期累积提前 5～10d，到灌浆期累积提前 1～5d。整个夏玉米生育周期由大到小表现为 M4、M3、M2、CK、M1，其中处理 M3 和 M4 显著高于处理 M2 和 CK，处理 M2 和 CK 显著高于处理 M1。

与 2014 年和 2015 年相比，各处理 2016 年生长季的夏玉米生长周期较短。这主要是由于：一方面，该生育期的降水量主要分布于玉米生长前期和后期，在玉米需水关键期受到一定的水分胁迫；另一方面，抽雄期的 2 次倒伏可能会对玉米的后续生长产生一定的影响。各处理整个夏玉米生育周期为 102～112d，其中处理 M2、M3 和 M4 分别较处理 CK 增加 1d、4d 和 5d，处理 M1 较处理 CK 缩短 5d。

可见，覆膜条件下适宜的土壤环境能有效促进夏玉米前中期的生长，而后期在较高土壤温度和较差土壤通透性的综合作用下会出现一定的早衰现象。二元集雨条件下，沟中覆盖的秸秆在集蓄降水的同时可有效降低耕层土壤温度，垄上覆盖的地膜可集蓄降水、减少蒸发，从而为玉米生长创造较好的土壤水分条件和较适宜的土壤温度条件，延长玉米生长周期，尤其是生殖生长周期，这对于改善玉米穗部性状，提高经济产量和水氮利用效率具有重要意义。

6.2.4　集雨模式与氮肥运筹对夏玉米光合速率的影响

播种后 40d、60d、80d 和 100d，不同处理夏玉米光合速率的变化趋势总体一致，现选取夏玉米生长较为旺盛的播种后 60d（正值拔节期末，抽雄期初）进行分析。

6.2.4.1　集雨模式对夏玉米光合速率的影响

不同集雨处理下夏玉米的光合速率如图 6.21 所示。由图 6.21 分析可知，在 3 个生长季，4 种集雨处理的夏玉米光合速率均显著高于平作不覆盖，且二元覆盖显著高于一元覆盖。在 2014 年生长季，各处理的光合速率为 30.53～45.59 μmol/(m^2 · s)，其中 4 种集雨处理平均较处理 CK 提高 33.39%。在 2015 年生长季，各处理的光合速率为 29.52～44.63 μmol/(m^2 · s)，其中 4 种集雨处理平均较处理 CK 提高 34.36%。在 2016 年生长季，各处理的光合速率为 31.92～46.17 μmol/(m^2 · s)，其中 4 种集雨处理平均较处理 CK 提高 31.59%。综合得出，4 种集雨处理的光合速率由大到小表现为 M4、M3、M1、M2，即垄覆黑膜沟覆秸秆在提高夏玉米光合速率方面优于其他 3 种集雨处理。

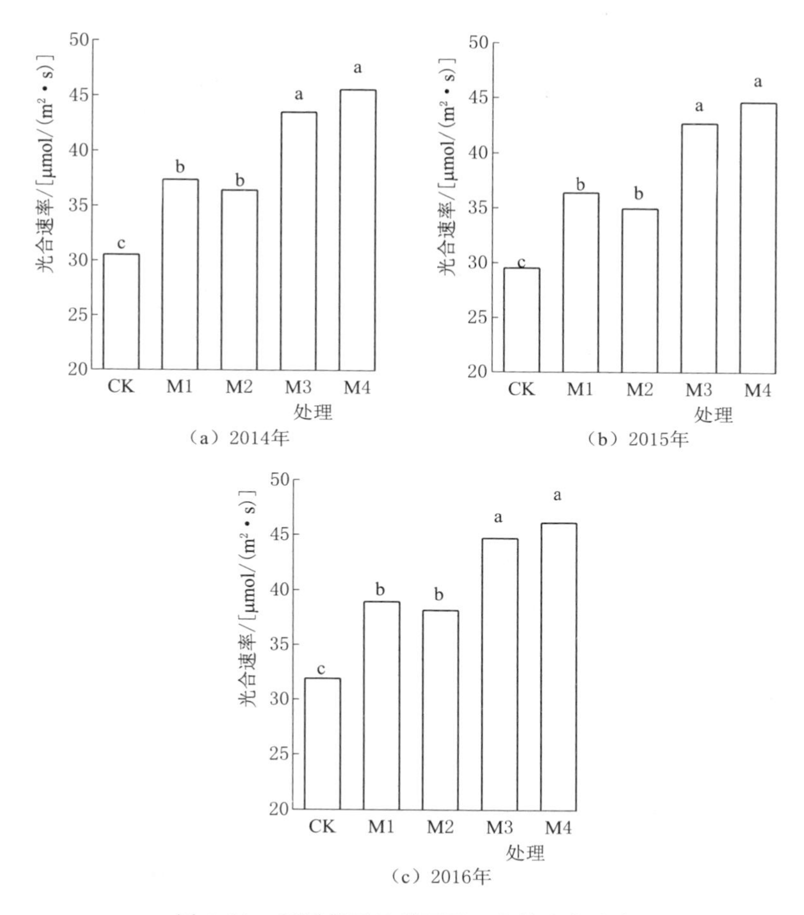

图 6.21 不同集雨处理下夏玉米的光合速率

6.2.4.2 氮肥运筹对夏玉米光合速率的影响

不同氮肥运筹下夏玉米的光合速率如图 6.22 所示。由图 6.22 分析可知，施用尿素和控释氮肥各处理的夏玉米光合速率均表现为，随着施氮水平的提高而增加，但增加速率趋于平缓甚至为负（2 个生长季中，处理 C240 的光合速率均较处理 C180 有所降低）。说明一定范围内提高施氮水平可有效促进叶片的光合速率，过量施氮则会出现一定的抑制效应。

在 2013 年生长季，施用尿素各处理的光合速率为 25.83～38.57 μmol/(m² · s)，其中处理 U160 和 U240 之间无显著差异。施用控释氮肥各处理的光合速率为 25.83～42.46 μmol/(m² · s)，其中处理 C120 与 C240 之间和处理 C180 与 C240 之间差异不显著。2 种氮肥条件下，处理 U160 与处理

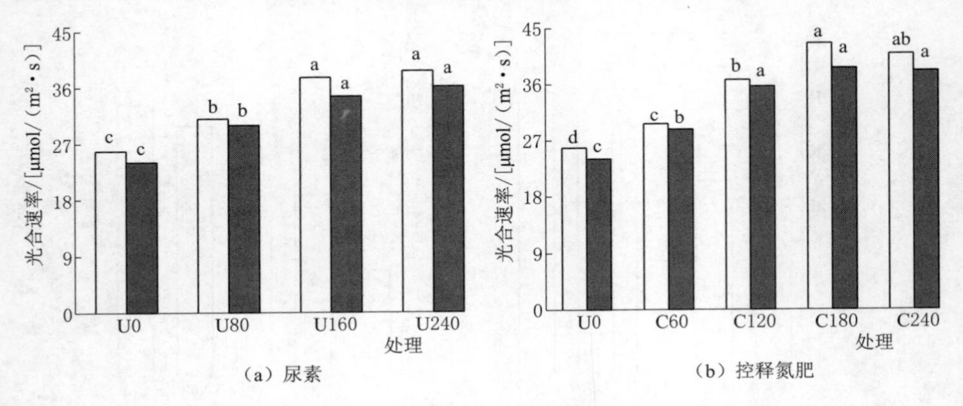

图 6.22　不同氮肥运筹下夏玉米的光合速率

C120 之间的光合速率差异不显著，而处理 C180 和 C240 的光合速率分别较处理 U240 提高 10.11%和 5.72%。在 2014 年生长季，各处理的光合速率均较 2013 年生长季有所降低，施用尿素和控释氮肥各处理分别为 24.01～36.05 μmol/(m^2·s) 和 24.01～38.51 μmol/(m^2·s)。2 种氮肥条件下，处理 U160 与 C120 之间的光合速率差异不显著，而处理 C180 和 C240 的光合速率分别较处理 U240 提高 6.84%和 5.55%。可见，与尿素相比，施用较少的控释氮肥仍可获得较高的夏玉米光合速率。

6.2.5　氮肥运筹对夏玉米叶绿素含量的影响

不同氮肥运筹下夏玉米播种后的叶绿素总量如图 6.23 所示。由图 6.23 分析可知，2 个生长季夏玉米叶绿素总量随播种后天数的变化趋势不同，2013 年生长季呈逐渐下降的趋势，2014 年生长季呈先增加后减少的趋势。在同一取样时期，施用尿素和控释氮肥各处理的叶绿素总量均表现为，随着施氮水平的提高而增加，但增加速率趋于平缓，且随播种后天数的推进，处理间叶绿素总量的差异趋于加大。这可能是由于随着夏玉米生长的持续进行，施氮量较少处理的缺氮程度逐渐加剧所致。

2 个生长季中，播种后 40d，施用尿素和控释氮肥各处理的叶绿素总量分别为 11.91～17.21mg/g 和 11.69～17.00mg/g。播种后 60d，施用尿素和控释氮肥各处理的叶绿素总量分别为 11.52～17.19mg/g 和 11.69～17.00mg/g，其中处理 U160 和 U240 分别平均较处理 U80 提高 14.73%和 18.33%，处理 C120、C180 和 C240 分别平均较处理 C60 提高 13.49%、18.28%和 18.64%。播种后 80d，施用尿素和控释氮肥各处理叶绿素总量的极差分别为 2.30～2.84mg/g 和 2.69～3.27mg/g。播种后 100d，施用尿素和控释氮肥各处理叶

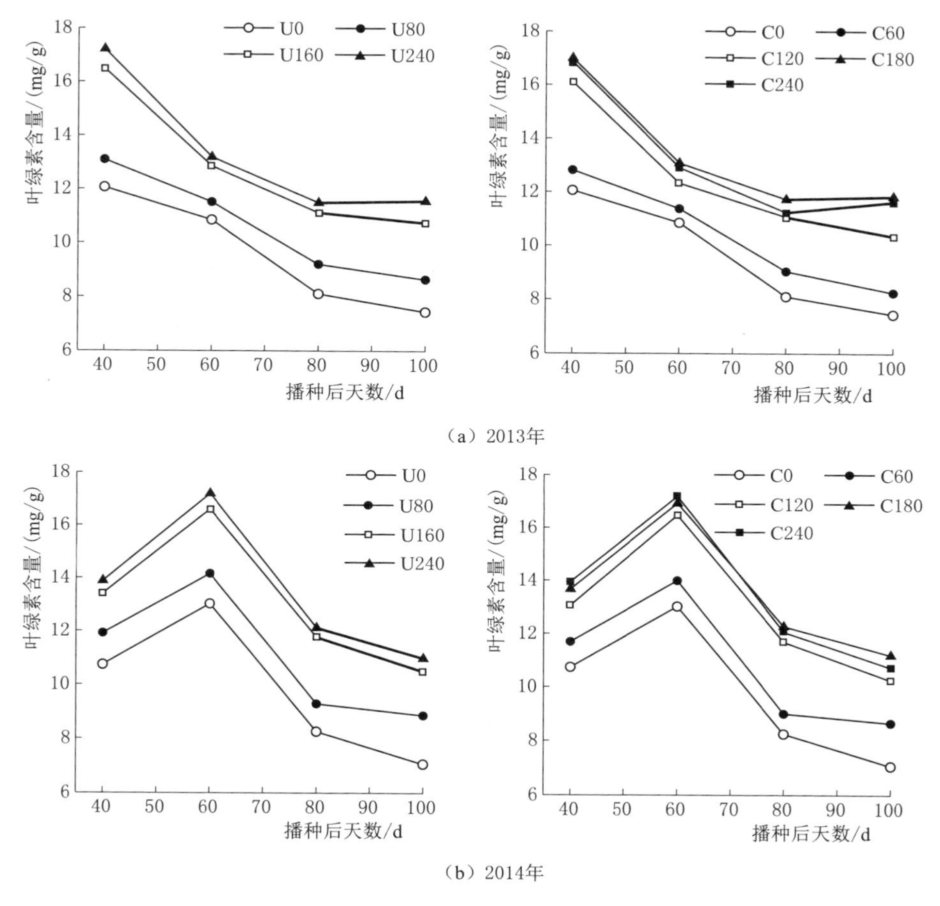

图 6.23 不同氮肥运筹下夏玉米播种后的叶绿素总量

绿素总量的极差进一步加大。2个生长季中，处理U160与C120和处理U240与C180的叶绿素总量分别平均相差0.27mg/g和0.01mg/g。可见，与尿素相比，施用较少的控释氮肥仍可获得较高的夏玉米叶片叶绿素总量。

6.3 讨论与小结

集雨种植通过改变土壤下垫面特性积蓄有限降雨，调控土壤水分分布并调节土壤温度变幅，从而改善土壤水热状况，是旱区农业生产的重要途径。大量研究表明，覆盖栽培较好的土壤水热状况可不同程度地促进作物生长。王敏等（2011）研究表明，覆盖生物降解膜和塑料地膜均可显著（$P<0.05$）提高玉米出苗期至成熟期的地上部干物质质量。申丽霞等（2011）研究发现，与不

覆盖相比，覆盖可降解地膜和普通地膜较好的土壤水分状况有助于提高玉米各生育期的株高和叶面积。周昌明（2016）研究得出，覆盖普通地膜、生物降解膜和液态膜均可大幅度提高夏玉米地上和地下部分的干物质质量，其中覆盖普通地膜与生物降解膜差异不显著，但两者均显著高于覆盖液态膜。刘艳红（2010）在渭北旱塬区进行的垄沟覆盖方式对冬小麦生长影响的研究中发现，不同垄沟覆盖的冬小麦各项生长指标值均高于平作不覆盖，其中垄覆普通地膜的促进效果优于垄覆液态地膜。

本书的研究也得出了类似的结论，4种集雨处理均可提高作物的株高和地上部干物质质量，且二元集雨处理（M3和M4）显著（$P<0.05$）高于一元集雨处理（M1和M2）。在冬小麦生长季中，垄覆白膜沟覆秸秆（处理M3）的效果较优，且处理M2的地上部干物质质量在生长前期低于处理M1，在生长后期与处理M1的效应相当。在夏玉米生长季中，垄覆黑膜沟覆秸秆（处理M4）的效果较优，且处理M2的地上部干物质质量和株高均略高于处理M1，但两者无显著差异。说明一元集雨处理M1和二元集雨处理M3更有利于冬小麦植株的生长，一元集雨处理M2和二元集雨处理M4更有利于夏玉米植株的生长。这主要与作物生长季的气候条件有关，冬小麦生长季正值一年中大气温度较低的时段，也是降水量较少的时段，水分亏缺尤其是温度不足是限制其生长的主要因子，垄覆白膜沟覆秸秆集保温、保墒于一体，与仅覆盖秸秆相比，同时覆盖地膜在集雨保墒的同时可提高耕层土壤温度，从而为冬小麦生长创造适宜的土壤水热环境。夏玉米生长季正值一年中大气温度较高的时段，降水量相对较多，但多为短时间的大雨、暴雨，容易出现阶段性干旱。与热量相比，水分对夏玉米生长的影响较大。此外，夏玉米属C4作物，喜水喜热、蒸散耗水强烈，垄覆黑膜沟覆秸秆集保墒、减蒸和降低膜下土壤温度于一体。与此同时，黑膜固有的除草性能可进一步减少土壤水分的无效消耗，从而为夏玉米生长创造适宜的土壤水热环境。

集雨种植条件下，土壤的水、肥、气、热等均产生了一定的变化，会影响作物的出苗率和生育进程。王敏等（2011）研究表明，与不覆盖相比，覆盖降解膜和普通地膜可明显缩短玉米的生育进程，而覆盖秸秆时，由于其土壤温度较低，会使玉米全生育期延长3d。申丽霞等（2011）研究发现，与露地栽培相比，覆盖普通地膜的出苗期减少4d，到拔节期累积减少6d，到大喇叭口期累积减少7d，到抽雄和灌浆期累积减少8d，整个生育期共减少9d。张冬梅等（2008）研究表明，地膜覆盖较高的土壤温度可明显加快玉米生长发育，与不覆盖相比，苗期提早2d，拔节、抽穗、灌浆和成熟期平均提早9～13d，其中灌浆到成熟期缩短4d。本书的研究对上述结果也有所证实，与平作不覆盖相比，4种集雨处理均可不同程度地加快冬小麦和夏玉米从出苗期到灌浆期的生育进程，而灌浆期到成熟期的持续时间表现为除处理 M1 之外，其余处理均大于处理 CK。整个冬小麦和夏玉米的生育周期表现为处理 M3 和 M4 显著高于其他处理，且处理 M1 最低。与本书研究结果不同，高丽娜等（2009）研究得出，秸秆覆盖的冬小麦耕层土壤温度较低，使得进入抽穗期的时间较平作不覆盖推迟 2d，从抽穗到开花期，较平作不覆盖推迟 2d。秸秆覆盖缩短了冬小麦的灌浆时间，而覆膜处理延长了冬小麦的灌浆时间。这可能与试验地的降水和气温分布有关。较低的大气温度会降低覆膜的增温效应，从而使土壤温度维持在适宜作物生长的范围内，避免作物生长后期因高温和不透气导致的早熟现象。秸秆覆盖可降低作物耕层土壤温度的昼夜变幅，且在大气温度相对较低的越冬期具有一定的保温效应，这都有利于冬小麦的生长。此外，冬小麦生长季正值降水量较少的时期，秸秆覆盖可减少土壤蒸发、促进降水入渗，从而为作物生长提供较好的土壤水分环境。与此同时，在高丽娜等（2009）的研究中，冬小麦播前均浇底墒水，在拔节期均补充灌水，这可能使得植株受土壤水分亏缺的胁迫程度降低，而受土壤温度不足的影响相对提高。覆盖普通地膜时，在作物生长后期的增温效应容易导致作物早衰。大量研究认为，不应提倡全程或长期地膜覆盖，应在作物生长的一定时期进行揭膜处理。此外，在中国北方冬小麦、夏玉米一年两熟的种植制度中，前茬作物收获到下茬作物播种的作业时间较短，集雨种植条件下较优的土壤水热环境可一定程度上延迟作物的播种时间。李援农等（2005）通过对冬小麦的研究，发现在陕西关中地区，普通大田冬小麦的种植时间为 10 月 5—10 日，而地膜覆盖冬小麦的正常种植时间为 10 月 14—20 日。

根系是植株最先感知土壤水肥状况的部位，其在土壤剖面中的分布具有可塑性，能通过调控自身形态特征、空间构型、解剖结构和代谢活动等适应生长环境（Skinner 等，1998 年提出）。集雨栽培在改变降雨时空分布的同时会影响作物根系的生长。本书的研究发现，集雨种植条件下，冬小麦和夏玉米的根系特征参数均显著（$P<0.05$）高于平作不覆盖，且全程微型聚水二元处理（M3 和 M4）优于单一集雨处理（M1 和 M2）。在冬小麦和夏玉米中，集雨处理的根长分布均呈浅根化趋势。这主要是由于根系具有趋水性和趋肥性，而集雨种植可有效改善作物耕作的土壤水肥状况。与冬小麦相比，不同集雨模式在提高夏玉米根系参数方面幅度较大。这可能与取样深度有关，冬小麦和夏玉米生长季的根系取样深度分别为 60cm 和 100cm。高玉红等（2012）在不同栽培方式对玉米根系生长的研究中发现，不同土层的玉米根长和根干重均表现为全膜覆盖>半膜覆盖>露地。这与本书研究的结果基本相似。此外，与露地栽培相比，全膜双垄沟播种植的玉米深层根系占比加大，且随着土层深度的增加，两者的差异加大。这与本书研究的结果刚好相反。这可能与试验地的降水量有关。高玉红等（2012）的试验是在甘肃陇东雨养农业区进行的，年降水量较少。因此，覆盖条件下根系生长较露地栽培旺盛，可通过增加深层土壤的根系以吸收较深土层的水分和养分，从而增强玉米的抗逆性能。在本书的研究中，与平作不覆盖相比，4种集雨处理在提高作物总根干质量方面优于根长。这也从另外一个方面证实了作物根系具有极强的可塑性，可通过调整根系分布适应生长环境。

不同氮肥运筹的土壤氮素有效性不同，从而影响作物生长和根系形态与分布特征。研究表明，控释氮肥在小麦整个生育期特别是生长中后期的氮素供应较普通尿素更为合理，可有效促进小麦生长。在不同水分条件下，与尿素相比，施用缓/控释氮肥可显著提高水稻地上部干物质积累量和干物质积累速率。本书研究也得出了类似的结论，不同氮肥运筹下，冬小麦和夏玉米的株高、干物质质量和根系特征参数均表现为，施氮处理显著高于不施氮处理，且随着施氮量的增加，呈先增加后平稳的趋势。此外，与尿素相比，控释氮肥的有效性较高，较少的用量可获得较优的冬小麦和夏玉米形态指标。然而，也有研究发现，在少耕条件下，施用控释氮肥时，冬小麦分蘖期的干物质质量低于施用尿素和混合施用尿素与控释氮肥（Grant等，2012年提出）。在局部施肥条件下，施用控释氮肥和尿素的作物生长差异不显著。这可能是由于控释氮肥的氮素释放延迟所致，当氮素释放缓慢时，会导致作物生长前期的土壤氮素含量不足，进而影响作物生长。在本书研究中，与尿素相比，施用控释氮肥在作物生长前期也出现了部分指标值较低的现象，但随着其氮素的逐渐释放，在作物生长中后期均得到补偿甚至超越尿素处理。这也说明，在特定地区使用控释氮肥时，应根据作物的种类、生育期长短和当地气候条件等，选择合理释放期的控释氮肥。

前人关于氮肥运筹对作物根系生长的研究表明，一定范围内提高施氮水平可有效促进根系生长，而施氮过量会对根系产生负面作用。适宜的施氮量能更好地协调作物根系与冠层的功能关系，且氮素对根系的作用效应与灌水量有关，当灌水量较低或中等时，根系各参数随着施氮量的增加呈先增大后减小的趋势，而当灌水量较高时，随着施氮量的增加根系参数呈下降趋势。在本书研究中，施用尿素和施用控释氮肥的冬小麦和夏玉米整根特征参数均表现为，随着施氮水平的提高呈先增加后减小的趋势。可见，作物的根系生长存在合理施氮量，且与土壤水分状况密切相关。不同氮肥类型也会影响作物根系生长。郑圣先等（2006）研究表明，一定施氮量条件下，施用控释氮肥较施用尿素可显著提高杂交水稻生长后期的根长和根长密度。本书研究也发现，与处理U160和U240相比，处理C120和C180在减少氮肥用量的条件下，两者在灌浆期的根系参数值无显著差异。对不同氮肥运筹下各土层根长占总根长的比例进行研

究发现，随土层深度的增加，根长比例逐渐减小，且随着施氮量的增加，浅层根长比例提高，而深层根长比例降低，表现为高氮营养浅根化趋势。即当土壤供氮不足时会促使根系向剖面深处延伸，而当土壤氮素较为充足时，上层根长比例提高。这与刘世全等（2014）在不同水氮供应对小南瓜根系生长的研究中得出的结论一致。根系发达与否会直接影响植株对土壤水肥的吸收能力，最终影响作物产量的形成。

叶绿素是绿色植物进行光合作用的基础物质，叶绿素分子是合成植株叶片氮素的重要组成部分，其含量的高低直接影响叶片的光能利用效率。本书研究结果表明，在冬小麦和夏玉米生长季中，随着施氮水平的提高，植株叶片的叶绿素总量均显著增加，但增加速率趋于平缓，且随着播种后天数的推进，处理间叶绿素总量的差异趋于加大。这与强生才（2016）研究得出的施氮可显著提高夏玉米和冬小麦的叶片叶绿素总量，且当夏玉米施氮量大于 186kg/hm^2，冬小麦施氮量大于 210kg/hm^2 时，不会继续增加甚至会降低叶绿素总量的结论一致。李廷亮等（2013）也研究发现，在施氮量为 0～270kg/hm^2 范围内时，随施氮量的增加叶片叶绿素含量逐渐增加，当施氮量超过 180kg/hm^2 时，叶片叶绿素含量差异不显著。与本书研究类似，郭志顶等（2013）也研究发现，适当增加氮肥用量可有效提高玉米叶片的叶绿素含量，玉米生育期中叶绿素含量呈先增加后减少的趋势，但处理间的差异在乳熟期达到最大值。这可能是由于到作物生长后期，部分氮素由叶片向子粒运转，使得叶片的氮素含量降低，进而降低其叶绿素含量。此外，随着生育期的推进，植株的氮素累积量逐渐增加，而当施氮量较少时，土壤氮素亏缺程度愈加严重，植株可吸收利用的氮素急剧减少。

第 7 章　集雨模式与氮肥运筹下植株氮素的累积、分配与诊断

作物籽粒中的氮素主要来源于开花后的氮素吸收和开花前营养器官中氮素的再转移。因此，探究植株氮素积累与分配特征对于实现作物高产和提高氮素利用效率具有重要意义。集雨种植条件下，土壤水热条件发生变化，使得养分在土壤中的迁移和分布不同，进而影响植株生长与养分的吸收利用。研究表明，集雨种植可增强土壤养分有效性，从而提高作物对养分的吸收（任小龙等，2010 年提出）。覆盖地膜可有效改善小麦叶片、茎鞘和籽粒的氮素积累（李华等，2008 年提出）。不同氮肥运筹会影响植株的养分吸收与分配。研究表明，随着施氮量的增加，植株氮素累积呈先增加后减小的趋势（吕鹏等，2011 年提出）。施氮量一定时，拔节期追肥可提高营养器官中氮素向籽粒的运转，而拔节期和开花期追肥有利于氮素在籽粒中的累积（吴光磊等，2012 年提出）。缓释氮肥条件下，硝酸还原酶活性的高峰期持续时间长且主要集中在作物生长中后期，有利于小麦的氮素代谢（王海红等，2006 年提出）。本章内容包括冬小麦和夏玉米生长季不同集雨模式和氮肥运筹下，植株的氮素含量、累积量和氮肥累积分配，并基于临界氮浓度稀释曲线模型对植株进行氮素营养诊断四部分。通过定期取样和测定植株氮素吸收与分配状况，旨在探究集雨模式和氮肥运筹对冬小麦和夏玉米氮素吸收利用的影响机制。

7.1　集雨模式与氮肥运筹下冬小麦植株的氮素累积、分配与诊断

7.1.1　不同氮肥运筹下冬小麦植株的氮素含量

2 种氮肥在不同施氮水平下，冬小麦植株的氮素含量均表现为，随着播种后天数的推进呈先快速下降后缓慢下降的趋势，即植株的氮浓度值存在稀释现象，且随着施氮水平的提高而增加。说明在冬小麦生长前期，植株生物量的增加量大于氮素的吸收量，表现为植株氮浓度的急剧下降，而随着生育期的推进，植株地上部生物量趋于稳定，或增加缓慢，植株生物量的增加量与氮素的吸收量差异逐渐减小。此外，提高施氮水平可一定程度上促进冬小麦植株的氮素吸收。

施用尿素和控释氮肥各处理的冬小麦植株氮素含量变化范围分别为

11.31～42.02g/kg 和 10.93～42.14g/kg。与尿素相比，施用控释氮肥处理间植株氮素含量的差异较小。这一方面与 2 种氮肥的施用量不同有关，另一方面与 2 种氮肥的氮素释放特性差异较大有关。

7.1.2 集雨模式与氮肥运筹下冬小麦植株的氮素累积量

植株氮素累积与植株干物质密切相关，随着干物质的累积，氮素在植株体内不断增加。

7.1.2.1 集雨模式

植株体内的氮素累积状况会直接或间接地影响整个植株的生长发育、新陈代谢等。不同集雨处理的土壤水、肥、气、热分布存在差异，会影响植株的氮素吸收和累积。不同集雨模式下冬小麦主要生育期的植株氮素累积量（3 个生长季的平均值）见表 7.1。由表 7.1 分析可，随着生育期的推进，各处理的植株氮素累积量逐渐提高，并于成熟期达到最高值。与平作不覆盖相比，4 种集雨处理均可不同程度地提高冬小麦植株的氮素累积量。

在苗期，各处理的平均氮素累积量为 36.79～44.83kg/hm^2，4 种集雨处理平均较处理 CK 提高 14.23%。在拔节期，各处理的植株氮素累积量较苗期大幅度提高，4 种集雨处理平均较平作不覆盖提高 15.32%，较苗期的提高幅度有所增加。这主要是因为拔节期为冬小麦植株营养生长的关键时期，生物量累积加快，对氮素的需求量也相应提高。此外，拔节期间的大气温度逐渐升高，也加快了冬小麦植株的生长和氮素的吸收。在抽穗期，各处理的平均氮素累积量为 87.44～104.23kg/hm^2。在灌浆期，各处理的平均氮素累积量为 105.33～124.59kg/hm^2，其中处理 M1、M2、M3 和 M4 分别平均较处理 CK 提高 8.05%、9.59%、18.29%和 13.65%。随着生育期的推进，冠层基本封垄，集雨处理的土壤水热效应逐渐减弱。在成熟期，4 种集雨处理的平均氮素累积量较平作不覆盖提高 12.21%。综合冬小麦全生育期的植株氮素累积量发现，垄覆白膜沟覆秸秆（处理 M3）的促进效果较好。

表 7.1　不同集雨模式下冬小麦主要生育期的植株氮素累积量　单位：kg/hm^2

处理	苗期	拔节期	抽穗期	灌浆期	成熟期
CK	36.79d	68.03d	87.44c	105.33d	115.89d
M1	41.82b	77.25b	95.42b	113.81c	125.86c
M2	39.13c	73.09c	94.04b	115.43c	127.44c
M3	44.83a	83.61a	104.23a	124.59a	136.45a
M4	42.32ab	79.85b	101.01a	119.71b	130.43b

7.1.2.2 氮肥运筹

不同氮肥运筹下冬小麦主要生育期的植株氮素累积量如图7.1所示。由图7.1分析可知，2个生长季，施用尿素和控释氮肥各处理的植株氮素累积量均表现为，随着生育期的推进逐渐增加，且不施氮处理始终低于施氮处理。

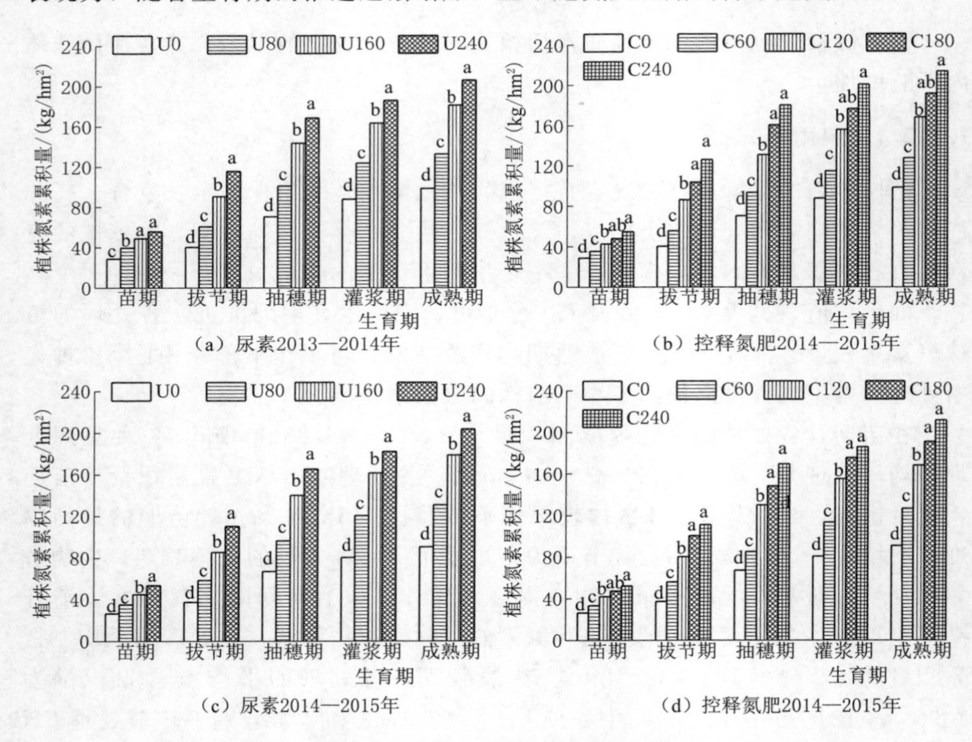

图7.1 不同氮肥运筹下冬小麦主要生育期的植株氮素累积量

在苗期，施用尿素条件下，处理U240的氮素累积量分别平均较处理U80和U160提高46.49%和16.69%。施用控释氮肥各处理的氮素累积量较尿素各处理略小，其中处理C240平均较处理U240降低2.22%。这主要与2种氮肥的氮素释放特性有关，常规尿素为速溶性肥料，施入土壤后氮素迅速释放，而控释氮肥的氮素释放呈一定的指数分布，可能会造成作物生长早期氮素的短时间不足。拔节期时，施用尿素各处理进行追肥，期间大气温度逐渐回升，降水陆续发生，使得植株营养生长旺盛，各处理的氮素累积量大幅度提高，尿素和控释氮肥各处理分别平均较苗期提高1.53～2.26倍和1.57～2.37倍。在抽穗期，尿素和控释氮肥各处理的氮素累积量分别为116.49～178.42kg/hm^{2}和105.00～180.10kg/hm^2，其中处理C240平均较处理U240提高1.51%。在灌浆期，尿素和控释氮肥各处理的氮素累积量分别为140.39～195.81kg/hm^{2}和

133.55～200.59kg/hm²，其中处理C240平均较处理U240提高2.14%。在成熟期，处理C240的氮素累积量平均较处理U240提高3.73%，而处理C180与U240的氮素累积量无显著差异。可见，与尿素相比，施用较少的控释氮肥可获得较高的冬小麦植株氮素累积量。

7.1.3 集雨模式与氮肥运筹下冬小麦植株的氮素分配

7.1.3.1 集雨模式

图7.2为不同集雨模式下冬小麦成熟期各器官（叶片、茎秆和果穗）的氮素累积量。由图7.2分析可知，各处理分植株器官的氮素累积量总体表现为，果穗>叶片>茎秆。与平作不覆盖相比，4种集雨处理下冬小麦成熟期叶片、茎秆和果穗的氮素累积量均较高，其中叶片和茎秆中氮素累积量差异较小，而果穗中氮素累积量差异较大。各处理的叶片氮素累积量为25.84～28.77kg/hm²，

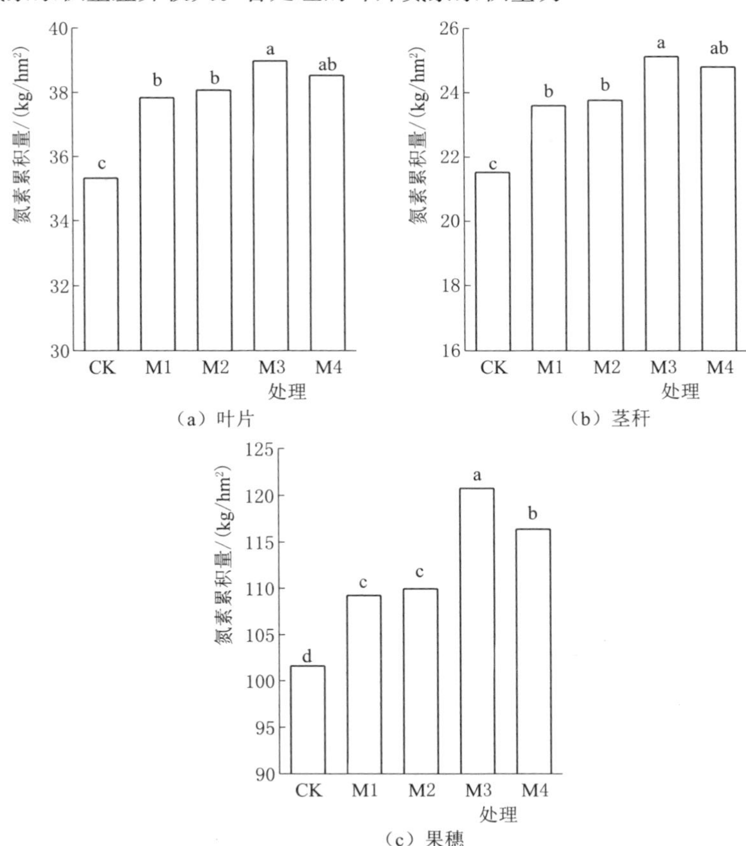

图7.2 不同集雨模式下冬小麦成熟期各器官的氮素累积量

占植株氮素累积总量的22%左右，4种集雨处理间差异不显著，且平均较平作不覆盖提高9.62%。各处理的茎秆氮素累积量为15.74～18.55kg/hm²，占植株氮素累积总量的14%左右，其中处理M3显著高于处理M1，4种集雨处理平均较平作不覆盖提高14.20%。各处理的果穗氮素累积量为74.32～89.13kg/hm²，其中处理M3显著高于处理M1、M2和M4，且处理M1、M2和M4之间无显著差异，4种集雨处理平均较平作不覆盖提高12.70%。可见，4种集雨处理均可提高冬小麦成熟期果穗的氮素累积量，其中垄覆白膜沟覆秸秆（M3）的效果较优，较高的果穗氮素累积量是提高作物产量的必要条件。

7.1.3.2　氮肥运筹

表7.2和表7.3分别为2013—2014年和2014—2015年生长季，不同氮肥运筹下冬小麦成熟期各器官的氮素累积总量。由表7.2和表7.3分析可知，不同氮肥运筹下，冬小麦植株氮素累积量在不同器官中的分配量和分配比例存在一定差异，且在2个生长季中的变化规律基本相同。同一处理下，分植株器官的氮素累积量总体表现为果穗＞叶片＞茎秆。

表7.2　2013—2014年生长季不同氮肥运筹下冬小麦成熟期各器官的氮素累积总量

氮肥类型	处理	氮素在不同器官中的累积量/(kg/hm²)			氮素在不同器官中的分配比例/%		
		叶片	茎秆	果穗	叶片	茎秆	果穗
尿素	U0	19.22d	11.79c	77.10c	17.78c	10.91b	71.31a
	U80	32.79c	14.09b	105.56b	21.51b	9.24c	69.24b
	U160	40.29b	28.63a	121.97a	21.11b	15.00a	63.89c
	U240	56.47a	29.88a	119.52a	27.43a	14.51a	58.06d
控释氮肥	C0	19.22e	11.79d	77.10d	17.78d	10.91b	71.31a
	C60	28.28d	13.56d	105.36c	19.21c	9.21c	71.57a
	C120	40.88c	20.33c	116.69b	22.98b	11.43b	65.60b
	C180	52.46b	27.06b	121.92a	26.04a	13.43a	60.52c
	C240	59.50a	33.15a	120.80ab	27.87a	15.53a	56.59d

施用尿素条件下，叶片氮素累积量为32.45～56.47kg/hm²，占氮素累积总量的21.51%～27.43%；茎秆的氮素累积量低于叶片，占氮素累积总量的9.24%～15.00%；果穗的氮素累积量最高，占氮素累积总量的58.06%～69.24%。与不施氮相比，施用尿素处理（U80、U160和U240）的平均叶片氮素累积量在2年分别提高2.25倍和2.27倍，平均茎秆氮素累积量在2年分

表 7.3 2014—2015 年生长季不同氮肥运筹下冬小麦成熟期各器官的氮素累积总量

氮肥类型	处理	氮素在不同器官中的累积量/(kg/hm^2)			氮素在不同器官中的分配比例/%		
		叶片	茎秆	果穗	叶片	茎秆	果穗
尿素	U0	19.00d	8.95d	72.61c	18.90c	8.90c	72.21a
	U80	32.45c	15.07c	103.21b	21.53b	10.00b	68.47b
	U160	41.98b	25.15b	121.66a	22.24b	13.32a	64.44c
	U240	54.94a	28.56a	120.24a	26.96a	14.02a	59.02d
控释氮肥	C0	19.00e	8.95d	72.61d	18.90d	8.90c	72.21a
	C60	27.01d	15.82d	103.81c	18.42c	10.79d	70.79a
	C120	38.78c	20.34c	118.89b	21.79b	11.43c	66.79b
	C180	51.25b	27.45b	122.17ab	26.05a	13.95b	62.10c
	C240	58.97a	31.83a	120.63a	27.89a	15.05a	57.05d

别提高 2.05 倍和 2.56 倍，平均果穗氮素累积量在 2 年分别提高 1.50 倍和 1.58 倍。可见，不施氮肥条件下，植株中较多的氮素会转移到果穗中，即具有较高的氮素运转效率。不同处理下果穗氮累积量占氮素累积总量的比例（果穗氮素累积量占氮素累积总量的比例表现为随着施氮量的提高呈逐渐降低的趋势）也进一步说明了这一点。

与尿素类似，施用控释氮肥条件下，叶片氮素累积量为 27.01～59.50kg/hm^2，占氮素累积总量的 18.42%～27.89%；茎秆氮素累积量为 13.56～33.15kg/hm^2，占氮素累积总量的 9.21%～15.53%；果穗氮素累积量高于叶片和茎秆，占氮素累积总量的 56.59%～71.57%。2 个生长季中，与不施氮肥处理相比，施用控释氮肥处理（C60、C120、C180 和 C240）的平均叶片氮素累积量分别提高 2.36 倍和 2.32 倍；平均茎秆氮素累积量分别提高 1.99 倍和 2.67 倍；平均果穗氮素累积量分别提高 1.51 倍和 1.60 倍。氮素在不同器官间的分配比例表现为，叶片和茎秆氮素累积量占比随施氮水平的提高呈增加趋势，而果穗氮素累积量占比随施氮水平的提高呈下降的趋势。可见，施用 2 种氮肥时，较多的氮肥用量会造成植株营养器官的徒长，而减少氮素由营养器官向果穗的转移。

7.1.4 不同氮肥运筹下冬小麦植株的氮素营养诊断

1. 临界氮浓度稀释曲线模型

建立作物临界氮浓度稀释曲线，首先需要确定临界氮浓度。其确定方法有 2 种。

第1种方法由Justes等（1994）提出，具体步骤为：①对各施氮处理每次取样的地上部生物量进行方差分析，并根据作物生长是否受氮素限制分为氮限制组（作物生长受氮素供应不足的限制）和不受氮限制组（作物生长不受氮素制约）；②对氮限制组，其地上部生物量与相应的氮浓度值以线性拟合；③对不受氮限制组，以其地上部生物量的平均值作为生物量的最大值；④每次取样日的理论临界氮浓度由上述线性与以最大生物量为横坐标的垂线的交点的纵坐标确定。

第2种方法由Herrmann和Taube（2004）提出，用于相邻氮素处理间生物量与氮含量结果相近、显著性不高的情形，其认为植株生物量随氮含量增加呈先增加后趋缓最后不再增加的趋势，将同一取样时期所得数据放在一起，对生物量和氮含量以分段函数进行拟合。

本研究不同处理间生物量与氮含量差异显著，且各取样时期数据未呈现较好的分段函数规律，因此采用第一种方法构建模型。

按照Lemaire等（1991）提出的临界氮浓度稀释曲线计算方法，建立临界氮浓度稀释曲线模型为

$$N_c = aW_{max}^{-b} \tag{7.1}$$

式中：N_c为临界氮浓度，g/kg；a为地上部生物量达到1t/hm^{2}时植株的临界氮浓度，g/kg；W_{max}为植株地上部生物量的最大值，t/hm^2；b为决定临界氮浓度稀释曲线斜率的统计学参数，也即稀释系数。

在作物生长过程中，若植株氮浓度位于该曲线之下，表明氮素供应不足；若氮浓度位于该曲线之上，表明氮素供应过度；若氮浓度与曲线相吻合，则表明氮素供应适宜。

2. 氮素吸收模型

作物在临界氮浓度条件下，达到最大生物量时的氮吸收量为临界氮吸收量N_{cup}（kg/hm^2），即

$$N_{cup} = 10N_c/W_{max} \tag{7.2}$$

将式（7.1）代入式（7.2）得到作物氮累积量与生物量之间的临界氮吸收模型，即

$$N_{cup} = 10aW_{max}^{1-b} \tag{7.3}$$

3. 氮素营养指数模型

为了进一步明确作物氮素营养状况，Lemaire等（1991）提出了氮素营养指数（Nitrogen Nutrition Index，NNI）的概念，表示为

$$NNI = N_a/N_c \tag{7.4}$$

式中：N_a为地上部生物量氮浓度的实测值，g/kg；N_c为根据临界氮浓度稀释曲线模型求得的在相同地上部生物量时的氮浓度，g/kg。

NNI 可以直观地反映作物体内的氮素营养状况，若 $NNI=1$，表明氮素营养适宜；若 $NNI>1$，表明氮素营养过剩；若 $NNI<1$，表明氮素营养不足。

4. 氮积累亏缺模型

根据式（7.1）可推出氮积累亏缺模型（accumulated nitrogendeficit，AND），推导过程参照文献（Lemaire 等，2008），模型为

$$AND=N_{cup}-N_{aup} \tag{7.5}$$

式中：N_{aup}为实际氮吸收量，kg/hm^2。

若 $AND>0$，表明氮积累不足，反之说明氮积累过量。

7.1.4.1 临界氮浓度稀释曲线模型的建立

按照临界氮浓度稀释曲线模型的构建方法，将不同氮肥运筹下冬小麦地上部生物量与对应的氮浓度进行回归曲线拟合，得到每次取样的临界氮浓度。根据临界氮浓度和相应的地上部生物量，建立施用尿素和控释氮肥的冬小麦地上部生物量的临界氮浓度稀释曲线，见表 7.4。由表 7.4 分析可知，2 种氮肥拟合方程的决定系数分别为 0.992 和 0.995，拟合度均达到了极显著水平。说明该模型可以很好地解释冬小麦植株临界氮浓度与地上部生物量间的关系。比较 2 种氮肥的临界氮浓度稀释模型可知，参数值 a 表现为控释氮肥（43.474g/kg）大于尿素（43.250g/kg）。说明施用控释氮肥有助于增加植株的临界氮浓度值，提高植株的氮素容纳能力。2 种氮肥的参数值 b 也表现为控释氮肥（0.460）大于尿素（0.404）。说明施用控释氮肥下植株的氮浓度稀释速率较尿素快。地上部生物量一定时，尿素对应的氮浓度高于控释氮肥，两者平均相差 9.46%。

表 7.4　冬小麦地上部生物量的临界氮浓度稀释曲线

氮肥类型	a/(g/kg)	b	R^2
尿素	43.250	0.404	0.992**
控释氮肥	43.474	0.460	0.995**

注　**表示达到极显著水平。

7.1.4.2 氮素营养诊断

1. 基于氮素营养指数模型的冬小麦氮营养诊断

根据氮素营养指数模型式（7.4）计算得到不同氮肥运筹下冬小麦植株的 NNI 随播种后天数的动态变化（图 7.3）。由图 7.3 分析可知，不同氮肥类型和施氮水平下，冬小麦植株 NNI 值均呈现出一定的波动状态，且随着施氮水平的提高 NNI 值逐渐增大。生育期中各处理的 NNI 在 0.64～1.23 范围变

化。施用尿素时，处理C0和C80的*NNI*值始终小于1，表现为氮素营养供应不足，其中处理C0在整个生育期中均未施肥，*NNI*值呈逐渐下降的趋势。这说明尽管没有施用氮肥，但土壤中固有的养分可逐渐分解，供植株吸收利用。在拔节期追施尿素后，处理U80、U160和U240的*NNI*仍略低于播种后135d。这可能是由于施肥日期和取样日期相隔时间较短，植株体内的实际氮浓度和该阶段的临界氮浓度均变化较小的原因。之后，处理U80、U160和U240的*NNI*均逐渐减小。处理U80由于基肥和追施的氮肥均较少，到播种后213d时，其*NNI*值仅为0.76，表现为氮素营养的严重亏缺。处理U240的*NNI*值始终大于1，尤其在播种后175d之前，表现为氮素营养的严重过剩。处理U160的*NNI*值在播种后175d之前大于1，之后逐渐减小，到播种后213d时达到0.94，说明适宜的施氮水平应略高于160kg/hm^2，或者应略微调低尿素的基追比例。与尿素相比，施用控释氮肥各处理在冬小麦整个生育期的*NNI*值变幅均较小，且处理C60和C120的*NNI*值始终低于1，而处理C180和C240的*NNI*值始终大于1。说明在施用控释氮肥条件下，适宜的施氮量应为120～180kg/hm^2。可见，*NNI*可作为定量诊断植株营养状况与调控施肥水平的指标。与尿素相比，施用控释氮肥的适宜施氮量较低。

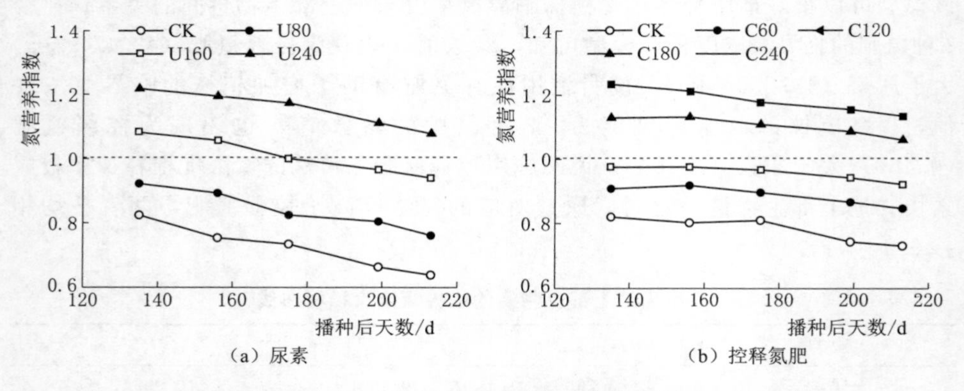

图7.3 不同氮肥运筹下冬小麦植株氮素营养指数随播种后天数的动态变化

2. 基于氮积累亏缺模型的冬小麦氮营养调控

根据氮积累亏缺模型式（7.5）计算得到不同氮肥运筹下冬小麦的氮亏缺动态变化（图7.4）。由图7.4分析可知，在冬小麦生长前期，不同氮肥运筹下植株氮素累积值与临界需求量差异较小，随着播种后天数的推进呈现出低于或高于临界需求量的两极分化。此外，随着施氮水平的提高，尿素和控释氮肥的亏缺值均逐渐减少。施用尿素条件下，处理U0和U80的氮素累积值始终低于临界需求量。在播种后175d之前，处理U160表现为氮素累积值大于氮素临界需求量，之后则正好相反。在整个生育期中，处理U240的氮素累积量均

高于氮素临界需求量，尤其在冬小麦生长中后期，氮素积累严重过剩，不利于氮素的高效利用。在控释氮肥条件下，处理C0、C60和C120与处理C180和C240的氮亏缺值表现为明显的两极分化，前者的氮素供不应求，后者的氮素供过于求。与处理C60相比，处理C120的氮素累积值与氮素临界需求量差异较小。与处理C240相比，处理C180的氮素累积值与氮素临界需求量差异也较小。说明施用尿素时，合理的施氮水平应高于 $160kg/hm^2$ 且低于 $240kg/hm^2$；施用控释氮肥时，合理的施氮水平应高于 $120kg/hm^2$ 且低于 $180kg/hm^2$。

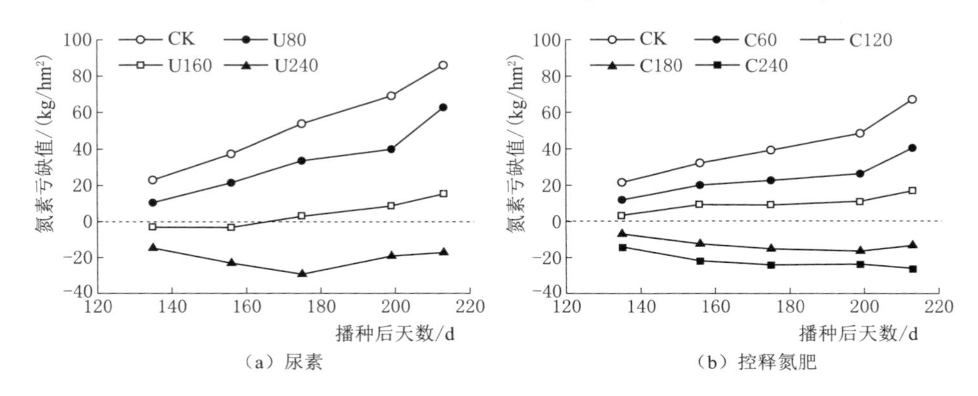

(a) 尿素　　(b) 控释氮肥

图7.4　不同氮肥运筹下冬小麦的氮亏缺动态变化

就2种氮肥而言，与处理U240相比，处理C240的氮亏缺值平均减小5.90%。

7.1.4.3　临界氮浓度稀释曲线模型的验证

基于独立试验数据（2014—2015年）对施用尿素和控释氮肥的冬小麦临界氮浓度稀释曲线模型进行验证，并采用相对均方根误差 $RRMSE$ 和相对误差 RE 检验模型的精度：

$$RRMSE=\sqrt{\frac{1}{n}\sum_{i=1}^{n}(y_i-\hat{y}_i)^2}\times\frac{100}{\overline{y}} \tag{7.6}$$

式中：y_i 为实测值，g/kg；$\hat{y}_i$ 为模拟值，g/kg；$\overline{y}$ 为所有实测数据的平均值，g/kg；n 为样本数，个。

$$RE=\frac{\hat{y}_i-y_i}{y_i}\times100\% \tag{7.7}$$

2014—2015年生长季，施用尿素和控释氮肥条件下，冬小麦播种后135～213d的平均最大地上部生物量分别为 $1.68\sim15.10t/hm^2$ 和 $1.71\sim15.48t/hm^2$（表7.5）。各取样日实测氮浓度值与依据表7.4中模型预测的氮浓度值之间的相对均方根误差分别为3.71%～6.11%和3.55%～8.39%；相对误差分别为

−4.55%~0.32%和−2.30%~7.66%。可见，基于尿素和控释氮肥建立的冬小麦临界氮浓度模型具有较好的可靠性。

表7.5 临界氮浓度的预测值与实测值比较

氮肥类型	项目	135d	156d	175d	199d	213d
控释氮肥	预测值/(g/kg)	33.96	21.60	16.95	14.81	12.33
	实测值/(g/kg)	34.10	22.67	16.37	14.50	12.67
	相对均方根误差/%	4.08	8.39	3.55	5.22	4.32
	相对误差/%	3.52	7.66	−2.30	0.33	0.49
尿素	预测值/(g/kg)	35.11	23.82	18.76	16.96	14.40
	实测值/(g/kg)	34.23	23.33	18.10	16.43	13.90
	相对均方根误差/%	3.71	4.39	5.65	6.11	4.77
	相对误差/%	−3.43	−3.37	−4.08	−4.55	0.32

7.1.4.4 冬小麦临界氮浓度稀释曲线模型的比较

表7.6为现有的部分冬小麦临界氮浓度稀释曲线参数值。由表7.6分析可知，总体而言，基于地上部生物量构建的模型参数值a大于基于叶片构建的模型。参数a值表征当器官干物质为1t/hm^{2}时对应的氮浓度。基于叶片构建模型时，当叶片干物质达到1t/hm^{2}时对应的地上部干物质已远大于1t/hm^2，即该阶段地上部干物质的氮浓度已处于稀释状态，因此基于叶片构建的模型参数值a较小。参数值b表征氮浓度的稀释速率。与叶片相比，基于地上部干物质的模型b值明显较大。这主要是由于基于叶片构建模型时，叶片被视为作物生长的核心，即作物吸收的氮素优先满足叶片的生长需求，使得叶片氮素含量下降减缓。与之相反，基于地上部干物质构建模型时，由于茎秆的氮含量小于叶片，随着茎秆的快速增长，地上部干物质的氮含量下降速率明显加快。此外，不同冬小麦品种的氮素吸收效率和氮素利用效率存在差异，不同地区的气候条件、同一地区的土壤肥力状况不同等，均会影响模型参数值。

表7.6 冬小麦临界氮浓度稀释曲线参数值

地区	a/(g/kg)	b	器官	文献来源
陕西关中	3.96	0.14	叶片	强生才等
陕西关中	4.64	0.46	地上部生物量	李正鹏等
南京	3.05	0.15	叶片	Yao等2014
南京	4.33	0.45	地上部生物量	赵犇等
南京	4.65	0.44	地上部生物量	赵犇等

续表

地区	a/(g/kg)	b	器官	文献来源
华北平原	4.15	0.38	地上部生物量	Yue 等 2012
法国	5.35	0.44	地上部生物量	Justes 等 1994
陕西关中	4.35	0.46	地上部生物量	本研究
陕西关中	4.33	0.40	地上部生物量	本研究

7.2 集雨模式与氮肥运筹下夏玉米植株的氮素累积、分配与诊断

7.2.1 不同氮肥运筹下夏玉米植株的氮素含量

与冬小麦基本相同，尿素和控释氮肥各施氮水平下，夏玉米地上部植株的氮素含量随着播种后天数的变化也表现为，随着播种后天数的推进呈逐渐降低的趋势，即在夏玉米生长过程中，植株的氮素浓度处于不断稀释状态。同一氮肥条件下，植株氮浓度值随着施氮水平的提高而增大，说明一定范围内增加施氮量可促进植株的氮素吸收。施用尿素和施用控释氮肥各处理的夏玉米植株氮素含量变化范围分别为 8.41～29.12g/kg 和 8.41～29.54g/kg。

7.2.2 集雨模式与氮肥运筹下夏玉米植株的氮素累积量

7.2.2.1 集雨模式

垄沟集雨种植将集水、保墒与调温有机结合，在改善作物耕层土壤水热条件的同时会影响土壤微生物活性和土壤养分的转化与释放，最终影响植株的养分吸收。不同集雨模式下夏玉米主要生育期的植株氮素累积量（3 个生长季的平均值）见表 7.7。由表 7.7 分析可知，与冬小麦一致，从苗期到成熟期，各处理的植株氮素累积量呈持续增加的趋势。4 种集雨处理较平作不覆盖均可一定程度上提高植株的氮素累积量，且二元集雨处理的促进效果显著优于一元集雨处理。

在苗期，各处理的植株氮素累积量为 35.53～42.81kg/hm^2。到拔节期，各处理的氮素累积量平均较苗期提高 1 倍左右，且 4 种集雨处理的促进效果较苗期有所增加。这可能是由于该阶段正值夏玉米植株的快速生长时期，也是氮素营养需求量较高的时期，集雨种植条件下较优的土壤水热环境有利于根系的养分吸收。此外，也进一步说明该时期应及时追施氮肥以补充土壤养分。在抽雄期，4 种集雨处理的氮素累积量平均较平作不覆盖提高 12.97%，其中处理 M3 与处理 M1 和 M2 差异不显著。这可能是由于处理 M3 较高的土壤温度一定程度上限制了植株的氮素吸收，土壤温度的负效应和集雨保墒的正效应基本持平。在灌浆期，处理 M2 与 M3 的氮素累积量差异不显著，但均显著高于处理 M1，4 种集雨处理平均较处理 CK 提高 15.36%。在成熟期，4 种集雨处理的氮素累积量分别较处理 CK 提高 7.11%、9.82%、15.94%和 20.16%，其中处理 M4 显著高于其他集雨处理。可见，集雨处理可促进夏玉米植株的生长和对土壤氮素的吸收转化，实现以水促肥的效果。垄覆黑膜沟覆秸秆在提高夏玉米植株氮素累积量方面效果较优。

表 7.7 不同集雨模式下夏玉米主要生育期的植株氮素累积量 单位：kg/hm^2

处理	苗期	拔节期	抽雄期	灌浆期	成熟期
CK	35.53c	68.52c	85.83c	102.52d	115.45d
M1	38.61b	76.39b	94.56b	111.57c	123.66c
M2	39.23b	75.65b	93.04b	115.45b	126.79c
M3	41.79a	82.33a	98.23ab	120.33ab	133.85b
M4	42.81a	84.79a	101.02a	125.73a	138.72a

7.2.2.2 氮肥运筹

不同氮肥运筹对夏玉米主要生育期植株氮素累积量的影响如图 7.5 所示。由图 7.5 分析可知，与冬小麦基本相同，2 个生长季中，施用尿素和控释氮肥各处理的地上部植株氮素累积量均表现为随着生育期的推进，植株氮素累积量不断增加，且不施氮处理始终低于施氮处理。与冬小麦相比，同一氮肥类型和施氮水平的夏玉米植株氮素累积量较少，说明冬小麦对氮素的需求高于夏玉米。

苗期阶段，尿素和控释氮肥各处理的氮素累积量分别为 37.51～59.01kg/hm^2 和 34.16～52.14kg/hm^2，其中处理 U160 平均较处理 C180 提高 3.26%，处理 U240 平均较处理 C240 提高 15.27%。这主要是由于尿素为速效氮肥，施入土壤后可迅速释放氮素，供植株吸收利用，而控释氮肥的氮素在作物生长早期释放较少，在中后期释放较多。在拔节期，尿素各处理均进行追肥，各处理的氮素累积量大幅度提升，其中处理 U80 和 U160 与处理 U160 和 U240 之间的植株氮素累积量无显著差异。这主要是由于该阶段追施氮肥后可充分满足植株的氮素需求，使得相邻处理间的植株氮素累积量差异减小。控释氮肥条件下，处理 C120 和 C180 与处理 C180 和 C240 的植株氮素累积量差异不显著。此后，尿素各处理的植株氮素累积速率较控释氮肥各处理趋于平缓。

统计分析表明，到成熟期时，处理 U160 与 C120 的植株氮素累积量无显著差异，处理 U240 的植株氮素累积量与处理 C180 差异不显著，且显著低于处理 C240（$P<0.05$）。可见，与尿素相比，控释氮肥的氮素有效性较高，且

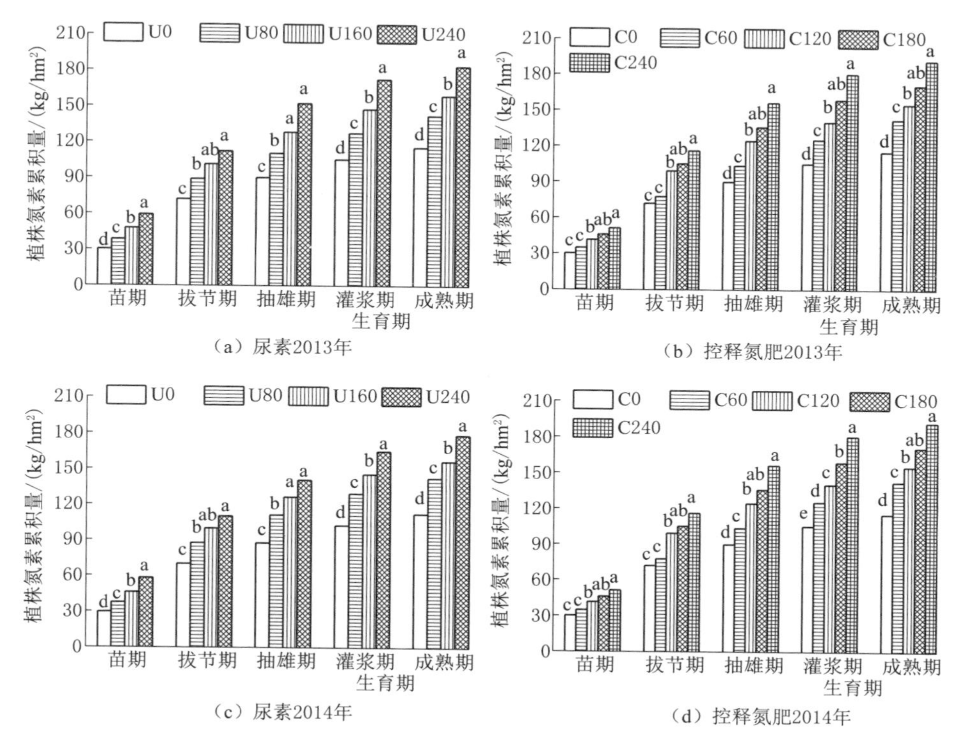

图 7.5 不同氮肥运筹下夏玉米主要生育期的植株氮素累积量

随着施氮水平的提高，植株氮素累积量的增加幅度逐渐减小。

7.2.3 集雨模式与氮肥运筹下夏玉米植株的氮素分配

7.2.3.1 集雨模式

图 7.6 为不同集雨模式下夏玉米成熟期各器官（叶片、茎秆和果穗）的氮素累积量。由图 7.6 分析可知，不同处理下分植株器官的氮素累积量均表现为果穗＞叶片＞茎秆。与平作不覆盖相比，4 种集雨处理的叶片、茎秆和果穗氮素累积量均较高，其中处理间的叶片和茎秆氮素累积量差异较小，而果穗氮素累积量差异较大。这与各器官的氮素累积量占植株氮素累积总量的比例密切相关。不同处理的叶片氮素累积量为 19.99～24.97kg/hm²，占植株氮素累积总量的 18%左右，其中处理 M1、M2、M3 和 M4 分别较处理 CK 提高 8.64%、11.69%、18.93%和 24.93%。不同处理的茎秆氮素累积量为 8.44～11.41kg/hm²，占植株氮素累积总量的 8%左右，其中处理 M1、M2、M3 和 M4 分别较处理 CK 提高 14.42%、18.27%、30.68%和 35.12%。不同处理的果穗氮素累积量为 87.02～102.34kg/hm²，其中处理 M1、M2、M3 和 M4 分别较处理 CK

提高6.05%、8.57%、13.82%和17.61%。可见，4种集雨处理均可提高夏玉米收获时叶片、茎秆和果穗的氮素累积量，其中提高果穗的氮素累积量是实现高产和提高品质的基础。4种集雨处理中，垄覆黑膜沟覆秸秆（M4）更有利于提高夏玉米果穗的氮素累积量。

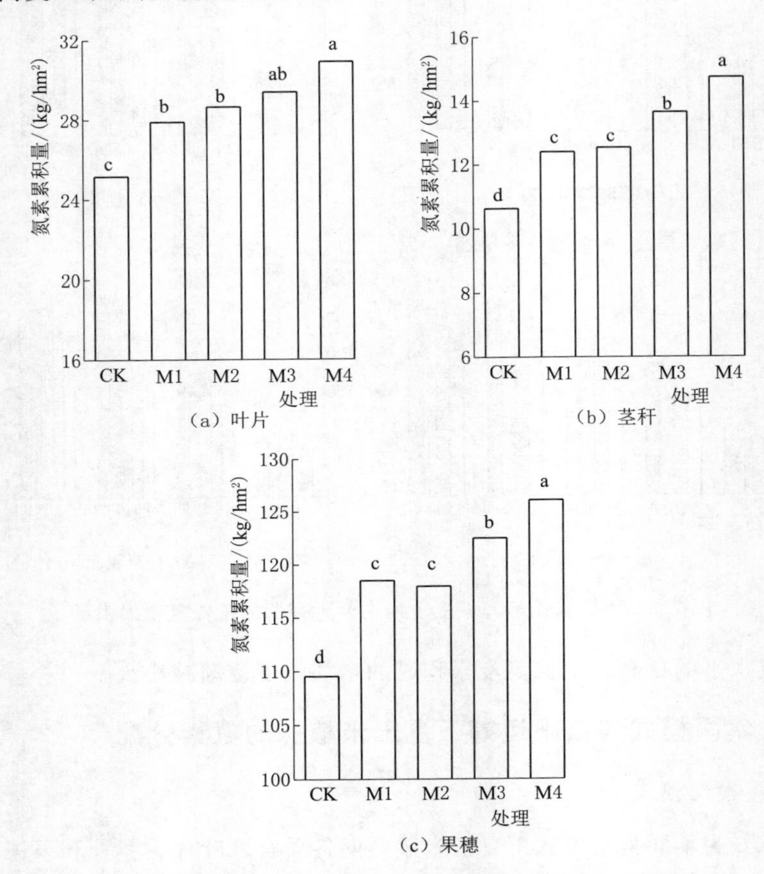

图7.6 不同集雨模式下夏玉米成熟期各器官的氮素累积量

7.2.3.2 氮肥运筹

表7.8和表7.9分别为2013年和2014年生长季不同氮肥运筹下夏玉米成熟期各器官（叶片、茎秆和果穗）的氮素累积量。由表7.8和表7.9分析可知，不同氮肥运筹下，植株氮素累积量在不同器官中的分配量和分配比例存在一定差异，但在年际间差异较小。说明同一施氮条件下，氮素营养在不同器官间的分配较为稳定。同一处理下，分植株器官的氮素累积量和分配比例总体表现为果穗＞叶片＞茎秆。

表 7.8 2013 年生长季不同氮肥运筹下夏玉米成熟期各器官的氮素累积量

氮肥类型	处理	氮素在不同器官中的累积量/(kg/hm²)			氮素在不同器官中的分配比例/%		
		叶片	茎秆	果穗	叶片	茎秆	果穗
尿素	U0	29.53b	16.43d	69.31d	25.62a	14.25a	60.13d
	U80	30.18b	19.16b	92.76c	21.24b	13.48b	65.28c
	U160	29.79b	17.29c	111.55b	18.78c	10.90c	70.32a
	U240	36.63a	20.55a	126.26a	19.97c	11.20c	68.83b
控释氮肥	C0	29.53b	16.43c	69.31e	25.62a	14.25a	60.13e
	C60	30.11b	18.31b	93.88d	21.16b	12.87b	65.97d
	C120	24.95c	15.58d	114.53c	16.09d	10.05c	73.86a
	C180	30.97b	18.51b	121.45b	18.12c	10.83c	71.05b
	C240	39.08a	19.57a	133.21a	20.37b	10.20c	69.43c

表 7.9 2014 年生长季不同氮肥运筹下夏玉米成熟期各器官的氮素累积量

氮肥类型	处理	氮素在不同器官中的累积量/(kg/hm²)			氮素在不同器官中的分配比例/%		
		叶片	茎秆	果穗	叶片	茎秆	果穗
尿素	U0	28.43c	17.60b	66.07d	25.36a	15.70a	58.94c
	U80	32.77b	17.96b	91.58c	23.03b	12.62b	64.35b
	U160	29.83c	16.90c	109.60b	19.08d	10.81c	70.11a
	U240	37.47a	21.51a	119.36a	21.01c	12.06b	66.93b
控释氮肥	C0	28.43c	17.60c	66.07e	25.36a	15.70a	58.94d
	C60	30.73b	18.63c	88.70d	22.26b	13.49b	64.25c
	C120	24.05d	15.47d	113.20c	15.75c	10.13d	74.12a
	C180	30.04b	20.29b	122.21b	17.41c	11.76c	70.83b
	C240	39.41a	23.37a	130.32a	20.41b	12.10bc	67.49c

施用尿素条件下，2 个生长季中，叶片的氮素累积量分别为 29.53～36.63kg/hm² 和 28.43～37.47kg/hm²，分别占氮素累积总量的 18.78%～25.62%和 19.08%～25.36%。叶片氮素累积占比表现为，随着施氮水平的提高呈先减小后增加的趋势，2 年中处理 U160 均达到最小值。与叶片相比，茎秆的氮素累积量较少，2 年分别为 16.43～20.55kg/hm² 和 17.60～21.51kg/hm²，分别占氮素累积总量的 10.90%～14.25%和 10.81%～15.70%，其中处理 U160 显著低于处理 U0、U80 和 U240。与叶片和茎秆相比，各处理果穗中的

氮素累积量均大幅度提高，2年分别为69.31～126.26kg/hm^{2}和66.07～119.36kg/hm^2，分别占总氮累积量的60.13%～70.32%和58.94%～70.11%，其中处理U240的果穗氮素累积量最高，而处理U160的果穗氮素累积占比最高。可见，提高氮肥施用量会显著增加果穗的氮素累积量，但同时会降低果穗氮素累积占比，即减少氮素由营养器官向籽粒运转的比例。

与尿素类似，施用控释氮肥条件下，2年中叶片的氮素累积量分别为29.53～39.08kg/hm^{2}和28.43～39.41kg/hm^2，分别占氮素累积总量的16.09%～25.62%和15.75%～25.36%，其中处理C120显著低于其他处理。2年中茎秆的氮素累积量分别为15.58%～19.57kg/hm^{2}和15.47～23.37kg/hm^2，分别占氮素累积总量的10.05%～14.25%和10.13%～15.70%。果穗的氮素累积量高于叶片和茎秆，其中处理C240的果穗氮素累积量2年平均较处理C0、C60、C120和C180提高94.66%、44.34%、15.72%和8.15%，其果穗氮素累积占比则平均较处理C120和C180降低7.47%和3.50%。

2种氮肥条件下，处理C120与U160的平均果穗氮素累积量差异不显著，但前者的果穗氮素累积占比平均较后者提高5.38%；处理C180与U240的平均果穗氮素累积量差异也不显著，但前者的果穗氮素累积占比平均较后者提高4.51%。可见，较多和较少的氮肥施用量均不利于夏玉米营养器官氮素向果穗的转移，且与尿素相比，控释氮肥的氮素运转效率较高。

7.2.4　不同氮肥运筹下夏玉米植株的氮素营养诊断

7.2.4.1　临界氮浓度稀释曲线模型的建立

按照临界氮浓度稀释曲线模型的构建方法，得到施用尿素和控释氮肥的夏玉米地上部生物量的临界氮浓度稀释曲线（表7.10）。由表7.10分析可知，2种氮肥拟合方程的决定系数分别为0.958和0.971，拟合度均达到极显著水平。说明该模型能够很好地反映夏玉米植株临界氮浓度与地上部生物量之间的关系。利用2种氮肥所建立的临界氮浓度稀释模型的参数存在一定差异。与冬小麦一致，参数值a表现为控释氮肥（34.356g/kg）大于尿素（33.806g/kg）。说明与尿素相比，施用控释氮肥在获得1t/hm^{2}的夏玉米地上部生物量时所需要的临界氮浓度较高。此外，夏玉米2种氮肥的模型参数a值均小于冬小麦。2种氮肥的模型参数值b也表现为控释氮肥（0.399）大于尿素（0.308），即施用控释氮肥下植株的氮浓度稀释速率较尿素快。与冬小麦相比，夏玉米2种氮肥的模型参数b较小，说明夏玉米植株体内的氮素稀释速率较冬小麦植株慢。这可能是由于玉米为C4作物，光合生长旺盛，根系的氮素吸收能力强，因此体内氮素稀释较慢，而小麦为C3作物，光合生长相对较慢，故氮素稀释较快。

表 7.10 夏玉米地上部生物量的临界氮浓度稀释曲线

氮肥类型	a/(g/kg)	b	R^2
尿素	33.806	0.308	0.958**
控释氮肥	34.356	0.399	0.971**

注 ** 为达到极显著水平。

7.2.4.2 氮素营养诊断

1. 基于氮素营养指数模型的夏玉米氮营养诊断

根据氮素营养指数模型式（7.4）计算得到不同氮肥运筹下夏玉米植株的氮素营养指数随播种后天数的动态变化（图 7.7）。由图 7.7 分析可知，不同氮肥类型和施氮水平下，夏玉米植株的 NNI 值呈现出一定的波动状态。在同一测定时期，随施氮水平的提高，NNI 值逐渐增加。施用尿素各处理的 NNI 值变幅为 0.73～1.15；施用控释氮肥各处理的 NNI 值变幅为 0.78～1.23。

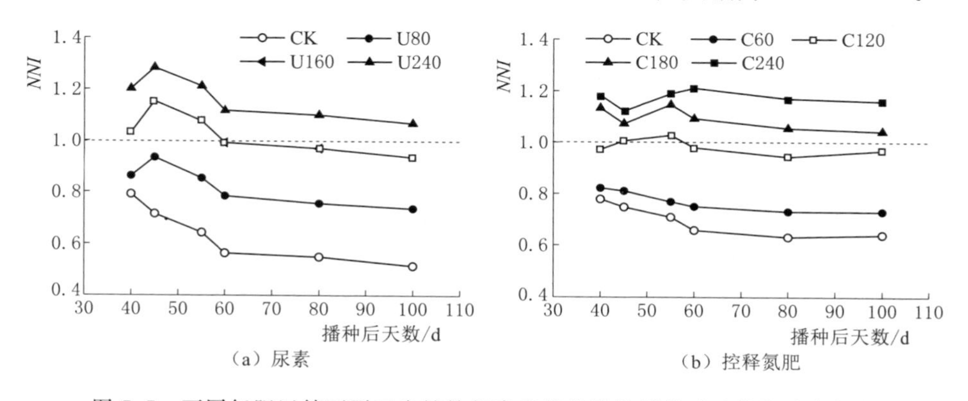

图 7.7 不同氮肥运筹下夏玉米植株氮素营养指数随播种后天数的动态变化

施用尿素条件下，与播种后 45d 相比，处理 U80、U160 和 U240 均在播种后 55d 左右的 NNI 值略有提高。这是由于该阶段正值夏玉米拔节期追肥，尿素施入土壤后，氮素可迅速释放，供作物吸收利用。处理 U80 的 NNI 值始终小于 1，说明施氮量不足，严重制约着植株生长。处理 U160 的 NNI 值在播种后 79d 之前大于 1，之后逐渐减小，到播种后 104d 时为 0.96，说明该施氮水平在夏玉米生长前中期表现为营养略剩，之后略显不足，即施用尿素时，夏玉米的适宜施氮量为略高于 160kg/hm²，或略微调低尿素的基追肥比例。处理 U240 的 NNI 值在整个生育期均大于 1，到播种后 104d 时仍为 1.05，说明施用 240kg/hm² 的尿素会出现严重的营养过剩。

施用控释氮肥条件下，各处理的 NNI 值在夏玉米生育期中的变幅较小。处理 C60 的 NNI 值始终小于 1，表现为氮素营养供应不足。处理 C120 的

NNI 值呈先增加后减少的趋势，在播种后67d达到最大值，其中在播种后55d、67d和79d略高于或等于1，而其他时段均小于1。这主要与控释氮肥的氮素释放规律有关，即随着生育期的推进逐渐增加，但由于植株的氮素需求量呈由少到多再少的趋势，因此在作物生长后期会出现一定的氮亏缺现象。处理C180和C240的 *NNI* 值在整个生育期中均大于1，说明营养过剩。可见，夏玉米适宜的施氮量为尿素略高于160kg/hm^2，或者控释氮肥略高于120kg/hm^2。

2. 基于氮积累亏缺模型的夏玉米氮营养调控

根据氮积累亏缺模型式（7.5）计算得到不同氮肥运筹下夏玉米植株的氮亏缺动态变化（图7.8）。由图7.8分析可知，与冬小麦一致，施用尿素和控释氮肥各处理的植株氮素累积值与临界需求量在夏玉米生长前期差异较小。尿素和控释氮肥各处理的氮素亏缺值变化范围分别为－9.84～55.16kg/hm^{2}和－29.96～44.21kg/hm^2，且随着施氮量的增加，氮素亏缺值逐渐减小。

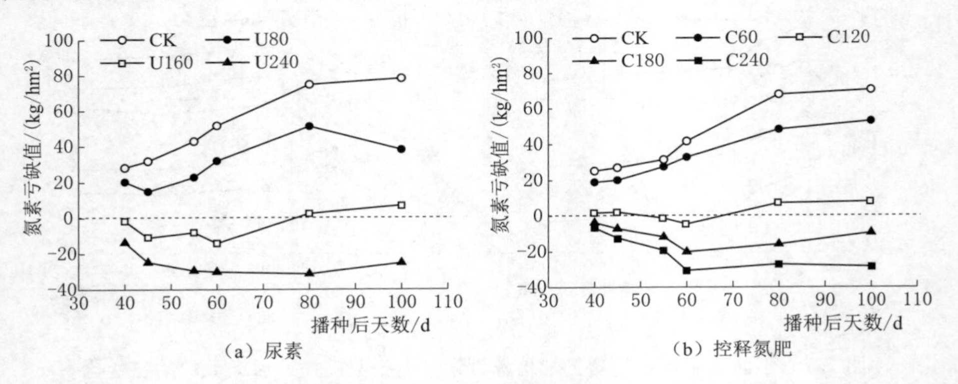

（a）尿素　　（b）控释氮肥

图7.8　不同氮肥运筹下夏玉米植株的氮亏缺动态变化

施用尿素条件下，处理U80的氮素累积值始终低于临界需求量，且在播种后104d达到最大值。处理U160的氮素累积值在整个测定时期均略低于氮素临界需求量，且在播种后67d之后呈逐渐增加的趋势。这可能是由于拔节期追施氮肥后的一段时间内，土壤中的氮素含量较高，基本可以满足夏玉米根系的吸收，之后由于氮素淋溶损失或土壤氮素含量不足，最终产生一定程度的氮素亏缺。在整个生育期中，处理U240的氮素累积量均远高于氮素临界需求量，尤其在拔节期追施氮肥后，植株氮素营养明显过剩，在播种后96d达到最高值，之后呈现出降低的趋势。

在控释氮肥条件下，处理C60的氮素累积量远低于氮素临界需求量，即氮素供不应求；处理C180与C240的氮素累积量远高于氮素临界需求量，

即氮素供过于求。在整个生育期中，处理C120的氮素累积值与氮素临界需求量差异均较小，且变化较为平稳。可见，施用尿素时，合理的夏玉米氮肥施用量应为略高于160kg/hm²；施用控释氮肥时，合理的夏玉米氮肥施用量应为略高于120kg/hm²。这与前面根据氮素营养指数所建议的合理施氮量结果一致。

7.2.4.3 临界氮浓度稀释曲线模型的验证

利用2014年生长季施用尿素和控释氮肥条件下，夏玉米播种后45d到104d的平均最大地上部生物量和对应的临界氮浓度值来验证模型，并采用相对均方根误差（*RRMSE*,%）和相对误差（*RE*,%）检验模型的精度（表7.11）。6次取样日期的实测氮浓度值与依据表7.10中模型预测的氮浓度值之间的相对均方根误差分别为4.32%～8.56%和3.95%～9.56%；相对误差分别为−4.66%～5.76%和−3.67%～7.87%。可见，基于尿素和控释氮肥所构建的夏玉米临界氮浓度稀释曲线模型具有较好的精度，可用于年际间夏玉米植株体内的氮素营养诊断。

表7.11　　临界氮浓度的预测值与实测值比较

氮肥类型	项　目	播种后天数/d					
		45	55	67	79	95	104
控释氮肥	预测值/(g/kg)	27.10	20.31	17.76	16.41	15.79	15.21
	实测值/(g/kg)	26.14	19.53	18.26	16.92	16.31	15.28
	相对均方根误差/%	5.82	9.56	3.95	7.56	5.14	5.53
	相对误差/%	−3.67	6.87	−3.12	−3.44	2.67	5.78
尿素	预测值/(g/kg)	26.48	18.08	14.80	13.55	12.97	12.21
	实测值/(g/kg)	27.01	17.43	15.43	13.30	12.71	11.84
	相对均方根误差/%	6.24	8.56	5.43	6.03	4.32	3.98
	相对误差/%	−4.21	5.76	−4.08	−4.66	1.45	4.52

7.2.4.4 夏玉米临界氮浓度稀释曲线模型的比较

表7.12为现有的部分夏玉米临界氮浓度稀释曲线参数值。由表7.12分析可知，受试验地气候条件、土壤肥力状况、作物品种等因素影响，不同地区甚至同一地区的模型参数值存在一定的差异。本书的研究中，基于尿素和控释氮肥构建的模型参数值 *a* 与梁效贵等（2013）和Plenet等（1999）的数值差异较小，而大于Yue等（2014）、强生才等（2015）和李正鹏等（2015）研究的结果。这可能与试验年夏玉米生长季的降水气温分布有关。此外，李正鹏等（2015）所构建模型的数据来源于2000—2014年间关中平

原的夏玉米大田试验研究，包含多种气候条件和夏玉米品种。强生才等（2015）所构建的模型也是基于多个夏玉米品种。这些均可能影响模型的参数。本书的研究中，基于尿素和控释氮肥构建的模型参数值 b 与强生才等（2015）和李正鹏等（2015）研究的结果差异较小。说明模型参数 b 值在同一地区较为稳定。

表 7.12　夏玉米临界氮浓度稀释曲线参数

地区	a/(g/kg)	b	文献来源
欧洲	34.0	0.37	Plenet 等 1999
华北平原	34.9	0.41	梁效贵等
华北平原	27.2	0.27	Yue Li 等 2014
陕西关中	21.9	0.31	强生才等
陕西关中	21.9	0.14	强生才等
陕西关中	22.5	0.27	李正鹏
渭北旱塬	25.3	0.26	李正鹏
陕西关中	33.8	0.31	本研究
陕西关中	34.4	0.40	本研究

7.3　讨论与小结

作物氮素吸收是土壤氮循环的重要组成部分。土壤氮素分布、植株根系形态等是影响作物氮素吸收的主要因素。优化氮肥管理在满足作物氮素需求的同时，可有效避免养分流失，是实现节本增效和环境友好的重要途径，也是实现农业可持续发展的必然要求。

本书研究结果表明，施用2种氮肥条件下，随着生育期的推进，植株氮素累积量不断增加，其中拔节期各处理的植株氮素累积量最多，对氮素的需求量最大。该时期追肥可有效促进植株的生长，同时有利于提高光合速率，延长叶片功能期。与尿素相比，施用控释氮肥各处理在作物生长前期的氮素累积量较少，随后累积速率加快。到成熟期时，处理C120与U160之间和处理C180与U240之间的植株氮素累积量无显著差异。这主要是由于尿素为速溶性氮肥，其氮素释放与植株氮素吸收不同步，容易通过挥发、径流、渗漏等途径散失，尤其在作物生长后期，土壤氮素含量减少，从而制约作物生长及养分累积。控释氮肥的氮素释放与植株氮素需求较为吻合，但其氮素释放受环境因素的影响较大，在作物生长前期发生低温或持续干旱时，会导致养分释放速率减慢。张小翠等（2012）在水稻的研究中也发现，与普通尿素相比，施用缓释氮肥时，植

株在分蘖盛期的氮素累积量较低，之后则保持较高水平。尹彩侠等（2014）在施用控释氮肥对玉米氮素吸收的研究中也发现，尿素处理的植株氮素累积速率变幅较大，而控释氮肥处理的植株氮素累积速率变幅缓慢，且在大喇叭口期至成熟期的氮素累积速率高于尿素处理，可有效避免玉米生长后期的脱肥现象。

小麦和玉米籽粒的主要成分是蛋白质和淀粉。在籽粒形成过程中，同化物的生成和向籽粒的转运能力会影响蛋白质和淀粉的积累量，也直接影响籽粒的产量和品质。葛均筑等（2014）在不同施氮量对长江中游春玉米氮肥利用的研究中发现，与不施氮相比，施用氮肥可显著促进春玉米的生育进程，拔节期提前1～5d，抽雄和吐丝期提前4～12d，生理成熟期也有所提前。本书的研究尽管没有分析不同氮肥运筹下作物的生育进程，但由成熟期各器官氮素占植株氮素累积总量的比例发现，在冬小麦中，叶片和茎秆氮素累积量占比随着施氮水平的提高呈增加趋势，而果穗氮素累积量占比随着施氮水平的提高呈下降趋势；在夏玉米中，不同氮肥运筹下叶片、茎秆和果穗的氮素累积量没有明显的变化趋势，但处理U240的果穗氮素占比较处理U160有所降低，处理C180和C240的果穗氮素占比较处理C120有所降低。这从侧面反映出过量施用氮肥会造成植株贪青晚熟，成熟期延长，使得碳水化合物和氮素由营养器官向籽粒的运转减少，最终会导致产量和籽粒蛋白质含量的下降。本书的研究与前人研究间的差异可能与氮肥水平的设置有关，一定范围内提高施氮水平会促进植株生长，施氮过量则容易出现负向影响。此外，由于不同农业生态区的土壤基础肥力存在较大差异，作物的适宜施氮区间不尽相同。

针对现阶段部分缓控释氮肥在作物生长前期养分释放速率较为缓慢和投入成本高、难以大面积推广应用等问题，有学者提出将控释氮肥与普通尿素按照一定的比例进行掺混施用，以调节氮素释放与作物不同生长阶段的氮素需求，且仅需一次性基施，可显著减少劳动力投入成本。

除调控氮肥运筹外，通过调节播种密度、轮作和合理地进行地表覆盖等措施也可改变作物的氮素吸收利用过程。集雨种植能改善作物耕层的土壤水热状况，有效地促进植株的氮素吸收和氮素由营养器官向籽粒的转移，从而提高作物产量和氮肥利用效率。周昌明（2016）在不同地膜覆盖和种植方式对玉米生长发育的研究中得出，与平作不覆盖相比，在平地、垄沟和连垄种植方式下，覆盖普通地膜、生物降解膜和液态地膜均可提高夏玉米成熟期的植株氮素累积量，且覆盖普通地膜和生物降解膜的促进效果相当。沈学善等（2012）在不同秸秆还田和耕作方式对小麦氮素累积的研究中发现，与不还田相比，翻埋还田、旋耕还田和覆盖还田均可提高小麦成熟期各器官尤其是籽粒的氮素积累量。本书的研究也得出，随着生育期的推进，不同集雨处理的植株氮素累积量逐渐提高，并于成熟期达到最大值。与平作不覆盖相比，4种集雨处理均可不同程度地提高植株的氮素累积量，其中叶片和茎秆氮素累积量的差异较小，而果穗氮素累积量的差异较大。与本书的研究不同，李华等（2011）在不同地表覆盖对第 3 季冬小麦氮素吸收的研究中发现，当施氮量为 120kg/hm² 时，覆膜、覆草和平作不覆盖的小麦地上部植株及籽粒含氮量均无显著差异，而在不施氮肥和施氮量为 240kg/hm² 时，处理间的差异达到显著水平。覆膜较不覆盖处理的地上部植株吸氮量分别增加 24.7%和 21.0%，籽粒氮含量分别增加 29.2%和 22.0%；覆草较不覆盖处理的植株氮含量和籽粒氮含量分别增加 12.3%～12.6%和 7.7%～12.0%。这可能与试验地的基础肥力有关，且在李华等（2011）的试验设计中，尿素以基肥的形式在播种前一次性施入，施氮水平中等时，可能凸显不出覆盖的效应。

作物氮浓度稀释现象的产生主要归因于以下 2 个过程：①植株冠层相互遮阴；②作物生长过程中不同器官所占比例逐渐发生变化。本书的研究分别构建了陕西关中地区冬小麦和夏玉米在施用尿素和控释氮肥时的临界氮浓度稀释曲线模型。与前人建立的模型相比，形式基本相同，但参数存在一定的差异。差异产生的原因可能有：①不同作物品种的生长形态和生理机制有所区别；②氮素水平设置、土壤营养状况和气候环境因子等不同。就本书的研究而言，基于尿素和控释氮肥所构建的临界氮浓度稀释曲线模型参数不同，这主要与 2 种氮肥的氮素释放特性有关。利用独立试验数据对模型进行检验，发现该模型在不同年际间具有较好的可靠性。本书的研究通过 2 年大田试验数据分别构建并验证了基于尿素和控释氮肥的冬小麦和夏玉米临界氮浓度稀释曲线模型，但仅是在同一生态地点、单一品种下构建的。今后需要通过不同生态地区和不同品种的试验资料进行检验并不断完善，以进一步实现模型估测的可靠性。

植株体内的氮素营养状况是土壤氮供应、施氮量、作物需氮量和作物氮吸收能力综合作用的结果。准确有效地对植株进行氮素营养诊断是合理施肥的基础。研究表明，*NNI* 不仅可以诊断作物生育期中植株的氮素营养状况，还可以量化作物受氮胁迫的强度。强生才等（2015）在不同降雨年型下夏玉米营养诊断的研究中发现，2 种降雨年型下，不施氮时，植株 *NNI* 值均小于 1，施氮量为 258kg/hm² 时，植株 *NNI* 值均大于 1，氮营养指数最优的施氮处理在前旱后涝年份为 86～172kg/hm²，在前期正常、后期干旱年份为 172kg/hm²。赵犇等（2012）利用氮亏缺模型对小麦植株的氮素营养进行诊断，发现施氮量为 150kg/hm² 和 225kg/hm² 时，氮亏缺值在 0 附近波动，为适宜的施氮量。在本书的研究中，基于氮营养指数模型和氮积累亏缺模型对冬小麦和夏玉米植株的氮素营养诊断结果一致。施用尿素的适宜施氮区间均为 160～240kg/hm²，或者略微调低尿素的基追比例；施用控释氮肥的适宜施氮区间均为 120～180kg/hm²。

第8章　集雨模式与氮肥运筹下作物的产量和水氮利用效率

作物产量和水肥利用效率是管理水平与土壤生产力的综合反映。在干旱半干旱地区，作物增产主要依赖于生育期的有效降水和播前土壤蓄水。集雨种植可有效改善作物生长的土壤水热状况，从而实现高产稳产和降水资源的高效利用。研究表明，覆盖秸秆、液态地膜、普通地膜和生物降解膜均可显著改善作物耕层的土壤水分状况，实现增产和高效的有机统一。合理进行氮肥运筹可使单位氮素形成更多的经济产量，并降低土壤中氮素的残留。研究表明，施氮量一定时，拔节期追肥可提高营养器官中氮素向籽粒的运转，而拔节期和开花期追肥有利于氮素在籽粒中的累积，从而形成较高的产量（吴光磊等，2012年提出）。与不施氮肥相比，施用氮肥可显著提高作物产量；与一次性基施相比，基施加追施的施氮模式更有利于作物产量的提高；与全量施用尿素相比，施用减量30%控释氮肥的作物产量无显著差异，而氮肥利用效率明显提高（孙云保等，2014年提出）。本章内容包括：冬小麦和夏玉米生长季不同集雨模式下，作物的耗水特性、产量、水分和氮肥利用效率，以及周年产量、周年水分利用效率和总水分利用效率；不同氮肥运筹下，作物的产量和氮肥利用效率，以及周年产量和周年氮肥利用效率等。通过计算和分析不同处理的产量和水氮利用效率，旨在获得试验区节水高产高效的冬小麦和夏玉米集雨种植和氮肥运筹模式。

8.1　集雨模式与氮肥运筹下冬小麦的产量和水氮利用效率

8.1.1　集雨模式对冬小麦耗水特性的影响

作物生育期的耗水量主要包括植株蒸腾量和棵间蒸发量，其中植株蒸腾量约占生育期耗水总量的60%～70%，棵间蒸发量约占生育期耗水总量的30%～40%。作物生育期的蒸散耗水总量主要由生育期降水量、灌水量和土壤储水消耗量等组成。

表8.1为不同集雨模式下冬小麦生育期的耗水总量和耗水来源比例。由表8.1分析可知，不同处理下，冬小麦生育期耗水总量的差异主要来源于不同的土壤储水消耗。

表 8.1　　不同集雨模式下冬小麦生育期的耗水总量和耗水来源比例

生长季	处理	灌水量/mm	降水量/mm	土壤储水消耗量/mm	总耗水量/mm	灌水量/总耗水量/%	降水量/总耗水量/%	土壤储水消耗量/总耗水量/%
2013—2014年	CK	40	273.1	29.4a	342.5a	11.68	79.74	8.58
	M1	40	273.1	26.6b	339.7b	11.78	80.39	7.83
	M2	40	273.1	15.5c	328.6c	12.17	83.11	4.72
	M3	40	273.1	11.4d	324.5d	12.33	84.16	3.51
	M4	40	273.1	10.6d	323.7d	12.36	84.37	3.27
2014—2015年	CK	40	239.4	35.8a	315.2a	12.69	75.95	11.36
	M1	40	239.4	31.1b	310.5b	12.88	77.10	10.02
	M2	40	239.4	31.9b	311.3b	12.85	76.90	10.25
	M3	40	239.4	26.7c	306.1c	13.07	78.21	8.72
	M4	40	239.4	26.0c	305.4c	13.10	78.39	8.51
2015—2016年	CK	60	203.3	40.1a	303.4a	19.78	67.01	13.22
	M1	60	203.3	36.4b	299.7b	20.02	67.83	12.15
	M2	60	203.3	34.4b	297.7b	20.15	68.29	11.56
	M3	60	203.3	33.6b	296.9b	20.21	68.47	11.32
	M4	60	203.3	27.5c	290.8c	20.63	69.91	9.46

8.1.1.1　土壤储水消耗量

在3个生长季中，4种集雨处理的0～200cm土层土壤储水消耗量分别为10.6～29.4mm、26.0～35.8mm和27.5～40.1mm，即均表现为生育期内土壤储水量的负增长。不同处理间的土壤储水消耗量表现为，处理CK显著高于4种集雨处理，且二元集雨处理M3和M4显著高于一元集雨处理M1和M2（在2015—2016年生长季中，处理M1、M2和M3之间差异不显著）。与处理M3相比，处理M4的土壤储水消耗量均较小。这可能是由于处理M3较高的土壤水热条件更有利于冬小麦生长，因此对土壤水分的消耗也相应地有所增加。处理间3个生长季的平均土壤储水消耗量表现为M1、M2、M3和M4分别较CK降低10.64%、22.32%、31.91%和39.13%。

8.1.1.2　耗水量

不同生长季的降水量和降水分布存在差异，因此各处理的生育期耗水量不尽相同。各处理的3年耗水量分别为323.7～342.5mm、305.4～315.2mm和290.8～303.4mm，表现为随生育期降水量的增加而增加。与土壤储水消耗量

一致，4 种集雨处理的生育期耗水总量均显著低于平作不覆盖（$P<0.05$），其中处理 M1、M2、M3 和 M4 分别平均较处理 CK 降低 1.17％、2.45％、3.50％和 4.29％。此外，在冬小麦生长关键期出现持续干旱时均及时给予补充灌水，可能一定程度上隐藏了因生育期降水量不同而产生的不同集雨处理的耗水量效应。

8.1.1.3 灌水量占耗水量的比例

在 3 个生长季中，不同处理的灌水量占耗水总量比例的变化趋势基本相同，均表现为 4 种集雨处理高于平作不覆盖。在 2013—2014 年生长季，处理间灌水量占耗水总量的比例为 11.68％～12.36％，其中处理 M1、M2、M3 和 M4 分别较处理 CK 提高 0.82％、4.23％、5.55％和 5.81％。2014—2015 年生长季，处理间灌水量占耗水总量的比例略高于 2013—2014 年生长季。这主要是由于该生长季的降水量较少，干旱胁迫严重，灌水对生育期耗水总量的作用加大。3 个生长季中，由于灌水量在耗水总量中的比例本身相对较小，故处理间的差异也较小。与平作不覆盖相比，二元集雨处理，尤其是垄覆黑膜沟覆秸秆（M4）处理的灌水量占比较高，说明其能更有效地发挥灌水的作用。

8.1.1.4 降水量占耗水总量的比例

在 3 个生长季中，降水量均为各处理生育期耗水量的主要来源，且 4 种集雨处理的降水量占比均高于平作不覆盖，但在不同生长季中存在一定差异。在 2013—2014 年生长季，各处理的灌水量占比为 79.74％～84.37％，达到 3 个生长季的最高值。在 2014—2015 和 2015—2016 年生长季，冬小麦生育期间的降水量较少，故各处理的降水量占比有所降低，分别为 75.95％～78.39％和 67.01％～69.91％。与平作不覆盖相比，4 种集雨处理，尤其是处理 M4 的灌水量占比较高，说明其能更有效地发挥降水的作用。

8.1.1.5 土壤储水消耗量占耗水量的比例

3 个生长季中，各处理的土壤储水消耗量占比表现为 2013—2014 年生长季低于 2013—2014 年和 2015—2016 年生长季。3 个生长季的平均土壤储水消耗占比表现为，处理 CK 分别较处理 M1、M2、M3 和 M4 提高 10.56％、25.03％、40.79％和 56.08％。可见，与平作不覆盖相比，4 种集雨处理均可一定程度上减少冬小麦对土壤储水的消耗。这对于水分是作物生长主要制约因子的地区具有重要意义。

8.1.2 集雨模式对冬小麦产量的影响

不同集雨模式下冬小麦的产量和产量构成因素见表 8.2。由表 8.2 分析可知，不同处理的冬小麦产量和产量构成因素表现为，在2013—2014年生长季最高，在2015—2016年生长季最低。这主要与冬小麦生育期间的降水量有关，较多的降水会促进穗部性状的改善和产量的形成。与平作不覆盖相比，4种集雨处理的产量及其构成因素均较优，其中二元集雨处理优于一元集雨处理。

表8.2　　不同集雨模式下冬小麦的产量和产量构成因素

生长季	处理	穗长/cm	穗粒数/粒(穗)	单位面积有效穗数/(穗/m^2)	千粒质量/g	籽粒产量/(kg/hm^2)
2013—2014年	CK	5.3b	34.4c	766e	36.23c	7428e
	M1	5.4b	37.5b	832c	39.23b	8434c
	M2	5.5b	36.8b	801d	37.54c	8067d
	M3	5.9a	41.3a	918a	42.21a	9212a
	M4	5.7a	40.1a	883b	41.57a	8932b
2014—2015年	CK	5.0c	33.2c	742d	35.12c	7187d
	M1	5.3b	36.7b	812c	36.98b	8289c
	M2	5.1bc	37.3b	755d	37.83b	7934c
	M3	5.5a	40.2a	888a	40.87a	9142a
	M4	5.5a	39.3a	851b	39.11a	8745b
2015—2016年	CK	4.7b	31.4d	713c	33.43c	7021d
	M1	4.9b	34.5c	769b	35.73b	8154b
	M2	4.8b	36.5b	735c	36.32b	7753c
	M3	5.2a	39.7a	831a	39.13a	8982a
	M4	5.1a	38.5a	805a	38.34a	8636a

3个生长季中，处理间的穗长分别为5.3～5.9cm、5.0～5.5cm和4.7～5.2cm，其中处理M3和M4显著优于处理CK、M1和M2。穗粒数的结果表明，4种集雨处理可显著提高穗粒数，其中处理M1、M2、M3和M4分别平均较处理CK提高9.80%、11.72%、22.42%和19.09%。单位面积有效穗数表现为，在2013—2014年和2014—2015年生长季，处理M3显著高于处理M4；在2015—2016年生长季，处理M3与M4差异不显著，3个生长季中，处理M1均显著高于处理M2。这可能与不同集雨处理的土壤温度效应有关。越冬前和拔节期是冬小麦形成分蘖的主要时期，该阶段较低的土壤温度不利于分蘖的产生并最终发育成穗。千粒质量表现为，处理M3和M4显著高于其他处理，其中处理M3略高于处理M4，但两者差异不显著。籽粒产量表现为，处理M1、M2、M3和M4分别平均较处理CK提高14.98%、9.79%、

26.34%和21.64%。可见，一元集雨处理中，M1较M2更有利于冬小麦产量的形成；二元集雨处理中，M3较M4更有利于冬小麦产量的形成。

8.1.3 集雨模式对冬小麦水分利用效率的影响

水分利用效率和降水利用效率是衡量集雨种植生产潜力的重要指标。图8.1和图8.2分别为不同集雨处理下冬小麦生长季的水分利用效率和降水利用效率。由图8.1分析可知，3个生长季中，4种集雨处理的水分利用效率均显著高于平作不覆盖。在2013—2014年生长季，处理M1、M2、M3和M4的水分利用效率分别较处理CK提高14.48%、13.20%、30.90%和27.23%，其中处理M1与M2之间和处理M3和M4之间差异不显著。在2014—2015年生长季，处理M1、M2、M3和M4的水分利用效率分别较处理CK提高17.08%、11.78%、30.98%和25.58%，其中处理M3显著高于处理M1、M2和M4。在2015—2016年生长季，处理M1、M2、M3和M4的水分利用

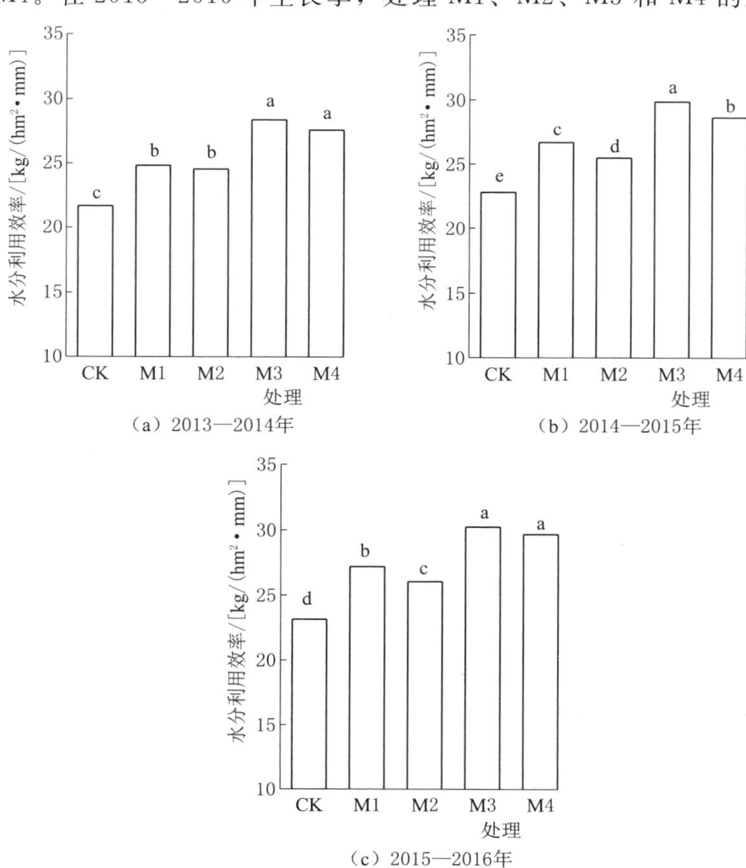

图8.1 不同集雨模式下冬小麦生长季的水分利用效率

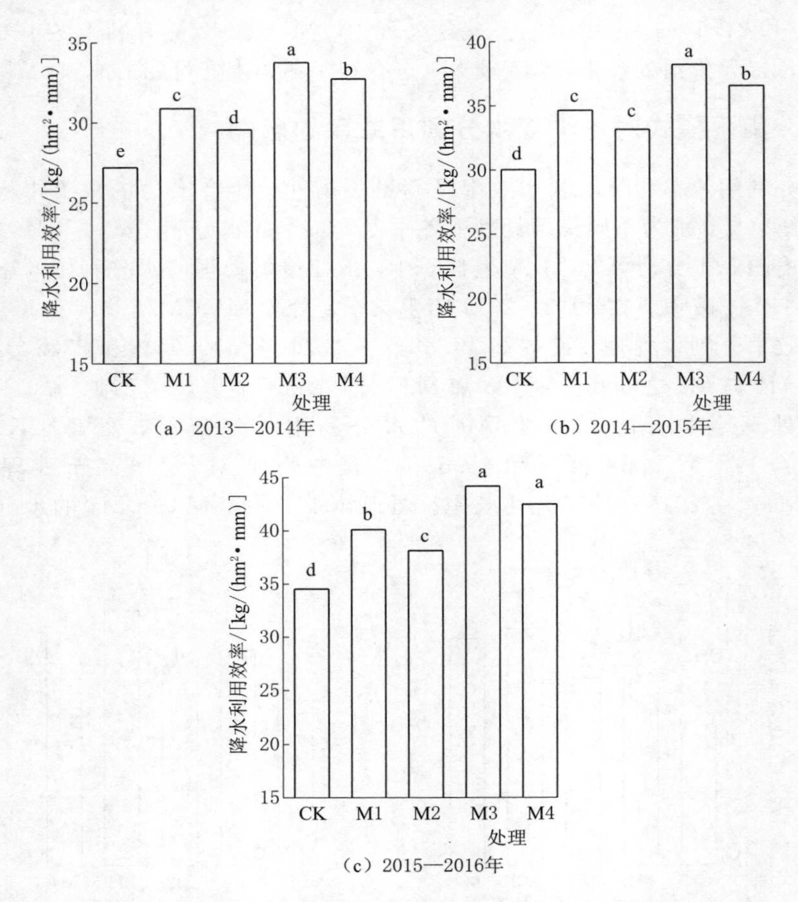

图 8.2 不同集雨模式下冬小麦生长季的降水利用效率

效率分别较处理 CK 提高 17.57%、12.54%、30.73%和 28.33%，其中处理 M3 与 M4 之间差异不显著，处理 M1 显著高于处理 M2。可见，处理 M1 和 M3 在提高冬小麦水分利用效率方面分别优于处理 M2 和 M4。分析原因可能是在冬小麦生长季，大气温度较低，处理 M1 和 M3 在提高土壤温度方面分别优于处理 M2 和 M4，更有利于冬小麦生长并形成产量，而生育期耗水量差异较小，或耗水量的差异低于产量的差异，因此具有较高的水分利用效率。

与水分利用效率相比，各处理的降水利用效率较高，且在年际间差异较大。这主要与不同生长季的降水量有关。3 个生长季中，处理 M1、M2、M3 和 M4 平均降水利用效率分别较处理 CK 提高 15.11%、9.87%、26.53%和 21.75%。可见，4 种集雨处理均可实现降水资源的高效利用，其中处理 M3 的提高幅度较大。

8.1.4 集雨模式对冬小麦氮肥偏生产力的影响

氮肥偏生产力是土壤肥力和氮肥施用效率的综合反映。图 8.3 为不同集雨模式下冬小麦的氮肥偏生产力。由图 8.3 分析可知，在相同施氮量和施氮条件下，3 个生长季中，4 种集雨处理的氮肥偏生产力均显著高于平作不覆盖。在 2013—2014 年生长季，4 种集雨处理的氮肥偏生产力平均较处理 CK 提高 16.60%，其中处理 M3 与 M1 之间和处理 M3 与 M4 之间差异不显著，但均显著高于处理 M2。在 2014—2015 年生长季，4 种集雨处理的氮肥偏生产力平均较处理 CK 提高 18.65%，其中处理 M4 显著低于处理 M3，且处理 M1 与 M2 之间差异不显著。在 2015—2016 年生长季，4 种集雨处理的氮肥偏生产力平均较处理 CK 提高 19.37%，其中处理 M1 与 M2 之间和处理 M3 与 M4 之间差异不显著。3 个生长季的平均氮肥偏生产力表现为，处理 M1、M2、M3 和 M4 分别较处理 CK 提高 14.98%、9.79%、26.34%和 21.62%。可见，一元集雨处理 M1 和二元集雨处理 M3 在提高冬小麦的氮肥偏生产力方面效果较优。

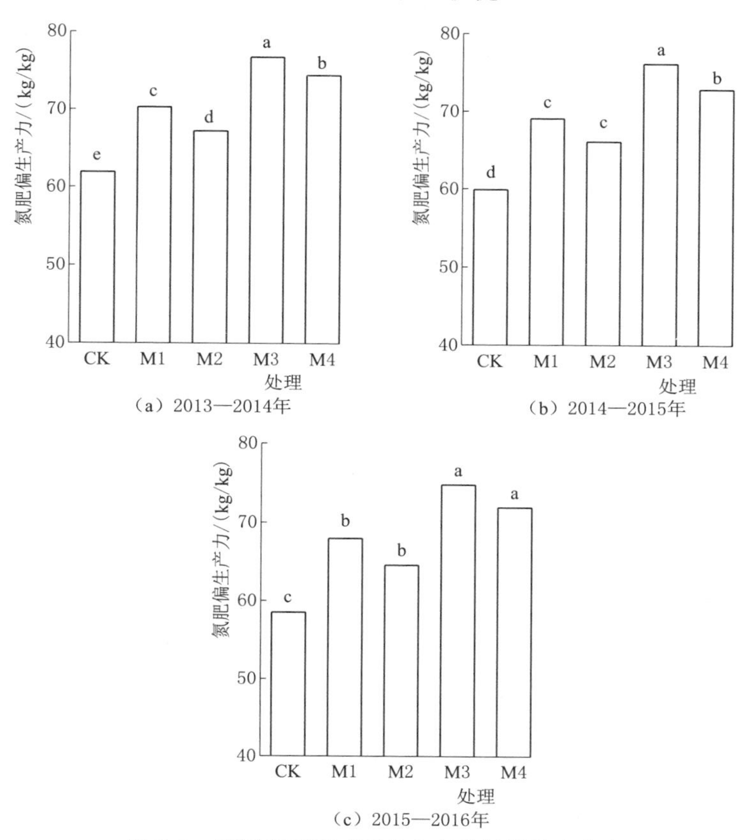

图 8.3 不同集雨模式下冬小麦的氮肥偏生产力

8.1.5 氮肥运筹对冬小麦产量的影响

不同氮肥运筹下冬小麦的产量和产量构成因素见表8.3。由表8.3分析可知，施用尿素和控释氮肥条件下，各处理的籽粒产量和产量构成因素均表现为，随着施氮水平的提高，各指标值显著增加，当施氮量超过一定范围后反而呈现出降低的趋势。可见，适宜的施氮量可有效转化为籽粒产量，而施氮量过多或过少均不利于产量的形成。

表8.3 不同氮肥运筹下冬小麦的产量和产量构成因素

生长季	氮肥类型	处理	穗长/cm	穗粒数/粒(穗)	单位面积有效穗数/(穗/m^2)	千粒质量/g	籽粒产量/(kg/hm^2)
2013—2014年	尿素	U0	4.9c	33.8c	669c	29.31d	6012d
		U80	5.5b	36.6b	715b	36.68c	7745c
		U160	6.9a	39.4a	801a	40.27a	8362b
		U240	6.8a	40.7a	812a	38.67b	8624a
	控释氮肥	C0	4.9d	33.8d	669e	29.31d	6012d
		C60	5.3c	35.7c	701d	34.24c	7512c
		C120	6.4b	38.6b	778c	37.43b	8169b
		C180	6.9a	40.1ab	822a	41.68a	8694a
		C240	7.1a	41.3a	805b	38.12b	8101b
2014—2015年	尿素	U0	4.6c	31.2c	653c	29.78c	5842d
		U80	5.4b	35.9b	710b	35.45b	7313c
		U160	6.8a	38.9a	795a	37.98a	8155b
		U240	6.8a	38.5a	812a	36.87ab	8483a
	控释氮肥	C0	4.6d	31.2d	653d	29.78d	5842d
		C60	5.2c	34.4c	689c	33.78c	7201c
		C120	6.4b	36.8b	755b	36.76b	8044b
		C180	6.8a	39.1a	801a	38.12a	8514a
		C240	6.7a	38.8a	791a	37.32b	8095b

尿素各处理中，穗长表现为处理U160和U240显著高于处理U80。穗粒数的关系与穗长基本相同。单位面积有效穗数表现为处理U240略高于处理U160，但两者差异不显著。千粒质量表现为，处理U160最高，在2013—2014年生长季分别较处理U80和U240提高9.79%和4.14%；在2014—2015年生长季分别较处理U80和U240提高7.14%和3.01%。这可能是由于当施氮量较高时，植株会出现贪青晚熟的现象，表现为植株营养器官旺盛，植株体的衰老减慢，营

养物质向籽粒的运转减少，使得籽粒不饱满。处理U240的籽粒产量最高，在2013—2014年生长季分别较处理U80和U160提高11.35%和3.13%；在2014—2015年生长季分别较处理U80和U160提高16.00%和4.02%。可见，与不施氮相比，施用氮肥时产量增加的幅度随施氮量的提高逐渐减小。

控释氮肥各处理中，穗长为5.1～7.1cm，其中处理C180和C240差异不显著。在2013—2014年生长季，穗粒数表现为处理C180略低于处理C240，处理C120略低于处理C180，但均无显著性差异。在2014—2015年生长季，处理C180和C240的穗粒数分别较处理C60提高13.66%和12.79%；分别较处理C120提高6.25%和5.43%。处理C180的单位面积有效穗数最高，说明较高的氮肥施用量在一定程度上会降低有效穗数的形成。与尿素一致，控释氮肥各处理的千粒质量也表现为处理C180显著高于其他处理。平均籽粒产量表现为，处理C60、C120、C180和C240分别较处理C0提高24.12%、36.77%、45.17%和36.63%。

2种氮肥条件下，与处理C120相比，处理U160的籽粒产量在2年分别提高2.36%和1.38%；与处理C180相比，处理U240的籽粒产量在2年分别降低0.81%和0.36%。可见，与尿素相比，控释氮肥较优的养分释放特性可有效促进冬小麦植株的养分吸收和养分向籽粒的运转，从而施用较少的氮肥便可获得较高的籽粒产量。

8.1.6 氮肥运筹对冬小麦氮素利用的影响

表8.4和表8.5分别为2013—2014年和2014—2015年生长季不同氮肥运筹下冬小麦的氮素利用情况。由表8.4和表8.5分析可知，不同处理的同一氮素利用指标差异较大，且均呈现为随施氮水平的提高，指标值逐渐减小的趋势。

表8.4　2013—2014年生长季不同氮肥运筹下冬小麦的氮素利用

氮肥类型	处理	氮肥偏生产力/(kg/kg)	氮肥农学利用率/(kg/kg)	氮肥生理利用率/(kg/kg)	氮肥表观利用率/%	氮素利用效率/(kg/kg)
尿素	U0	—	—	—	—	55.61a
	U80	96.81a	21.66a	39.08a	55.43a	50.80b
	U160	52.26b	14.69b	28.39b	51.74b	43.81c
	U240	35.93c	10.88c	26.72c	40.73c	41.89c
控释氮肥	C0	—	—	—	—	55.61a
	C60	125.20a	25.00a	38.36a	65.17a	51.03b
	C120	68.08b	17.98b	30.91b	58.15b	45.92c
	C180	48.30c	14.90c	28.74c	51.85c	43.16c
	C240	33.75d	8.70d	19.83d	43.89d	37.95d

表8.5　2014—2015年生长季不同氮肥运筹下冬小麦的氮素利用

氮肥类型	处理	氮肥偏生产力/(kg/kg)	氮肥农学利用率/(kg/kg)	氮肥生理利用率/(kg/kg)	氮肥表观利用率/%	氮素利用效率/(kg/kg)
尿素	U0	—	—	—	—	58.09a
	U80	91.41a	18.39a	29.32a	62.71a	48.52b
	U160	50.97b	14.46b	26.22b	55.14b	43.20c
	U240	35.35c	11.00c	25.60b	42.99c	41.64c
控释氮肥	C0	—	—	—	—	58.09a
	C60	120.02a	22.65a	29.49a	76.80a	49.11b
	C120	67.03b	18.35b	28.43b	64.54b	45.19c
	C180	47.30c	14.84c	26.67c	55.66c	42.41c
	C240	33.73d	9.39d	20.32d	46.20d	38.29d

8.1.6.1　氮肥偏生产力

氮肥偏生产力可反映施用氮肥时作物的籽粒产量效果。实际上，土壤本身具有一定的供氮能力，因此，氮肥偏生产力是作物吸收氮肥氮素和土壤氮素的综合效应。2013—2014年生长季，尿素各处理的氮肥偏生产力略高于2014—2015年生长季，其中处理U160和U240在2个生长季的差异较小，而处理U80的差异较大。这可能是由于该试验为定位研究，随着试验年限的延长，土壤氮素消耗严重，产量随之降低，使得同一施氮处理的氮肥偏生产力下降。2个生长季中，处理U80的氮肥偏生产力分别平均为处理U160和U240的1.82倍和2.64倍。施用控释氮肥各处理的氮肥偏生产力也表现为，2013—2014年生长季略高于2014—2015年生长季，其中处理C60在2个生长季的差异较大，而处理C120、C180和C240的差异较小。2个生长季中，处理C60的氮肥偏生产力分别平均为处理C120、C180和C240的1.81倍、2.57倍和3.63倍。2种氮肥条件下，处理U240的氮肥偏生产力平均较处理C240提高5.62%。这主要是由于处理U240的冬小麦产量高于处理U160，而处理C240由于氮素过剩，已对冬小麦产量形成一定的限制。这从侧面反映出控释氮肥的有效性高于尿素。

8.1.6.2　氮肥农学利用率

氮肥农学利用率是衡量氮素利用效率的一个重要指标，可以反映施氮的潜在生产力。2个生长季中，除处理U80和C60的氮肥农学利用率差异较大外，其余处理在年际间变化较小。施用尿素条件下，各处理的氮肥农学利用率为

10.88～21.66kg/kg，其中处理U80分别平均为处理U160和U240的1.37倍和1.83倍。施用控释氮肥条件下，各处理的氮肥农学利用率为8.70～25.00kg/kg，其中处理C60分别平均为处理C120、C180和C240的1.10倍、1.35倍和2.21倍。2种氮肥条件下，处理C180与U160的氮肥农学利用率差异不显著，但平均较处理U240提高35.93%。可见，与处理U240相比，处理C180在获得统计意义上无差异的冬小麦产量时可大幅度提高氮肥农学利用率。

8.1.6.3 氮肥表观利用率

氮肥表观利用率是反映施氮与植株氮素累积量关系的指标。2个生长季中，处理间的氮肥表观利用率差异整体较大。这主要是由于不施氮处理的植株氮素累积量差异较大，且表现为2013—2014年生长季高于2014—2015年生长季。不施氮处理的植株氮素主要来源于土壤自身的氮素储量，持续的消耗会使土壤氮素短缺，表现为植株氮素累积量的减少。尿素各处理的氮肥表观利用率表现为，处理U80分别平均较处理U160和U240提高10.53%和41.11%。控释氮肥各处理的氮肥表观利用率表现为，处理C60分别平均较处理C120、C180和C240提高15.71%、32.06%和57.59%。2种氮肥条件下，处理C180与U160的氮肥表观利用率差异不显著，但2年分别平均较处理U240提高27.30%和29.46%；处理C240的氮肥表观利用率在2年分别平均较处理U240提高7.76%和7.45%。可见，与尿素相比，施用控释氮肥更有利于冬小麦植株的氮素累积，即使用较少的氮肥便可获得较高的冬小麦植株氮素累积量。

8.1.6.4 氮肥生理利用率

氮肥生理利用率是氮肥农学利用率和氮肥表观利用率的综合反映。2个生长季中，处理间的氮肥生理利用率差异较大，且表现为2013—2014年生长季明显高于2014—2015年生长季。这主要是由于与2013—2014年相比，2014—2015年生长季中不施氮处理的植株氮素累积量和籽粒产量均有所减小，且减小的幅度为籽粒产量大于植株氮素累积量。尿素各处理的氮肥生理利用率在2年中分别为26.72～39.08kg/kg和25.60～29.32kg/kg。控释氮肥各处理的氮肥表观利用率在2年中分别为19.83～38.36kg/kg和20.32～29.49kg/kg，其中处理C240显著低于处理C60、C120和C180，说明在该施氮水平下植株氮素累积量对籽粒产量的贡献大幅度下降。2种氮肥条件下，处理C180与U160的氮肥表观利用率差异不显著，但2年分别平均较处理U240提高7.54%和4.20%；处理C240在2年分别较处理U240提高7.76%和7.45%。可见，与处理U240相比，处理C180可显著提高氮肥生理利用率。

8.1.6.5 氮素利用效率

氮素利用效率可反映作物成熟期籽粒质量与植株氮素积累量的关系，是表征植株吸收氮素的籽粒生产能力的指标。2年中各处理的氮素利用效率差异较小。说明尽管不同生长季的降水量和降水分布等气候条件存在一定差异，且不同处理的籽粒产量和植株氮素累积量不尽相同，但两者的比值较为稳定，即单位植株氮素累积量可产生的籽粒产量波动较小。氮素利用效率整体表现为，随着施氮量的增加逐渐降低。说明较多的植株氮素累积量不能有效地转化为作物产量。施用尿素条件下，不施氮处理的氮素利用效率分别平均较处理U80、U160和U240提高14.48%、30.69%和36.13%。施用控释氮肥条件下，不施氮处理的氮素利用效率分别平均较处理C60、C120、C180和C240提高13.55%、24.80%、32.88%和49.14%。2种氮肥条件下，处理C120的氮素利用效率平均较处理U160提高4.96%，处理C180的氮素利用效率平均较处理U240提高7.27%。可见，与尿素相比，施用较少的控释氮肥仍可获得较高的氮素利用效率，且不降低冬小麦产量。

8.1.7 冬小麦的合理氮肥施用量

为了获得冬小麦的合理氮肥施用量，分别将尿素和控释氮肥各处理的冬小麦籽粒产量与施氮量和植株氮素吸收量进行回归分析（图8.4）。由图8.4分析可知，2种氮肥条件下，冬小麦籽粒产量与施氮量和植株氮素累积量之间符合二次曲线的关系，且拟合系数均达到极显著水平。说明一定范围内提高施氮水平和增加植株氮素累积量可有效提高冬小麦产量，而过多的施氮量和植株氮素累积量不利于产量的提高，而且会表现出一定的负效应。由回归曲线得出，冬小麦的合理氮肥用量为225kg/hm² 尿素，或者191kg/hm² 控释氮肥，对应的最佳产量分别为8542kg/hm² 和8544kg/hm²。结合氮营养指数模型和氮亏缺模型得出，在冬小麦中，尿素和控释氮肥的合理施氮范围分别为160～225kg/hm² 和120～191kg/hm²。即在获得统计意义上无差异的冬小麦产量

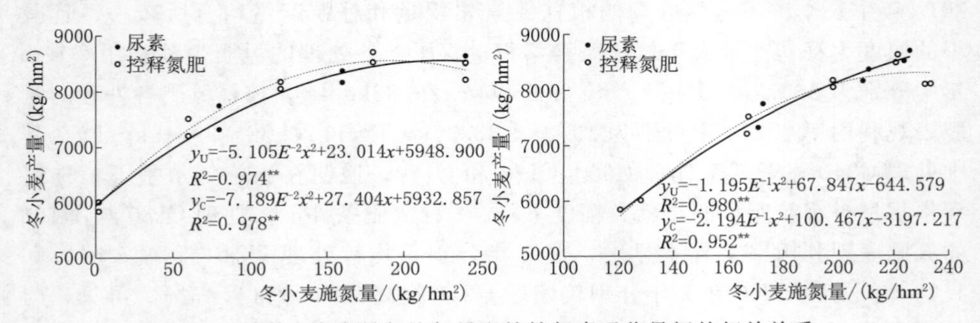

图8.4 冬小麦产量与施氮量和植株氮素吸收量间的相关关系

时，施用控释氮肥较施用尿素可减少用量 17.8%～33.3%。

8.2 集雨模式与氮肥运筹下夏玉米的产量和水氮利用效率

8.2.1 集雨模式对夏玉米耗水特性的影响

表 8.6 为不同集雨模式下夏玉米生育期的耗水总量和耗水来源比例。由表 8.6 分析可知，不同处理间夏玉米生育期耗水总量的差异主要来源于不同的土壤储水消耗。

表 8.6 不同集雨模式下夏玉米生育期的耗水总量和耗水来源比例

生长季	处理	灌水量/mm	降水量/mm	土壤储水消耗量/mm	总耗水量/mm	灌水量/总耗水量/%	降水量/总耗水量/%	土壤储水消耗量/总耗水量/%
2014 年	CK	35	355.3	−50.3a	340.0a	10.29	104.50	−14.79
	M1	35	355.3	−58.2b	332.1b	10.54	106.99	−17.52
	M2	35	355.3	−57.3b	333.0b	10.51	106.70	−17.21
	M3	35	355.3	−61.9c	328.4c	10.66	108.19	−18.85
	M4	35	355.3	−56.3b	334.0b	10.48	106.38	−16.86
2015 年	CK	35	283.9	6.9a	325.8a	10.74	87.14	2.12
	M1	35	283.9	−0.4bc	318.5bc	10.99	89.14	−0.13
	M2	35	283.9	1.1b	320.0b	10.94	88.72	0.34
	M3	35	283.9	−6.7d	312.2d	11.21	90.94	−2.15
	M4	35	283.9	−1.5c	317.4c	11.03	89.45	−0.47
2016 年	CK	35	299.0	−15.7a	318.3a	11.00	93.94	−4.93
	M1	35	299.0	−20.8b	313.2b	11.17	95.47	−6.64
	M2	35	299.0	−21.4bc	312.6bc	11.20	95.65	−6.85
	M3	35	299.0	−27.7d	306.3d	11.43	97.62	−9.04
	M4	35	299.0	−22.1c	311.9c	11.22	95.86	−7.09

8.2.1.1 土壤储水消耗量

在 3 个生长季中，各处理的 0～200cm 土层土壤储水消耗量分别为 −61.9～−50.3mm、−6.7～6.9mm 和 −27.7～−15.7mm，即土壤储水量整体表现为收获时大于播种时（在 2015 年生长季中，处理 CK 和 M2 除外）。不同生长季之间土壤储水消耗量的差异主要与生育期的降水分布有关，2014 年生长季的降水集中分布于夏玉米生长后期，此时充足的土壤水分已无法被植株充分吸收利用，只能部分用于棵间蒸发，部分保留在土壤中；2015年生长季的降水分布较为均衡，基本可以被当季作物吸收利用；2016年生长季的降水分布介于2014年和2015年生长季之间。在3个生长季中，不同处理的土壤储水增量均表现为，处理CK显著低于4种集雨处理，且处理M1、M2和M4之间差异不显著。可见，4种集雨处理均可一定程度上增加土壤储水量，其中处理M3的效果较优。

8.2.1.2 耗水量

在3个生长季中，各处理的耗水量分别为328.4～340.0mm、312.2～325.8mm和306.3～318.3mm，表现为随生育期降水量的增加而增加。与土壤储水消耗量一致，4种集雨处理的生育期耗水总量均显著低于平作不覆盖（$P<0.05$），其中处理M1、M2、M3和M4分别平均较处理CK降低2.06%、1.88%、3.78%和2.11%。可见，4种集雨处理均可一定程度上降低夏玉米生育期的耗水量，其中处理M3的降低效果较优。

8.2.1.3 灌水量占耗水量的比例

不同处理的灌水量占耗水总量比例差异较小，基本维持在10%左右，且在年际间基本相同。这主要是由于3个生长季的灌水量均为35mm，且不同生长季中各处理的耗水总量差异较小。

8.2.1.4 降水量占耗水总量的比例

在3个生长季中，降水量均为各处理夏玉米生育期的主要耗水来源，且4种集雨处理的降水量占比均高于平作不覆盖，说明集雨处理可更有效地发挥降水的作用。在2014年生长季，降水量占比均大于1，主要是由于部分降水转化为土壤储水而未被植株吸收利用。

8.2.1.5 土壤储水消耗量占耗水量的比例

3个生长季中，各处理的土壤储水消耗量占比均为负值（在2015年生长季中，处理CK和M2除外）。与平作不覆盖相比，4种集雨处理尤其是处理M3的土壤储水消耗占比较小。说明集雨处理尤其是垄覆白膜沟覆秸秆可提高夏玉米的土壤储水增量，从而为下季作物保留较高的底墒。

8.2.2 集雨模式对夏玉米产量的影响

不同集雨模式下夏玉米的产量和产量构成因素见表8.7。由表8.7分析可知，不同处理的夏玉米产量和产量构成因素整体表现为2015年生长季最高，2016年生长季最低。这主要与夏玉米生育期间的降水量和降水分布有关。此

外，在2016年生长季，受短时间强风大雨的影响出现2次倒伏，一定程度上影响了玉米产量的形成。与平作不覆盖相比，4种集雨处理的穗长、穗粗、穗粒数和百粒质量等穗部性状均优于平作不覆盖，且处理M3和M4优于处理M1和M2。

表8.7　　不同集雨模式下夏玉米的产量和产量构成因素

生长季	处理	穗长/cm	穗粗/mm	穗粒数/粒(穗)	百粒质量/g	籽粒产量/(kg/hm²)
2014年	CK	14.3c	42.18c	467d	27.06c	7712d
	M1	15.4b	43.71b	519b	28.94b	9212b
	M2	14.8bc	43.29b	490c	27.56c	8728c
	M3	15.9ab	45.44a	547ab	29.32ab	9920ab
	M4	16.5a	45.72a	569a	29.46a	10038a
2015年	CK	15.6c	43.76d	498c	28.09d	8087d
	M1	15.8b	45.88c	523b	29.45c	8854c
	M2	16.2b	46.32bc	556b	31.21b	9125c
	M3	17.1a	47.78b	574a	32.14b	10001b
	M4	17.5a	49.96a	581a	33.41a	10382a
2016年	CK	14.1c	40.01c	458c	26.19c	6732c
	M1	14.9b	41.98bc	476c	27.48b	7595b
	M2	14.3b	42.12b	503b	27.88b	7885b
	M3	15.6a	43.08b	534a	28.02b	8513a
	M4	15.9a	44.48a	552a	28.98a	8835a

与处理M1和M3相比，处理M2和M4的穗粗和百粒质量均较高。这可能是由于在夏玉米生长季尤其在生长后期，温度已不是制约其生长的主要因子，相反，降低土壤温度有利于籽粒的灌浆和产量的形成。籽粒产量的结果表明，垄沟均覆盖处理较垄沟单覆盖处理、垄覆黑膜处理较垄覆白膜处理可显著提高籽粒产量。具体表现为，处理M1、M2、M3和M4的籽粒产量在2014年生长季分别较处理CK提高19.45%、13.17%、28.63%和30.61%，在2015年生长季分别较处理CK提高9.48%、12.84%、23.67%和28.38%，在2016年生长季分别较处理CK提高12.82%、17.13%、26.46%和31.24%。3个生长季的平均籽粒产量表现为，处理M1、M2、M3和M4分别较处理CK提高13.89%、14.23%、26.20%和29.84%。可见，垄上覆膜的集雨抑蒸作用与沟内覆秸秆的保墒促渗效应相结合可有效促进产量的提高，且与垄覆白膜相比，垄覆黑膜在夏玉米生产中的增产效果较为突出。

8.2.3　集雨模式对夏玉米水分利用效率的影响

图 8.5 和图 8.6 分别为不同集雨处理下夏玉米的水分利用效率和降水利用效率。由图 8.5 分析可知，3 个生长季中，4 种集雨处理的水分利用效率均显著高于平作不覆盖，且 3 个生长季各处理的水分利用效率由大到小表现为 2015 年、2014 年、2016 年。这主要是由于各处理在 3 个生长季的耗水量差异较小，而受生育期降水量和降水分布的影响，产量差异较大。在 2014 年生长季，4 种集雨处理的水分利用效率由大到小为 M3、M4、M1、M2，且差异均达到显著水平。在 2015 年生长季，处理 M3 的水分利用效率显著高于处理 M1、M2 和 M3，且处理 M1 和 M2 差异不显著。在 2016 年生长季，处理 M3 和 M4 的水分利用效率显著高于处理 M1 和 M2，其中处理 M3 和 M4 差异不显著，而处理 M1 显著高于处理 M2。3 年平均水分利用效率表现为，处理 M1、M2、M3 和 M4 分别较处理 CK 提高 16.22%、16.45%、31.14%和

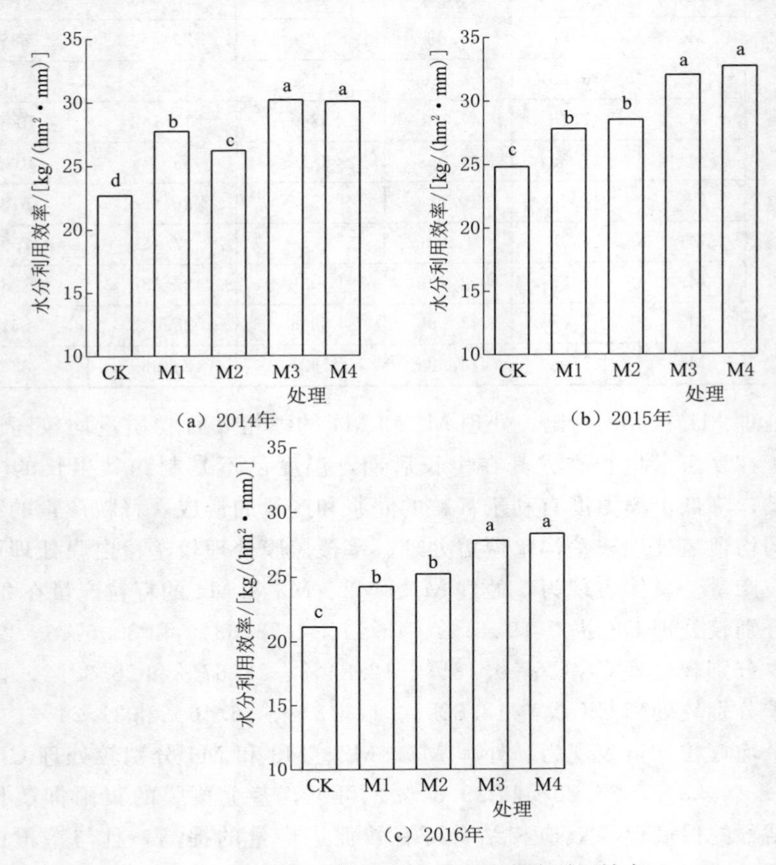

图 8.5　不同集雨模式下夏玉米的水分利用效率

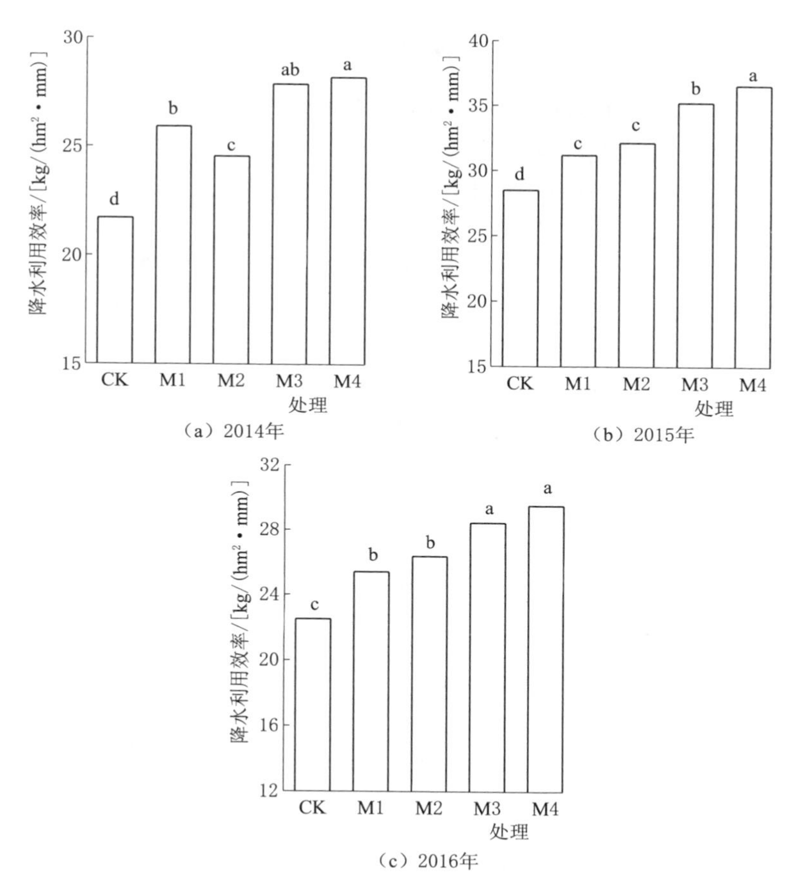

图 8.6 不同集雨模式下夏玉米的降水利用效率

32.68%。可见，4 种集雨处理均可提高夏玉米的水分利用效率，其中二元集雨处理尤其是处理 M4 的效果较好。

与水分利用效率相比，2014 年生长季各处理的降水利用效率较低，而 2015 年和 2016 年生长季各处理的降水利用效率较高。这主要与不同生长季的降水量和降水分布有关。2014 年生长季的降水量较高，但主要分布于夏玉米生长后期，并主要形成土壤储水，使得生育期耗水量低于降水量。2015 年和 2016 年生长季的夏玉米生育期耗水量低于降水量。3 年中各处理的降水利用效率分别为 21.71～28.19 kg/(hm^2 · mm)、28.49～36.57 kg/(hm^2 · mm) 和 22.52～29.55 kg/(hm^2 · mm)，其中处理 M1、M2、M3 和 M4 分别平均较处理 CK 提高 13.47%、14.23%、25.95%和 29.71%。可见，4 种集雨处理均可提高降水资源的利用效率，其中处理 M4 在夏玉米生产中效果较好。

8.2.4　集雨模式对夏玉米氮肥偏生产力的影响

图 8.7 为不同集雨处理下夏玉米的氮肥偏生产力。由图 8.7 分析可知，与冬小麦一致，在相同施氮量和施氮条件下，4 种集雨处理的氮肥偏生产力均显著高于平作不覆盖。与冬小麦相比，夏玉米各处理的氮肥偏生产力较高。这主要是由于尽管施氮量相同，但同一处理的夏玉米产量较高。在 2014 年生长季，处理间的氮肥偏生产力为 64.27～83.65kg/kg，4 种集雨处理平均较处理 CK 提高 22.85%。在 2015 年生长季，处理间的氮肥偏生产力达到 3 个生长季的最高值。这主要是由于该生长季的降水分布与夏玉米生长尤其是与需水关键期较为吻合。4 种集雨处理平均较处理 CK 提高 18.59%。在 2016 年生长季，处理间的氮肥偏生产力为 3 个生长季的最低值。这主要是由于一方面该生长季的降水分布不均匀，另一方面在夏玉米抽雄期出现 2 次倒伏，均会影响籽粒产量的形成。3 个生长季的平均氮肥偏生产力表现为，处理 M1、M2、M3 和 M4

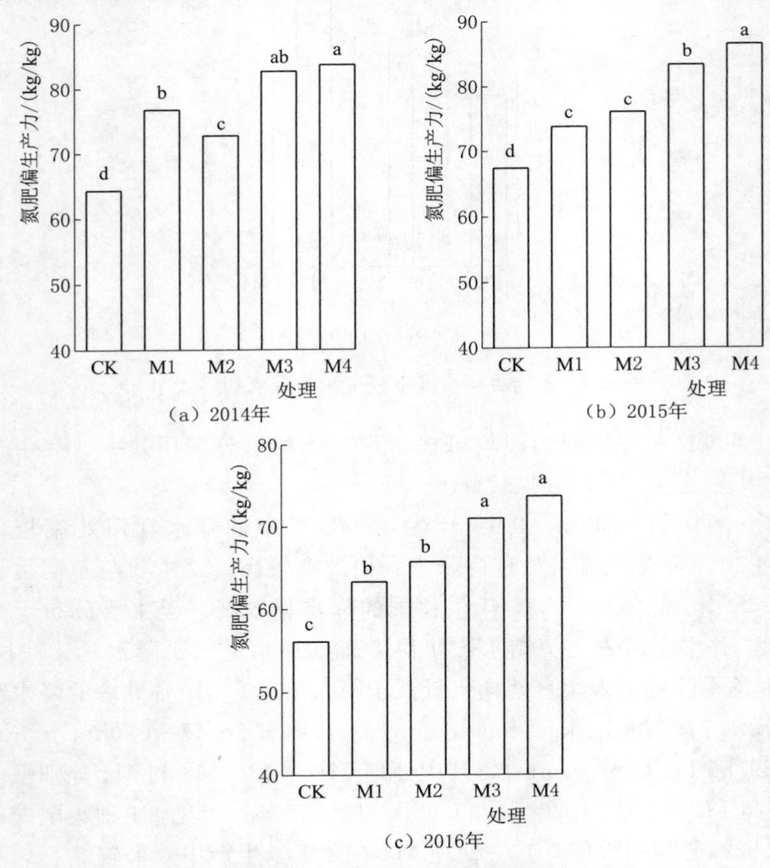

图 8.7　不同集雨模式下夏玉米的氮肥偏生产力

分别较处理 CK 提高 13.89%、14.23%、26.20%和 29.84%。可见，二元集雨处理尤其是处理 M4 在提高夏玉米氮肥偏生产力方面效果较优。

8.2.5 氮肥运筹对夏玉米产量的影响

表 8.8 为不同氮肥运筹下夏玉米的产量和产量构成因素。由表 8.8 分析可知，氮肥运筹显著影响夏玉米的产量和产量构成因素，且 2013 年生长季的产量和产量构成因素整体优于 2014 年生长季。这主要是由于尽管 2014 年生长季的降水总量高于 2013 年生长季，但前者主要分布于夏玉米生长后期，生长后期充足的土壤水分已无法补偿前期的干旱胁迫，反而会加快土壤养分的淋溶；后者的降水分布较为均匀，且较为集中地分布在夏玉米生长关键期。同一氮肥类型下，产量构成因素随着施氮水平的提高变化趋势不尽相同，产量随施氮水平的提高呈先增加后降低的趋势。说明一定范围内增加氮肥施用量有利于夏玉米产量的提高，而过多的氮肥不仅不会增加产量，反而会出现负效应。

表 8.8　　不同氮肥运筹下夏玉米的产量和产量构成因素

生长季	氮肥类型	处理	穗长/cm	穗粗/mm	穗粒数/粒(穗)	百粒质量/g	籽粒产量/(kg/hm²)
2013 年	尿素	U0	14.9c	30.59d	498c	24.43c	7271d
		U80	15.6b	38.67c	541b	30.12b	9413c
		U160	17.4a	46.12a	592a	33.12a	10710a
		U240	16.9a	42.13b	584a	31.35b	10182b
	控释氮肥	C0	14.9c	30.59d	498d	24.43d	7271c
		C60	15.5b	37.87c	534c	29.89c	9692b
		C120	17.6a	47.43a	590a	33.41a	10980a
		C180	17.2a	43.06b	582a	31.45b	10523a
		C240	17.1a	41.72b	568b	30.14b	9332b
2014 年	尿素	U0	14.3c	28.76d	472c	23.78c	7152d
		U80	15.4b	36.65c	521b	29.54b	9150c
		U160	16.5a	43.45a	574a	32.12a	10542a
		U240	16.4a	40.12b	571a	31.23ab	10031b
	控释氮肥	C0	14.3c	28.76d	472d	23.78d	7152d
		C60	15.4b	35.87c	515c	28.65c	9380c
		C120	16.6a	44.12a	582a	32.63a	10774a
		C180	16.5a	42.67ab	584a	31.02b	10041b
		C240	16.1a	41.18b	561b	30.43b	9470c

施用尿素条件下，2年各处理的穗长分别为14.9～17.4cm和14.3～16.5cm，其中处理U160和U240差异不显著，但均显著高于处理U80。与穗长不同，各处理的穗粗表现为随施氮水平的提高呈先增加后减小的趋势。在2013年生长季，各处理的穗粗为30.59～47.43mm，其中处理U160分别较处理U0、U80和U240提高50.77%、19.27%和9.47%；在2014年生长季，各处理的穗粗为28.76～43.45mm，其中处理U160分别较处理U0、U80和U240提高51.08%、18.55%和8.30%。过量的尿素施用量使穗粗降低的原因可能是充足的土壤氮素含量使得植株茎叶生长旺盛，衰老延缓，营养物质由营养器官向籽粒的运转降低，最终表现为穗粗的减小。与穗长类似，各处理的穗粒数表现为随着施氮量的增加呈先增加后平稳的趋势。与穗粗基本一致，各处理的百粒质量表现为随着施氮水平的提高呈先增加后降低的趋势。2个生长季中，处理U160的百粒质量最高。产生这一现象的可能原因与穗粗基本相同，主要与灌浆阶段籽粒充实的过程有关。籽粒产量表现为处理U160显著高于其他处理，在2013年生长季分别较处理U0、U80和U240提高47.30%、13.78%和5.19%；在2014年生长季分别较处理U0、U80和U240提高47.40%、15.21%和5.09%。

施用控释氮肥条件下，处理C120、C180和C240之间的穗长差异不显著，但显著高于处理C60。与尿素相同，控释氮肥各处理的穗粗也表现为随着施氮量的增加呈先增加后减小的趋势。在2个生长季中，处理C120的穗粗最大，分别平均较处理C0、C60、C180和C240提高54.25%、24.15%、6.79%和10.43%。处理C120、C180和C240的穗粒数差异不显著，但均显著高于处理C60。2013年和2014年生长季，4种施氮处理的穗粒数分别平均较不施氮处理提高14.16%和18.75%。与尿素类似，百粒质量表现为处理C120显著高于其他处理，2年分别平均较处理C0、C60、C180和C240提高36.98%、12.81%、5.71%和9.03%。2013年生长季，各处理的籽粒产量为7271～10980kg/hm^2，其中处理C120分别较处理C0、C60、C180和C240提高51.01%、13.29%、4.34%和17.66%。2014年生长季，各处理的籽粒产量为7152～10774kg/hm^2，其中处理C120分别较处理C0、C60、C180和C240提高50.64%、14.86%、7.30%和13.77%。

综合分析可知，尿素各处理中，处理U160的籽粒产量和产量构成因素较优；控释氮肥各处理中，处理C120的籽粒产量和产量构成因素较优；且处理U160和C120的籽粒产量差异不显著。可见，在获得统计意义上无差异的夏玉米产量时，施用控释氮肥较施用尿素可显著降低氮肥用量。

8.2.6　氮肥运筹对夏玉米氮素利用的影响

表8.9和表8.10分别为2013年和2014年生长季不同氮肥运筹下夏玉米

的氮素利用情况。由表8.9和表8.10分析可知，与冬小麦基本相同，各处理的氮肥偏生产力、氮肥农学利用率和氮肥生理利用率均表现为随着施氮水平的提高呈逐渐减小的趋势。与冬小麦有所不同，各处理的氮肥表观利用率随施氮量的增加呈先减小后平稳的趋势，氮素利用效率呈先增加后减小的趋势。这可能与2种作物的氮素需求量有关。

表8.9　2013年生长季不同氮肥运筹下夏玉米的氮素利用

氮肥类型	处理	氮肥偏生产力/(kg/kg)	氮肥农学利用率/(kg/kg)	氮肥生理利用率/(kg/kg)	氮肥表观利用率/%	氮素利用效率/(kg/kg)
尿素	U0	—	—	—	—	63.08b
	U80	117.66a	26.78a	66.84a	33.54c	65.02ab
	U160	66.94b	21.49b	63.31b	27.10b	67.56a
	U240	42.43c	12.13c	24.70c	28.40a	55.46c
控释氮肥	C0	—	—	—	—	63.08c
	C60	161.53a	40.35a	79.57a	45.05a	68.11b
	C120	91.50b	30.91b	70.21b	33.16b	70.81a
	C180	58.46c	18.07c	44.42c	30.93d	61.56c
	C240	38.88d	8.59d	36.91d	31.91c	48.64d

表8.10　2014年生长季不同氮肥运筹下夏玉米的氮素利用

氮肥类型	处理	氮肥偏生产力/(kg/kg)	氮肥农学利用率/(kg/kg)	氮肥生理利用率/(kg/kg)	氮肥表观利用率/%	氮素利用效率/(kg/kg)
尿素	U0	—	—	—	—	61.66c
	U80	114.38a	24.98a	52.14a	37.76a	64.44b
	U160	65.89b	21.19b	50.66a	27.64b	67.44a
	U240	41.80c	12.00c	20.46b	27.60b	56.35d
控释氮肥	C0	—	—	—	—	61.66c
	C60	156.33a	37.13a	75.82a	43.27a	67.97b
	C120	89.78b	30.18b	65.17b	33.85b	70.88a
	C180	55.78c	16.05c	40.80c	33.58b	58.38d
	C240	39.46d	9.66d	30.62d	33.75b	49.04e

8.2.6.1　氮肥偏生产力

氮肥运筹显著影响夏玉米的氮肥偏生产力，且在年际间存在一定差异。

2013 年生长季，尿素各处理的氮肥偏生产力为 42.43～117.66kg/kg，略高于 2014 年生长季，且均高于冬小麦的氮肥偏生产力。这主要是由于夏玉米为 C4 作物，光合生产能力较高，因此，同一施氮量的夏玉米产量高于冬小麦。2 个生长季中，处理 U80 的氮肥偏生产力分别平均较处理 U160 和 U240 提高 1.75 倍和 2.76 倍。施用控释氮肥条件下，处理 C60 的氮肥偏生产力在 2 个生长季差异较大，而处理 C120、C180 和 C240 的差异较小。这可能是由于处理 C60 的施氮量较小，土壤氮素含量匮乏，不能满足夏玉米的生长需求，因此随着试验年限的延长，缺氮现象逐渐凸显。2 年中处理 C60 的氮肥偏生产力分别平均较处理 C120、C180 和 C240 提高 1.75 倍、2.78 倍和 4.06 倍。这也进一步说明随着氮肥施用量的增加，回报逐渐减小。施用 2 种氮肥条件下，处理 C120 的氮肥偏生产力平均较处理 U160 提高 36.49%。可见，与处理 U160 相比，处理 C120 在获得基本相同的夏玉米产量时，可大幅度提高氮肥偏生产力。

8.2.6.2　氮肥农学利用率

与冬小麦一致，在夏玉米生长季中，各处理的氮肥农学利用率除处理 U80 和 C60 差异较大外，其余处理在年际间的变化较小。施用尿素条件下，处理 U80 的氮肥农学利用率在 2013 年生长季分别为处理 U160 和 U240 的 1.25 倍和 2.21 倍，在 2014 年生长季分别为处理 U160 和 U240 的 1.18 倍和 2.08 倍。施用控释氮肥条件下，处理 C60 的氮肥农学利用率在 2013 年生长季分别为处理 C120、C180 和 C240 的 1.31 倍、2.23 倍和 4.70 倍，在 2014 年生长季分别为处理 C120、C180 和 C240 的 1.23 倍、2.31 倍和 3.84 倍。可见，施用 2 种氮肥条件下，低氮处理较高氮处理的氮肥农学利用率的提高幅度均随试验时间趋于减小。这一方面与 2 个生长季的降雨气温等有关，另一方面说明低氮处理的土壤氮素亏缺程度逐渐加强。此外，处理 C120 的氮肥农学利用率平均较处理 U160 提高 43.26%。可见，与处理 U160 相比，处理 C120 在获得统计意义上无差异的夏玉米产量时，可大幅度提高氮肥农学利用率。

8.2.6.3　氮肥表观利用率

与冬小麦不同，夏玉米生长季中，处理间氮肥表观利用率的差异整体较小。说明施用氮肥对夏玉米植株氮素累积量的影响较为稳定。与冬小麦相比，夏玉米各处理的氮肥表观利用率整体较低，即施氮处理与不施氮处理的地上部植株氮素累积量差异较小。尿素各处理的氮肥表观利用率表现为，处理 U160 和 U240 差异不显著，但均显著低于处理 U80。控释氮肥各处理的氮肥表观利用率表现为，处理 C120、C180 和 C240 之间差异不显著，但均显著高于处理 C60。可见，处理 U160 与 U240 和处理 C120、C180 与 C240 的单位施氮量与植株氮素累积增量基本达到了平衡状态。2 种氮肥条件下，处理 C120 的氮肥

表观利用率平均较处理 U160 提高 22.40%。可见，与尿素相比，施用控释氮肥更有利于夏玉米植株氮素的累积，即在使用较少的氮肥时仍可获得较高的夏玉米植株氮素累积量。

8.2.6.4 氮肥生理利用率

各处理在 2013 年生长季的氮肥生理利用率整体大于 2014 年生长季。这主要是由于与 2013 年相比，不施氮处理的植株氮素累积量和籽粒产量在 2014 年生长季均有所减小，且籽粒产量减小的幅度大于植株氮素累积量。2 个生长季中，尿素各处理的氮肥生理利用率分别为 24.70～66.84kg/kg 和 20.46～52.14kg/kg，其中处理 U80 和 U160 差异较小，且均显著高于处理 U240。控释氮肥各处理的氮肥表观利用率分别为 36.91～79.57kg/kg 和 30.62～75.82kg/kg，其中处理 C60 与 C120 及处理 C180 与 C240 之间的差异均较小，且前者显著高于后者。说明与处理 C60 和 C120 相比，处理 C180 与 C240 的植株氮素累积量对籽粒产量的贡献显著降低。施用 2 种氮肥条件下，处理 C120 的氮肥表观利用率 2 年分别较处理 U160 提高 10.90%和 28.63%。可见，与处理 U160 相比，处理 C120 可显著提高氮肥生理利用率。

8.2.6.5 氮素利用效率

同一生长季不同处理和同一处理不同生长季的氮素利用效率差异均较小。说明单位植株氮素累积量可产生的夏玉米产量变化较小。施用尿素条件下，处理 U160 的氮素利用效率较高，2 年平均较处理 U0、U80 和 U240 提高 8.23%、4.28%和 20.74%。施用控释氮肥条件下，处理 C120 的氮素利用效率较高，2 年平均较处理 C0、C60、C180 和 C240 提高 13.59%、4.12%、18.13%和 45.06%。说明在处理 U240 和 C240 中，单位植株氮素累积量可产生的籽粒产量明显低于其他处理，即植株氮素累积量向籽粒的运转明显降低。这从侧面反映出过量施用氮肥会造成茎叶徒长，籽粒产量下降。施用 2 种氮肥条件下，处理 C180 与 U160 的氮素利用效率无显著差异，且处理 C180 的氮素利用效率 2 年平均较处理 U240 提高 2.45%。说明与尿素相比，施用较少的控释氮肥即可获得较高的氮素利用效率。

8.2.7 夏玉米的合理氮肥施用量

为了获得夏玉米的合理氮肥施用量，分别将尿素和控释氮肥各处理的夏玉米产量与施氮量和植株氮素吸收量进行回归分析（图 8.8）。由图 8.8 分析可知，与冬小麦相同，施用 2 种氮肥条件下，夏玉米籽粒产量与施氮量和植株氮素累积量之间也符合二次曲线关系，且拟合系数均达到极显著水平。即施用尿素和控释氮肥均表现为，随施氮水平的提高，产量显著增加，但当施氮水平超过一定范围后产量有所下降。由回归曲线得出，夏玉米的合理氮肥用量为尿素 182kg/hm²，或者控释氮肥 146kg/hm²，对应的最佳产量分别为 10504kg/hm² 和 10764kg/hm²。结合氮营养指数模型和氮累积亏缺模型得出，在夏玉米中，尿素和控释氮肥的合理施氮范围分别为 160～182kg/hm² 和 120～146kg/hm²。即在获得统计意义上无差异的夏玉米产量时，施用控释氮肥较尿素可减少用量 24.7%～33.3%。

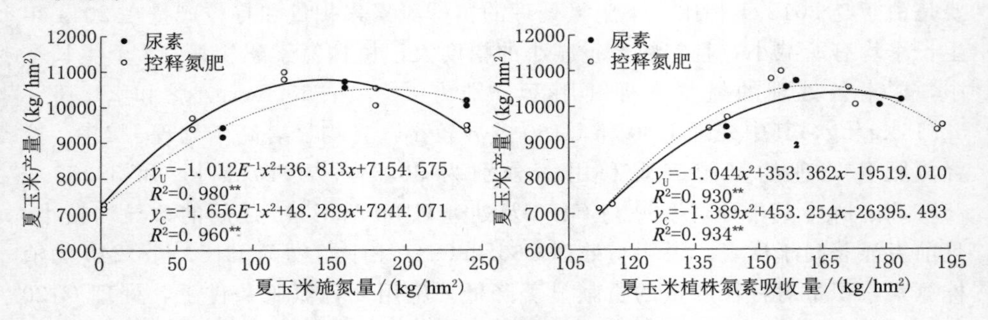

图 8.8　夏玉米产量与施氮量和植株氮素吸收量间的相关关系

8.3　不同集雨模式下冬小麦-夏玉米轮作系统的生产力

8.3.1　不同集雨模式下冬小麦-夏玉米轮作系统的周年产量

图 8.9 为不同集雨模式下冬小麦-夏玉米轮作系统的周年产量。由图 8.9 分析可知，3 个轮作周年的作物产量分别为 15140～19132kg/hm²、15274～19143kg/hm² 和 13753～17495kg/hm²，其中 4 种集雨处理显著高于平作不覆盖，且二元集雨处理显著高于一元集雨处理（在 2013—2014 年中，处理 M1 显著高于处理 M2）。

3 个轮作周年的平均作物产量表现为处理 M1、M2、M3 和 M4 分别较处理 CK 提高 14.42%、12.06%、26.27%和 25.81%，其中处理 M3 略高于处理 M4，但差异不显著，处理 M1 显著高于处理 M2。可见，与一元集雨处理相比，二元集雨处理更有利于提高轮作系统的周年产量；与沟覆秸秆相比，垄覆地膜在提高轮作系统的周年产量方面效果较好。

8.3.2　不同集雨模式下冬小麦-夏玉米轮作系统的周年水分利用效率

图 8.10 为不同集雨模式下冬小麦-夏玉米轮作系统的周年水分利用效率。由图 8.10 分析可知，处理间 3 个轮作周年的水分利用效率由大到小均表现为 M3 和 M4、M1 和 M2、CK，其中处理 M1 与 M2 之间和处理 M3 与 M4 之间

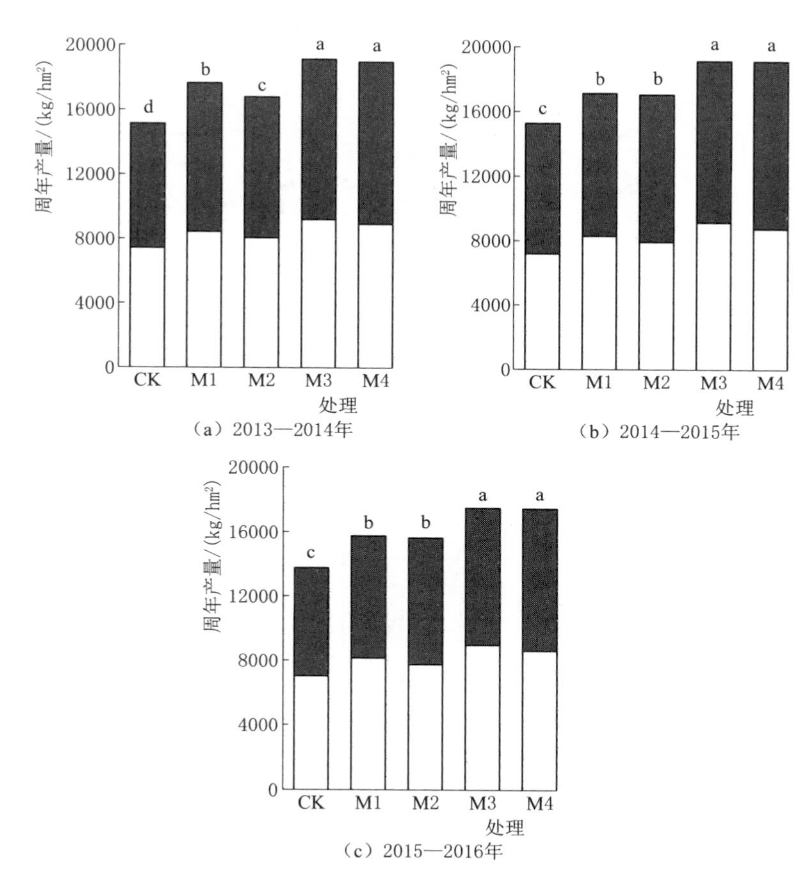

图 8.9 不同集雨模式下冬小麦-夏玉米轮作系统的周年产量

无显著差异。3 个轮作周年中，4 种集雨处理的平均周年水分利用效率分别较平作不覆盖提高 23.74%、21.65%和 23.53%。3 个轮作周年的平均水分利用效率表现为处理 M1、M2、M3 和 M4 分别较处理 CK 提高 16.27%、14.53%、31.02%和 29.95%。可见，与一元集雨处理相比，二元集雨处理更有利于提高轮作系统的周年水分利用效率；与沟覆秸秆相比，垄覆地膜在提高轮作系统的周年水分利用效率方面效果较好。

8.3.3 不同集雨模式下冬小麦-夏玉米轮作系统的总水分利用效率

表 8.11 为不同集雨模式下冬小麦-夏玉米轮作系统的总水分利用效率（2013 年 10 月至 2016 年 10 月）。由表 8.11 分析可知，在 3 个轮作周期中，处理间的总水分利用效率由大到小均表现为 M3、M4、M1、M2、CK，其中

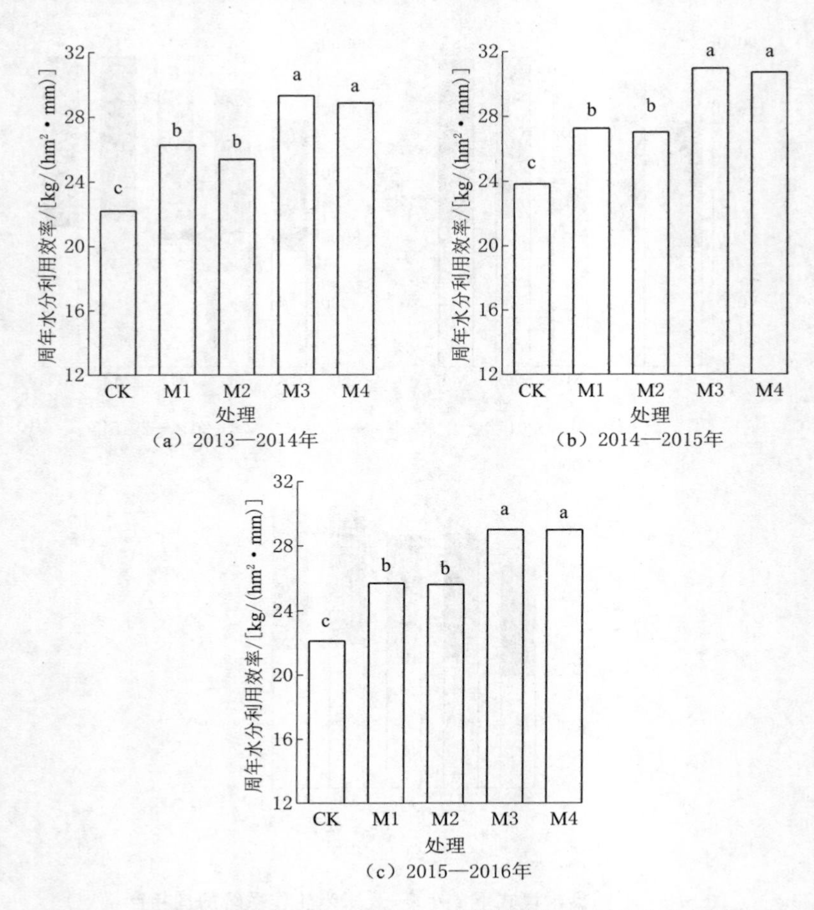

(a) 2013—2014年

(b) 2014—2015年

(c) 2015—2016年

图 8.10　不同集雨模式下冬小麦-夏玉米轮作系统的周年水分利用效率

处理 M1 与 M2 之间和处理 M3 与 M4 之间无显著差异。与处理 CK 相比，处理 M1、M2、M3 和 M4 的总水分利用效率分别提高 14.67%、12.94%、27.63%和 26.77%。可见，4 种集雨处理均可一定程度上提高轮作系统的总水分利用效率，且二元集雨处理的提高幅度大于一元集雨处理。

表 8.11　不同集雨模式下冬小麦-夏玉米轮作系统的总水分利用效率（2013 年 10 月至 2016 年 10 月）

项　目	CK	M1	M2	M3	M4
2013 年冬小麦播种时的土壤储水量/mm	450	455	447	451	453
降水总量/mm	1754	1754	1754	1754	1754
灌水总量/mm	245	245	245	245	245

续表

项　　目	CK	M1	M2	M3	M4
2016 年夏玉米收获后的土壤储水量/mm	425.9	435.2	438.7	448.5	444.2
耗水总量/mm	2023.1	2018.8	2007.3	2001.5	2007.8
作物总产量/(kg/hm^2)	44167c	50538b	49492b	55770a	55568a
总水分利用效率/[kg/(hm^2·mm)]	21.83c	25.03b	24.66b	27.86a	27.68a

8.4 不同氮肥运筹下冬小麦-夏玉米轮作系统的生产力

8.4.1 不同氮肥运筹下冬小麦-夏玉米轮作系统的产量

图 8.11 为不同氮肥运筹下冬小麦-夏玉米轮作系统的周年产量。由图 8.11 分析可知，2 年轮作系统中，施用尿素和控释氮肥条件下，周年作物产量均表现为随着施氮水平的提高呈先增加后降低的趋势，且 2013—2014 年的周年产量略高于 2014—2015 年的。

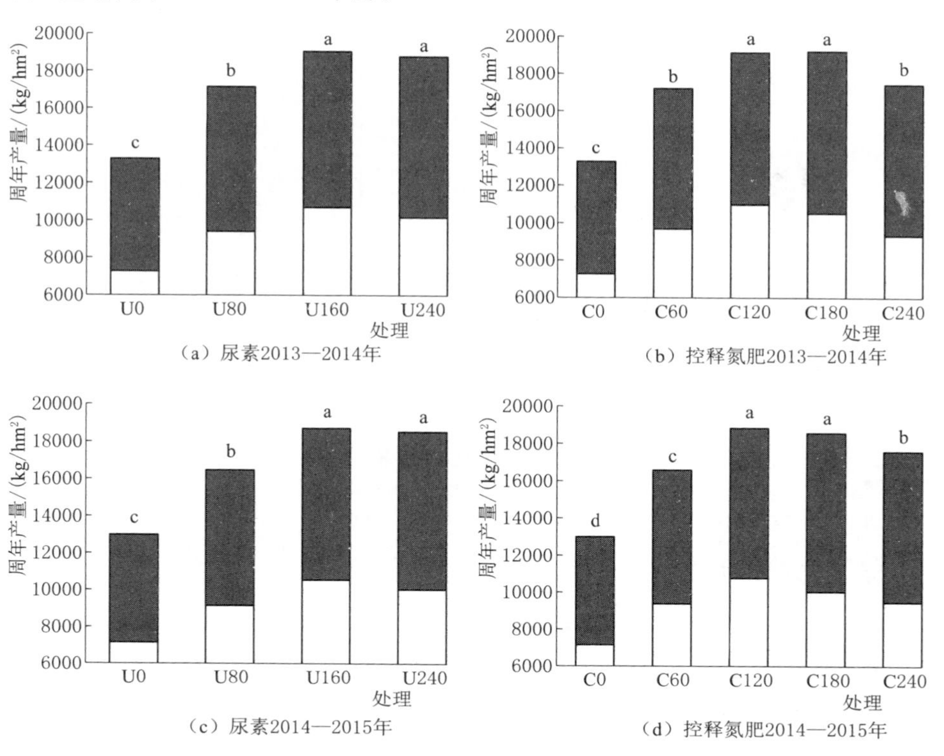

图 8.11 不同氮肥运筹下冬小麦-夏玉米轮作系统的周年产量

在2年中，施用尿素条件下，处理间的周年产量分别为13283～19072kg/hm²和12994～18697kg/hm²，其中处理U160的周年产量最高，但与处理U240无显著差异。可见，在冬小麦-夏玉米轮作条件下，单季160kg/hm²为合理的尿素施用量。

在2年中，施用控释氮肥条件下，处理间的周年产量分别为13283～19217kg/hm²和12994～18818kg/hm²，其中处理C180在2013—2014年最高，处理C120在2014—2015年最高，但两者的差异均不显著。可见，在冬小麦-夏玉米轮作条件下，单季120kg/hm²为合理的控释氮肥施用量。

2年轮作系统中，处理C120与U160及处理C180与U240的平均周年产量均不显著。可见，与尿素相比，施用控释氮肥在获得统计意义上无差异的周年作物产量时所需要的施用量较少。

8.4.2 不同氮肥运筹下冬小麦-夏玉米轮作系统的氮素利用

图8.12、图8.13和图8.14分别为不同氮肥运筹下冬小麦-夏玉米轮作系统的氮肥偏生产力、氮肥农学利用率和氮肥表观利用率。

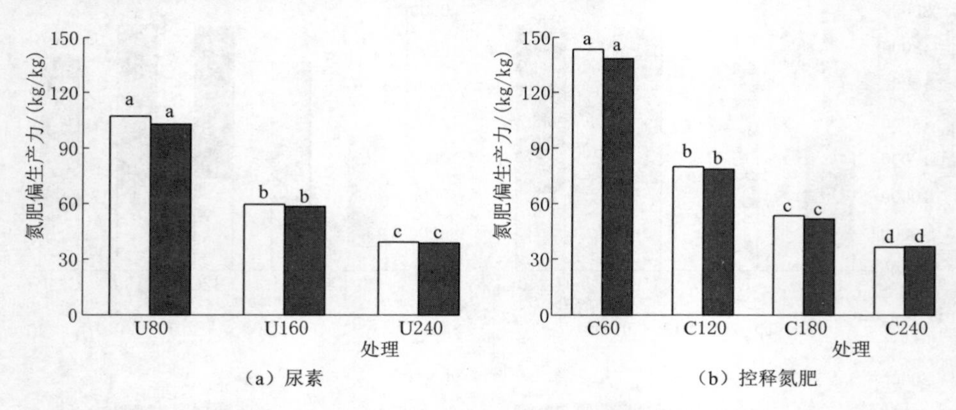

图8.12 不同氮肥运筹下冬小麦-夏玉米轮作系统的氮肥偏生产力

8.4.2.1 氮肥偏生产力

由图8.12分析可知，与冬小麦和夏玉米单季氮肥偏生产力一致，轮作系统周年的氮肥偏生产力也随施氮水平的提高呈逐渐降低的趋势，且处理U80和C60的周年氮肥偏生产力在年际间差异较大，表现为2013—2014年大于2014—2015年，其余处理的变化较小。施用氮肥条件下，处理U80的周年氮肥偏生产力分别平均为处理U80和U240的1.78倍和2.70倍。施用控释氮肥条件下，处理C60的周年氮肥偏生产力分别平均为处理C120、C180和C240

的1.33倍、2.00倍和2.88倍。2种氮肥条件下，处理C120的2个周年氮肥偏生产力分别较处理U160提高33.87%和34.20%；处理C180的2个周年氮肥偏生产力分别较处理U240提高36.25%和33.63%。可见，施用控释氮肥较施用尿素可大幅度提高轮作系统的周年氮肥偏生产力。

8.4.2.2 氮肥农学利用率

由图8.13可知，与周年氮肥偏生产力一致，周年氮肥农学利用率也表现为，处理U80和C60在年际间差异较大。施用尿素条件下，各处理2年的周年氮肥农学利用率分别为11.51～24.22kg/kg和11.50～21.68kg/kg。施用控释氮肥条件下，各处理2年的周年氮肥农学利用率分别为8.65～32.68kg/kg和9.52～29.89kg/kg。2种氮肥条件下，处理C120的周年氮肥农学利用率平均较处理U160提高35.63%；处理C180的周年氮肥农学利用率平均较处理U240提高38.79%。可见，与处理U160和U240相比，处理C120和C180在获得统计意义上无差异的周年作物产量时，可大幅度提高周年氮肥农学利用率。

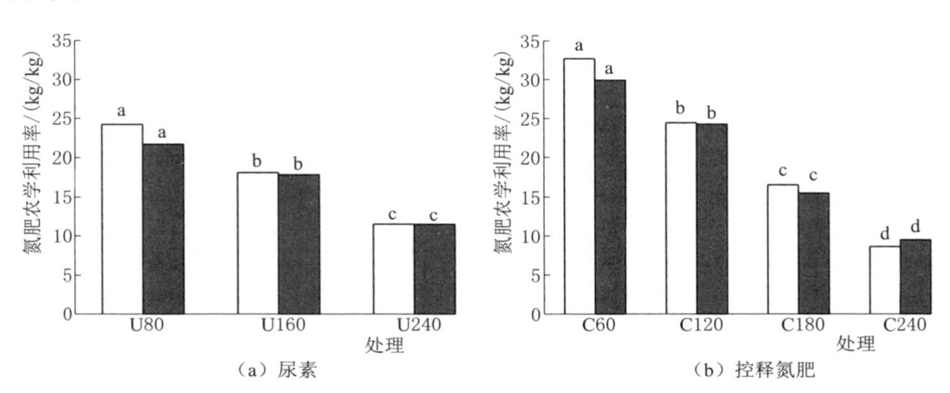

图8.13 不同氮肥运筹下冬小麦-夏玉米轮作系统的氮肥农学利用率

8.4.2.3 氮肥表观利用率

由图8.14可知，与周年氮肥偏生产力和周年氮肥农学利用率不同，各处理的周年氮肥表观利用率在年际间差异较大，且表现为2013—2014年低于2014—2015年。这主要是由于随着试验的持续进行，不施氮处理的土壤氮素亏缺严重，植株的氮素累积量趋于降低，导致各施氮处理的氮肥表观利用率有所提高。尿素各处理的周年氮肥表观利用率表现为，处理U80分别平均较处理U160和U240提高17.20%和35.48%。控释氮肥各处理的周年氮肥表观利用率表现为，处理C60分别平均较处理C120、C180和C240提高21.29%、33.84%和47.75%。2种氮肥条件下，处理C120的周年氮肥表观利用率平均较处理U160提高17.45%；处理C180的周年氮肥表观利用率平均较处理U240提高23.03%。可见，与尿素相比，施用控释氮肥更有利于轮作系统的植株氮素累积，可有效减小氮素损失，提高植株的氮素累积量。

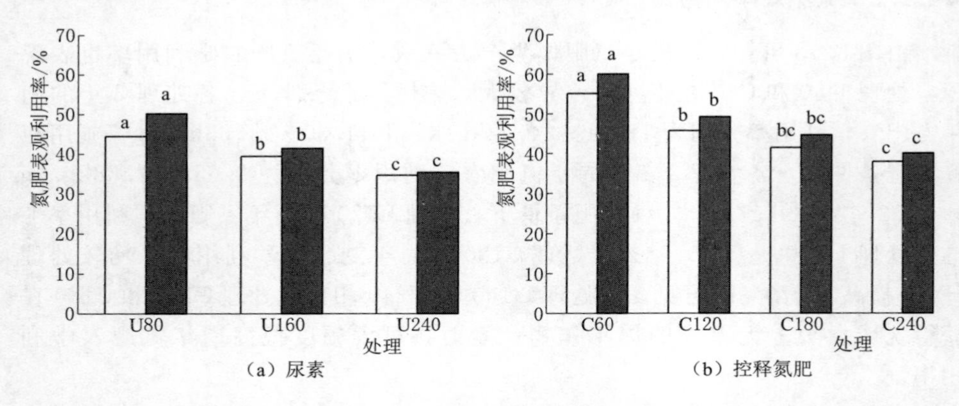

图8.14 不同氮肥运筹下冬小麦-夏玉米轮作系统的氮肥表观利用率

□ 2013—2014年 ■ 2014—2015年

8.5 讨论与小结

作物生育期的耗水量是降水量、灌水量和土壤储水消耗量综合作用的结果。在本书的研究中，4种集雨处理的冬小麦和夏玉米生育期耗水量均显著低于平作不覆盖。周昌明（2016）在不同地膜覆盖与种植方式对夏玉米生长的研究中也得出，在平作种植、垄沟种植和连垄种植3种集雨模式下，覆盖地膜、生物降解膜和液态地膜的夏玉米生育期耗水量均显著低于平作不覆盖。与之相反，李荣等（2013）研究发现，与垄覆地膜沟不覆盖相比，垄覆地膜沟覆地膜、垄覆地膜沟覆生物降解膜和垄覆地膜沟覆秸秆的玉米生育期耗水量均表现为随产量的增加而增加，即3种全覆盖集雨处理分别较沟不覆盖处理的耗水量增加12.3mm、14.1mm和12.2mm。差异产生的原因可能与播种时的底墒有关，较高的土壤水分含量会促进作物的水分消耗。赵亚丽等（2014）在耕作方式与秸秆还田对冬小麦-夏玉米轮作系统水分利用效率影响的研究中发现，与秸秆不还田相比，秸秆还田条件下冬小麦生育期的耗水量有所提高，而休闲期、夏玉米生育期和周年耗水量有所降低。这可能是与秸秆覆盖的方式有关。在赵亚丽等（2014）的试验研究中，冬小麦播种时，夏玉米秸秆采用粉碎翻埋的方式，这会增加表层土壤水分的蒸发；夏玉米为免耕播种，冬小麦秸秆直接

覆盖在地表，可有效阻隔表层土壤水分散失，从而降低夏玉米生长季的农田耗水量。此外，在冬小麦-夏玉米一年两熟的轮作制度下，夏玉米收获至冬小麦播种和次年冬小麦收获至夏玉米播种的时间间隔均为半个月左右。秸秆覆盖条件下，地表和土壤中残留的秸秆会降低休闲期土壤水分的无效蒸发，同时可集蓄降水，从而为下季作物提供较好的土壤墒情。

沟垄集雨种植可将小雨形成径流，叠加到种植沟中的作物耕层，同时能降低地表无效蒸发，促进降雨入渗，从而改善土壤水分状况，提高作物产量和水分利用效率。李荣等（2013）在沟垄全覆盖种植玉米的研究中发现，与垄覆地膜沟不覆盖相比，垄覆地膜沟覆地膜、垄覆地膜沟覆生物降解膜和垄覆地膜沟覆秸秆均可明显增加玉米的百粒重和穗粒数，籽粒产量分别提高 13.0%、13.8%和 15.0%，水分利用效率分别提高 9.8%、10.2%和 11.6%。这与本书研究的结论基本一致，与平作不覆盖相比，4 种集雨处理的冬小麦和夏玉米产量及产量构成因素均较优。在冬小麦生长季中，集雨处理增产的主要原因是单位面积有效穗数的提高；在夏玉米生长季中，集雨处理增产的主要原因是穗粗和百粒质量的提高。王敏等（2011）在不同覆盖材料的玉米研究中得出，与露地平作相比，覆盖生物降解膜和普通地膜可显著提高玉米的穗长、穗粗、百粒重和产量，而覆盖秸秆的玉米产量和产量性状均较低。本书的研究中，在冬小麦和夏玉米生长季，沟覆秸秆处理的作物产量和产量性状均优于平作不覆盖。可能的原因包含 3 个方面：第一是试验地点的差异，王敏等（2011）的试验地点位于渭北旱塬区，年均气温仅 10.5℃，温度不足可能是限制玉米生长的主要因子，而本试验地点位于陕西关中地区，年均气温为 13.0℃；第二是作物种类的差异，王敏等（2011）的试验对象为春玉米，春玉米在早春阶段容易遭遇冻害，较低的土壤温度不利于植株生长；第三是秸秆覆盖方式的差异，在王敏等（2011）的试验中，所有覆盖均为全地面覆盖，而本试验中沟覆秸秆处理的覆盖度为 50%，因此秸秆覆盖的降温效应不明显。

传统氮肥氮素利用率低的主要原因包含 3 个方面：①常规尿素和复合肥料为速溶性肥料，施入土壤后氮素迅速释放，导致土壤中铵态氮、硝态氮等速效氮含量在短时间内急剧升高，氮素流失显著增加；②氮素释放特性与作物需求规律严重错位；③氮素不稳定，易通过挥发、径流、渗漏等途径散失。相反，新型控释氮肥具有养分供应能力与作物需肥要求高度统一，一次性基施即可满足作物整个生育期生长需求，在显著减少氮素流失和环境污染的同时可提高氮肥利用率和作物产量等多重功效。研究表明，与尿素相比，相同施氮水平下，控释氮肥处理的玉米穗位叶光合速率、叶绿素含量和籽粒灌浆速率均显著提高。控释氮肥可提高水稻生育中后期叶片中硝酸还原酶和谷氨酰胺合成酶的活性，从而加强水稻孕穗期植株对氮素的吸收与同化能力，提高氮素利用率。控释氮肥的肥料利用效率可较速效氮肥提高 10%～30%，在目标产量相同的情况下，可减少用量 10%～40%（姜涛，2013）。本书的研究也得出了类似的结论，在冬小麦生长季，处理 C180 与 U240 的籽粒产量差异不显著，而处理 C180 的氮肥利用效率显著高于处理 U240；在夏玉米生长季中，处理 C120 与 U160 的籽粒产量差异不显著，而处理 C120 的氮肥利用效率显著高于处理 U160。这也从侧面反映出，冬小麦获得较高产量时的氮肥用量高于夏玉米。此外，本书的研究中，在冬小麦生长季，处理 U160 的有效穗数低于处理 U240，而处理 C180 的有效穗数高于处理 C240，这也说明控释氮肥的有效性高于尿素。张宏（2011）等在不同栽培模式和施氮对作物氮肥利用率的研究中发现，不同栽培模式下，随着施氮水平的提高，冬小麦和夏玉米的氮肥利用率和氮肥农学效率均逐渐降低。当施氮量由 120kg/hm^2 提高到 240kg/hm^2 时，夏玉米和冬小麦的氮肥利用率分别平均降低 11.49%和 26.22%，氮肥农学效率分别平均降低 41.33%和 42.80%。在本书的研究中，冬小麦和夏玉米生长季，各处理的 5 种氮肥利用效率均呈现为，随着施氮水平的提高，指标值呈减小的趋势。在冬小麦生长季中，处理 C180 较处理 U240 可显著提高氮肥利用效率；在夏玉米生长季中，处理 C120 较处理 U160 可显著提高氮肥利用效率。

第9章 主要结论与展望

9.1 主要结论

本书的研究在冬小麦-夏玉米轮作体系下，对比和分析了4种集雨模式（以传统平作不覆盖为对照）对农田土壤水分、温度、硝态氮和作物生理生态特性、产量和水氮利用效率的影响。与此同时，选用尿素和树脂膜控释氮肥2种氮肥，分别设置4种和5种施氮水平，探究不同氮肥运筹对作物生长和氮素吸收利用的影响。得出以下主要结论。

9.1.1 集雨模式对冬小麦和夏玉米农田土壤水分的影响

（1）在冬小麦生长季中，膜垄和土垄的集流效率分别为84.6%和12.2%，临界产流降雨量分别为0.9mm和4.1mm，平均集雨效率分别为66.3%和8.0%；在夏玉米生长季中，膜垄和土垄的集流效率分别为84.5%和10.5%，临界产流降雨量分别为0.5mm和2.9mm，平均集雨效率分别为83.5%和10.0%。

（2）4种集雨处理均可提高0～40cm和40～100cm土层的土壤储水量、土壤含水率和土壤储水亏缺补偿度，其中全程集雨处理优于单一集雨处理，且处理M1在提高上层土壤水分含量方面优于处理M2，处理M2在提高下层土壤水分含量方面优于处理M1。

9.1.2 集雨模式对冬小麦和夏玉米农田土壤温度的影响

（1）不同集雨处理的土壤温度差异随土层深度的增加而减小。

（2）集雨处理的土壤温度效应主要表现在作物生长前期。

（3）处理M3较高的土壤温度有利于冬小麦生长，是冬小麦生长季较优的集雨模式；处理M4较低的土壤温度有利于夏玉米生长，是夏玉米生长季较优的集雨模式。

9.1.3 集雨模式与氮肥运筹对土壤硝态氮的影响

（1）控释氮肥的氮素释放特性与夏玉米和冬小麦生长规律较为吻合。

（2）4种集雨处理均可一定程度上提高作物主要生育期0～200cm土层的平均土壤硝态氮累积量。与一元集雨处理相比，二元集雨处理的提高幅度较大。与平作不覆盖相比，4种集雨处理提高冬小麦土壤硝态氮累积量的幅度小于夏玉米。

（3）对不同集雨模式下作物收获后0～200cm土层土壤硝态氮剖面分布的分析发现，不同集雨处理的土壤硝态氮峰值所在土层深度存在差异。全程微型聚水处理较好的水分条件使得硝态氮入渗加深，但其峰值仍保持在140cm土层范围内。与冬小麦相比，不同集雨处理在夏玉米生长季的土壤硝态氮峰值较深。

（4）与尿素相比，控释氮肥能大幅度提高冬小麦和夏玉米生长中后期0～100cm土层的土壤硝态氮累积量，从而减少氮素淋溶和挥发损失，并为作物生殖生长提供充足的养分。

（5）对不同氮肥运筹下作物收获时0～200cm土层土壤硝态氮剖面分布的研究发现，0～100cm土层的硝态氮含量表现为控释氮肥各处理高于尿素各处理，而100～200cm土层的硝态氮含量正好相反。与尿素相比，控释氮肥各处理的土壤硝态氮含量变幅较小，且硝态氮峰值所在土层深度较浅。与冬小麦相比，夏玉米生长季中2种氮肥各处理间硝态氮峰值的差异较小。

9.1.4 集雨模式与氮肥运筹对作物生理生长的影响

（1）4种集雨处理均可提高作物的株高、地上部干物质质量、根系特征参数、叶绿素总量和光合速率，且二元集雨处理显著高于一元集雨处理。在冬小麦生长季中，垄覆白膜沟覆秸秆的效果较优；在夏玉米生长季中，垄覆黑膜沟覆秸秆的效果较优。

（2）与平作不覆盖相比，4种集雨处理均可不同程度地加快冬小麦和夏玉米从出苗期到灌浆期的生育进程，而灌浆期到成熟期的持续时间表现为除处理M1之外，其余处理均大于处理CK。整个冬小麦和夏玉米的生育周期表现为处理M3和M4显著长于其他处理。

（3）与平作不覆盖相比，4种集雨处理的冬小麦和夏玉米根长分布呈浅根化趋势。不同氮肥运筹下冬小麦和夏玉米的根长表现为高氮营养浅根化趋势。集雨处理和施氮处理在提高冬小麦和夏玉米总根干质量方面优于总根长。

（4）不同氮肥运筹下，冬小麦和夏玉米的株高、干物质质量和根系特征参数均表现为，随着施氮量的增加，指标值呈先增加后平稳的趋势，其中处理C120与U160之间和处理U240、C180与C240之间的植株形态指标差异不显著。

（5）与尿素相比，施用控释氮肥在作物生长前期会出现指标值较低的现

象，但随着其氮素的逐渐释放，在作物生长中后期会得到补偿甚至超越尿素处理。

（6）不同氮肥运筹下，冬小麦和夏玉米叶片的叶绿素总量表现为，随播种后天数的推进，处理间叶绿素总量的差异趋于加大，即施氮量较少处理的缺氮程度逐渐加剧。

9.1.5 集雨模式与氮肥运筹下植株氮素的累积、分配与诊断

（1）施用2种氮肥条件下，植株氮素含量均随生育期的推进，呈先快速下降后缓慢下降的趋势，且随施氮水平的提高而增加，即植株的氮浓度存在稀释现象。

（2）与尿素相比，施用控释氮肥各处理在作物生长前期的氮素累积量较少，随后累积速率加快。到成熟期时，处理C120与U160之间和处理C180与U240之间无显著差异。与冬小麦相比，同一氮肥类型和施氮水平的夏玉米植株氮素累积量较少。

（3）2种氮肥条件下，处理C120与U160之间和处理C180与U240之间的果穗氮素累积量差异不显著，但前者的果穗氮素累积量占比高于后者。即与尿素相比，控释氮肥的氮素运转效率较高。

（4）作物地上部生物量与氮浓度之间符合临界氮浓度稀释曲线模型。该模型在年际间具有一定的可靠性。

（5）随生育期的推进，不同集雨处理的植株氮素累积量逐渐提高，并于成熟期达到最高值。与平作不覆盖相比，4种集雨处理均可不同程度地提高植株的氮素累积量。在冬小麦中，垄覆白膜沟覆秸秆在提高植株氮素累积量方面效果较好；在夏玉米中，垄覆黑膜沟覆秸秆在提高植株氮素累积量方面效果较好。

（6）不同集雨处理下，成熟期植株氮素累积量的分配表现为果穗＞叶片＞茎秆。与平作不覆盖相比，4种集雨处理的叶片、茎秆和果穗氮素累积量均较高。

9.1.6 集雨模式与氮肥运筹下作物的产量和水氮利用效率

（1）在冬小麦中，处理M4在减少土壤储水的消耗和生育期耗水量方面较优；在夏玉米中，处理M3在提高土壤储水增量和降低生育期耗水量方面较优。

（2）在冬小麦中，一元集雨处理M1和二元集雨处理M3更有利于提高冬小麦的产量、水分利用效率和氮肥偏生产力。在夏玉米中，一元集雨处理M2和二元集雨处理M4更有利于提高夏玉米的产量、水分利用效率和氮肥偏生

产力。

(3) 冬小麦-夏玉米轮作系统的周年产量和周年水分利用效率均表现为，4种集雨处理显著高于平作不覆盖，且二元集雨处理显著高于一元集雨处理。

(4) 不同氮肥运筹下，各处理的作物产量及产量构成要素均表现为，随施氮水平的提高各指标值显著增加，当施氮量超过一定范围后反而有所降低。在冬小麦中，处理C180与U240的籽粒产量差异不显著。在夏玉米中，处理C120与U160的籽粒产量差异不显著。

(5) 不同氮肥运筹下，各处理的氮肥偏生产力、氮肥农学利用率、氮肥生理利用率、氮肥表观利用率和氮素利用效率均表现为，随施氮水平的提高，呈减小的趋势。

(6) 综合氮营养指数模型、氮累积亏缺模型和拟合曲线发现，冬小麦的尿素和控释氮肥合理施用范围分别为160～225kg/hm^{2}和120～191kg/hm^2；夏玉米的尿素和控释氮肥合理施氮范围分别为160～182kg/hm^{2}和120～146kg/hm^2。

(7) 施用2种氮肥条件下，周年作物产量均表现为，随施氮水平的提高，呈先增加后降低的趋势。2年轮作系统中，处理C120与U160和处理C180与U240的平均周年产量无显著差异。

(8) 与冬小麦和夏玉米单季氮肥利用率一致，轮作系统的周年氮肥利用率也随施氮水平的提高，呈降低的趋势。与处理U160和U240相比，处理C120和C180在获得统计意义上无差异的周年作物产量时，可大幅度提高周年氮肥偏生产力、周年氮肥农学利用率和周年氮肥表观利用率。

9.2 存在的问题与建议

(1) 受试验条件的限制，未能对不同集雨处理的土壤温度进行昼夜连续监测，以便更加科学、全面地从积温角度探究不同集雨处理对作物生长的效应。

(2) 本书的研究仅对不同集雨模式下农田土壤水分、温度和硝态氮等土壤环境进行了分析，未涉及土壤微生物、土壤酶活性等微观指标，以及不同集雨处理的土壤物理性状，如土壤容重、土壤孔隙度等。在今后的研究中有必要进一步完善相关研究，以便更加深入地揭示不同集雨种植对土壤环境和作物生长的影响机理。

(3) 本书的研究是在陕西关中半湿润易旱区的气候条件下进行的，而且在冬小麦和夏玉米生长过程中遭遇持续干旱时均给予了一定的补充灌水。对于年降水量较多或是无灌溉条件的雨养农业区或是在水热资源差异较大的地区，不同集雨处理的效应以及冬小麦和夏玉米适宜的集雨模式仍需要通过试验进一步

验证。

（4）本研究基于2年田间试验数据，构建并验证了施用尿素和控释氮肥条件下冬小麦和夏玉米的临界氮浓度稀释曲线模型，但由于试验数据有限，且仅是针对同一生态地点和单一品种。今后需要通过不同生态地区和不同品种的试验资料进行补充和不断完善，以进一步提高模型的适用性和可靠性。

（5）由于不同地区及不同前茬作物的土壤肥力状况存在差异，对特定地区的冬小麦和夏玉米生产，合理的尿素或控释氮肥用量需要根据实际情况确定，以充分发挥氮肥的施用效果。此外，本研究的氮肥运筹仅涉及尿素和控释氮肥单独施用的情形，今后可进一步探究特定作物的适宜尿素和控释氮肥配施比例，以便在满足作物生长的同时降低生产投入。

参 考 文 献

[1] 陈剑慧，曹一平，许涵，等. 有机高聚物包膜控释肥氮释放特性的测定与农业评价 [J]. 植物营养与肥料学报，2002，8 (1)：44-47.

[2] 程杰，高亚军，强秦. 渭北旱塬小麦不同栽培模式对土壤硝态氮残留的影响 [J]. 水土保持学报，2008，22 (4)：104-110.

[3] 崔红红. 不同起垄覆盖与水氮耦合对冬小麦生长及产量影响的试验研究 [D]. 杨凌：西北农林科技大学，2014.

[4] 党建友，裴雪霞，张定一，等. 秸秆还田下施氮模式对冬小麦生长发育及肥料利用率的影响 [J]. 麦类作物学报，2014，34 (11)：1552-1558.

[5] 丁瑞霞. 微集水种植条件下土壤水分调控效果及作物的生理生态效应 [D]. 杨凌：西北农林科技大学，2006.

[6] 段文学，于振文，石玉，等. 施氮深度对旱地小麦耗水特性和干物质积累与分配的影响 [J]. 作物学报，2013，39 (4)：657-664.

[7] 冯浩，刘匣，余坤，等. 不同覆盖方式对土壤水热与夏玉米生长的影响 [J]. 农业机械学报，2016，47 (12)：192-202.

[8] 符建荣. 控释氮肥对水稻的增产效应及提高肥料利用率的研究 [J]. 植物营养与肥料学报，2001，7 (2)：145-152.

[9] 高丽娜，陈素英，张喜英，等. 华北平原冬小麦麦田覆盖对土壤温度和生育进程的影响 [J]. 干旱地区农业研究，2009，27 (1)：107-113.

[10] 高亚军，李生秀，李世清，等. 施肥与灌水对硝态氮在土壤中残留的影响 [J]. 水土保持学报，2005，19 (6)：63-66.

[11] 高玉红，郭丽琢，牛俊义，等. 栽培方式对玉米根系生长及水分利用效率的影响 [J]. 中国生态农业学报，2012，20 (2)：210-216.

[12] 葛均筑，李淑娅，钟新月，等. 施氮量与地膜覆盖对长江中游春玉米产量性能及氮肥利用效率的影响 [J]. 作物学报，2014，40 (6)：1081-1092.

[13] 谷晓博，李援农，杜娅丹，等. 施肥深度对冬油菜产量、根系分布和养分吸收的影响 [J]. 农业机械学报，2016，47 (6)：120-128，206.

[14] 谷晓博，李援农，周昌明，等. 垄沟集雨补灌对冬油菜根系、产量与水分利用效率的影响 [J]. 农业机械学报，2016，47 (4)：90-98，112.

[15] 郭志顶，李志洪，李辛，等. 施氮水平及方式对玉米冠层 NDVI、氮含量、叶绿素和产量的影响 [J]. 玉米科学，2013，21 (6)：111-116，121.

[16] 韩娟，廖允成，贾志宽，等. 半湿润偏旱区沟垄覆盖种植对冬小麦产量及水分利用效率的影响 [J]. 作物学报，2014，40 (1)：101-109.

[17] 韩清芳，李向拓，王俊鹏，等. 微集水种植技术的农田水分调控效果模拟研究 [J]. 农业工程学报，2004，20 (2)：78-82.

[18] 韩思明，史俊通，杨春峰，等. 渭北旱塬夏闲地聚水保墒耕作技术的研究 [J]. 干旱地区农业研究，1993，11 (S2)：46-51.

[19] 韩晓日 . 新型缓/控释肥料研究现状与展望 [J]. 沈阳农业大学学报，2006，37 (1)：3-8.

[20] 贺润喜，王玉国，等. 不同生育期揭膜对旱地地膜覆盖玉米生理性状和产量的影响 [J]. 山西农业大学学报，1999，19 (1)：16-18，28.

[21] 侯贤清，李荣 . 免耕覆盖对宁南山区土壤物理性状及马铃薯产量的影 [J]. 农业工程学报，2015，31 (19)：112-119.

[22] 黄高宝，张恩和，胡恒觉 . 不同玉米品种氮素营养效率差异的生态生理机制 [J]. 植物营养与肥料学报，2001，7 (3)：293-297.

[23] 姜琳琳，韩立思，韩晓日，等. 氮素对玉米幼苗生长、根系形态及氮素吸收利用效率的影响 [J]. 植物营养与肥料学报，2011，17 (1)：247-253.

[24] 姜涛 . 氮肥运筹对夏玉米产量、品质及植株养分含量的影响 [J]. 植物营养与肥料学报，2013，19 (3)：559-565.

[25] 蒋耿民，李援农，周乾 . 不同揭膜时期和施氮量对陕西关中地区夏玉米生理生长、产量及水分利用效率的影响 [J]. 植物营养与肥料学报，2013，19 (5)：1065-1072.

[26] 蒋耿民 . 关中西部地区覆膜玉米揭膜契机与水肥耦合关系的研究 [D]. 杨凌：西北农林科技大学，2013.

[27] 蒋曦龙，陈宝成，张民，等. 控释肥氮素释放与水稻氮素吸收相关研究 [J]. 水土保持学报，2014，28 (1)：215-220.

[28] 解文艳，周怀平，杨振兴，等. 不同覆盖方式对旱地春玉米土壤水分及作物生产力的影响 [J]. 水土保持学报，2014，28 (4)：128-133.

[29] 康慧玲，刘淑英，王平，等. 覆膜和灌溉对小麦秸秆还田土壤酶活性的影响 [J]. 干旱区资源与环境，2017，31 (5)：163-167.

[30] 寇江涛，师尚礼，蔡卓山 . 垄沟集雨种植对旱作紫花苜蓿生长特性及品质的影响 [J]. 中国农业科学，2010，43 (24)：5028-5036.

[31] 寇江涛，师尚礼 . 垄覆膜集雨对苜蓿草地土壤水分动态及利用效率的影响 [J]. 中国生态农业学报，2011，19 (1)：47-53.

[32] 李粉玲，常庆瑞，申健，等. 基于 GF-1 卫星数据的冬小麦叶片氮含量遥感估算 [J]. 农业工程学报，2016，32 (9)：157-164.

[33] 李华，王朝辉，李生秀 . 地表覆盖和施氮对冬小麦干物质和氮素积累与转移的影响 [J]. 植物营养与肥料学报，2008，14 (6)：1027-1034.

[34] 李华，王朝辉，李生秀 . 旱地小麦地表覆盖对土壤水分硝态氮累积分布的影响 [J]. 农业环境科学学报，2011，30 (7)：1371-1377.

[35] 李娜娜，池宝亮，梁改梅 . 旱地玉米秸秆地膜二元覆盖的土壤水热效应研究 [J]. 水土保持学报，2017，31 (4)：248-253.

[36] 李欠欠，李雨繁，高强，等. 传统和优化施氮对春玉米产量、氨挥发及氮平衡的影响 [J]. 植物营养与肥料学报，2015，21 (3)：571-579.

[37] 李荣，侯贤清，贾志宽，等. 沟垄全覆盖种植方式对旱地玉米生长及水分利用效率的

影响 [J]. 生态学报，2013，33 (7)：2282-2291.

[38] 李荣，侯贤清，王晓敏，等. 北方旱作区沟垄二元覆盖技术研究进展 [J]. 应用生态学报，2016，27 (4)：1314-1322.

[39] 李荣，王敏，贾志宽，等. 渭北旱塬区不同沟垄覆盖模式对春玉米土壤温度、水分及产量的影响 [J]. 农业工程学报，2012，28 (2)：106-113.

[40] 李世清，王瑞军，李紫燕，等. 半干旱半湿润农田生态系统不可忽视的土壤氮库—土壤剖面中累积的硝态氮 [J]. 干旱地区农业研究，2004，22 (4)：1-13.

[41] 李廷亮，谢英荷，洪坚平，等. 施氮量对晋南旱地冬小麦光合特性、产量及氮素利用的影响 [J]. 作物学报，2013，39 (4)：704-711.

[42] 李小雁，张瑞玲. 旱作农田沟垄微型集雨结合覆盖玉米种植试验研究 [J]. 水土保持学报，2005，19 (2)：45-48，52.

[43] 李援农，刘玉洁，李芳红，等. 膜上灌水技术的生态效应研究 [J]. 农业工程学报，2005，21 (11)：60-63.

[44] 李正鹏，冯浩，宋明丹. 关中平原冬小麦临界氮稀释曲线和氮营养指数研究 [J]. 农业机械学报，2015，46 (10)：177-183，273.

[45] 李正鹏，宋明丹，冯浩. 关中地区玉米临界氮浓度稀释曲线的建立和验证 [J]. 农业工程学报，2015，31 (13)：135-141.

[46] 梁效贵，张经廷，周丽丽，等. 华北地区夏玉米临界氮稀释曲线和氮营养指数研究 [J]. 作物学报，2013，39 (2)：292-299.

[47] 刘道宏. 植物叶片的衰老 [J]. 植物生理学通讯，1983，2：14-19.

[48] 刘飞，诸葛玉平，陈增明，等. 控释肥对马铃薯产量、氮素利用率及经济效益的影响 [J]. 中国农学通报，2011，27 (12)：215-219.

[49] 刘敏，宋付朋，卢艳艳. 硫膜和树脂膜控释尿素对土壤硝态氮含量及氮素平衡和氮素利用率的影响 [J]. 植物营养与肥料学报，2015，21 (2)：541-548.

[50] 刘敏，张翀，何彦芳，等. 追氮方式对夏玉米土壤 N_2O 和 NH_3 排放的影响 [J]. 植物营养与肥料学报，2016，22 (1)：19-29.

[51] 刘胜尧，张立峰，李志宏，等. 华北旱地覆膜春玉米田水温效应及增产限制因子 [J]. 应用生态学报，2014，25 (11)：3197-3206.

[52] 刘世全，曹红霞，张建青，等. 不同水氮供应对小南瓜根系生长、产量和水氮利用效率的影响. 中国农业科学，2014，47 (7)：1362-1371.

[53] 刘世全. 膜下滴灌番茄对水氮供应的响应研究 [D]. 杨凌：西北农林科技大学，2014.

[54] 刘艳红. 渭北旱塬微集水种植模式对土壤水分、养分及冬小麦产量的影响 [D]. 杨凌：西北农林科技大学，2010.

[55] 卢艳丽，白由路，王磊，等. 华北小麦-玉米轮作区缓控释肥应用效果分析 [J]. 植物营养与肥料学报，2011，17 (1)：209-215.

[56] 路海东，薛吉全，郭东伟，等. 覆黑地膜对旱作玉米根区土壤温湿度和光合特性的影响 [J]. 农业工程学报，2017，33 (5)：129-135.

[57] 路海东，薛吉全，郝引川，等. 黑色地膜覆盖对旱地玉米土壤环境和植株生长的影响 [J]. 生态学报，2016，36 (7)：1997-2004.

[58] 吕鹏，张吉旺，刘伟，等. 施氮时期对超高产夏玉米产量及氮素吸收利用的影响 [J].

植物营养与肥料学报，2011，17（5）：1099－1107.

［59］ 马立锋，苏孔武，黎金兰，等．控释氮肥对茶叶产量、品质和氮素利用效率及经济效益的影响［J］．茶叶科学，2015，35（4）：354－362.

［60］ 马晓丽，贾志宽，肖恩时，等．渭北旱塬秸秆还田对土壤水分及作物水分利用效率的影响［J］．干旱地区农业研究，2010，28（5）：59－64.

［61］ 马育军，李小雁，伊万娟，等．沟垄集雨结合砾石覆盖对沙棘生长的影响［J］．农业工程学报，2010，26（S2）：188－194.

［62］ 米美霞，樊军，邵明安，等．地表覆盖对土壤热参数变化的影响［J］．土壤学报，2014，51（1）：58－66.

［63］ 聂军，郑圣先，戴平安，等．控释氮肥调控水稻光合功能和叶片衰老的生理基础［J］．中国水稻科学，2005，19（3）：255－261.

［64］ 彭玉，孙永健，蒋明金，等．不同水分条件下缓/控释氮肥对水稻干物质量和氮素吸收、运转及分配的影响［J］．作物学报，2014，40（5）：859－870.

［65］ 漆栋良，胡田田，吴雪，等．适宜灌水施氮方式利于玉米根系生长提高产量［J］．农业工程学报，2015，31（11）：144－149.

［66］ 强生才，张富仓，田建柯，等．基于叶片干物质的冬小麦临界氮稀释曲线模拟研究［J］．农业机械学报，2015，46（11）：121－128.

［67］ 强生才，张富仓，向友珍，等．关中平原不同降雨年型夏玉米临界氮稀释曲线模拟及验证［J］．农业工程学报，2015，31（17）：168－175.

［68］ 强生才．施氮对不同基因型玉米/小麦产量和水氮利用的影响［D］．杨凌：西北农林科技大学，2016.

［69］ 任万军，伍菊仙，卢庭启，等．氮肥运筹对免耕高留茬抛秧稻干物质积累、运转和分配的影响［J］．四川农业大学学报，2009，27（2）：162－166.

［70］ 任小龙，贾志宽，陈小莉，等．半干旱区沟垄集雨对玉米光合特性及产量的影响［J］．作物学报，2008，34（5）：838－845.

［71］ 任小龙，贾志宽，陈小莉，等．模拟降雨量条件下沟垄集雨种植对土壤养分分布及夏玉米根系生长的影响［J］．农业工程学报，2007，23（12）：94－99.

［72］ 任小龙，贾志宽，陈小莉．不同模拟雨量下微集水种植对农田水肥利用效率的影响［J］．农业工程学报，2010，26（3）：75－81.

［73］ 任小龙．模拟雨量下微集水种植农田土壤水温状况及玉米生理生态效应研究［D］．杨凌：西北农林科技大学，2008.

［74］ 申丽霞，王璞，张丽丽．可降解地膜对土壤、温度水分及玉米生长发育的影响［J］．农业工程学报，2011，27（6）：25－30，2011.

［75］ 沈新磊，黄思光，王俊，等．半干旱农田生态系统地膜覆盖模式和施氮对小麦产量和氮效率的效应［J］．西北农林科技大学学报（自然科学版），2003，31（1）：1－14.

［76］ 沈学善，屈会娟，李金才，等．玉米秸秆还田和耕作方式对小麦养分积累与转运的影响［J］．西北植物学报，2012，32（1）：143－149.

［77］ 石祖梁，杨四军，张传辉，等．氮肥运筹对稻茬小麦土壤硝态氮含量、根系生长及氮素利用的影响［J］．水土保持学报，2012，26（5）：118－122.

［78］ 史海滨，赵倩，田德龙，等．水肥对土壤盐分影响及增产效应［J］．排灌机械工程学报，2014，32（3）：252－257.

[79] 宋秋华，李凤民，王俊，等．覆膜对春小麦农田微生物数量和土壤养分的影响［J］．生态学报，2002，22（12）：2125－2132．

[80] 孙爱丽．黑龙江西部半干旱区隔沟交替灌溉下玉米灌水模式研究［D］．哈尔滨：东北农业大学，2011．

[81] 孙云保，张民，郑文魁，等．控释氮肥对小麦-玉米轮作产量和土壤养分状况的影响［J］．水土保持学报，2014，28（4）：115－121．

[82] 唐文雪，马忠明，魏焘，等．不同厚度地膜连续覆盖对玉米田土壤物理性状及地膜残留量的影响［J］．中国农业科技导报，2016，18（5）：126－133．

[83] 王海红，宋家永，贾宏昉，等．肥料缓施对小麦氮素代谢及产量的影响［J］．中国农学通报，2006，22（7）：335－336．

[84] 王海霞，孙红霞，韩清芳，等．免耕条件下秸秆覆盖对旱地小麦田土壤团聚体的影响［J］．应用生态学报，2012，23（4）：1025－1030．

[85] 王罕博，龚道枝，梅旭荣，等．覆膜和露地旱作春玉米生长与蒸散动态比较［J］．农业工程学报，2012，28（22）：88－94．

[86] 王进鑫，黄宝龙，罗伟祥．黄土高原人工林地水分亏缺的补偿与恢复特征［J］．生态学报，2004，24（11）：2395－2401．

[87] 王俊鹏，韩清芳，王龙昌，等．宁南半干旱区农田微集水种植技术效果研究［J］．西北农业大学学报，2000，28（4）：16－20．

[88] 王敏，王海霞，韩清芳，等．不同材料覆盖的土壤水温效应及对玉米生长的影响［J］．作物学报，2011，37（7）：1249－1258．

[89] 王琦，张恩和，李凤民，等．半干旱地区沟垄微型集雨种植马铃薯最优沟垄比的确定［J］．农业工程学报，2005，21（2）：38－41．

[90] 王琦，张恩和，李凤民．半干旱地区膜垄和土垄的集雨效率和不同集雨时期土壤水分比较［J］．生态学报，2004，24（8）：1820－1823．

[91] 王绍辉，张福墁．局部施肥对植株生长及根系形态的影响［J］．土壤通报，2002，33（2）：153－155．

[92] 王晓英，贺明荣，刘永环，等．水氮耦合对冬小麦氮肥吸收及土壤硝态氮残留淋溶的影响［J］．生态学报，2008，28（2）：685－694．

[93] 王寅，冯国忠，张天山，等．基于产量、氮效率和经济效益的春玉米控释氮肥掺混比例［J］．土壤学报，2015，52（5）：1153－1165．

[94] 魏以昕，吴玉福，温重阳，等．陇中贫水富集抗旱高产栽培试验研究［J］．中国水土保持，2000，2：25－27．

[95] 吴光磊，郭立月，崔正勇，等．氮肥运筹对晚播冬小麦氮素和干物质积累与转运的影响［J］．生态学报，2012，32（16）：5128－5137．

[96] 肖国滨，郑伟，叶川，等．氮肥运筹对红壤稻田移栽油菜产量及生长发育的影响［J］．江西农业学报，2011，23（7）：112－115．

[97] 熊又升．土壤中包膜肥料氮磷释放运移及作物吸收利用［D］．武汉：华中农业大学，2001．

[98] 宿俊吉，邓福军，林海，等．揭膜对陆地棉根际温度、各器官干物质积累和产量、品质的影响［J］．棉花学报，2011，23（2）：172－177．

[99] 徐国伟，王贺正，翟志华，等．不同水氮耦合对水稻根系形态生理、产量与氮素利用

的影响［J］. 农业工程学报，2015，31（10）：132－141.

［100］ 徐明岗，李冬初，李菊梅，等. 化肥有机肥配施对水稻养分吸收和产量的影响［J］. 中国农业科学，2008，41（10）：3133－3139.

［101］ 徐文强，杨祁峰，牛芬菊，等. 秸秆还田与覆膜对土壤理化特性及玉米生长发育的影响［J］. 玉米科学，2013，21（3）：87－93，99.

［102］ 薛高峰，张贵龙，孙焱鑫，等. 包膜控释尿素（追施）对冬小麦生长发育及土壤硝态氮含量的影响［J］. 农业环境科学学报，2012，31（2）：377－384.

［103］ 严奉君，孙永健，马均，等. 秸秆覆盖与氮肥运筹对杂交稻根系生长及氮素利用的影响［J］. 植物营养与肥料学报，2015，21（1）：23－35.

［104］ 杨慧，曹红霞，柳美玉，等. 水氮耦合条件下番茄临界氮浓度模型的建立及氮素营养诊断［J］. 植物营养与肥料学报，2015，21（5）：1234－1242.

［105］ 杨宪龙，路永莉，同延安，等. 陕西关中小麦-玉米轮作区协调作物产量和环境效应的农田适宜氮肥用量［J］. 生态学报，2014，34（21）：6115－6123.

［106］ 银敏华，李援农，谷晓博，等. 灌水与覆膜对春玉米土壤温度、生育期和水分利用的影响［J］. 干旱地区农业研究，2015，33（4）：117－124.

［107］ 银敏华，李援农，李昊，等. 氮肥运筹对夏玉米根系生长与氮素利用的影响［J］. 农业机械学报，2016，47（6）：129－138.

［108］ 银敏华，李援农，徐袁博，等. 灌水与覆膜对春玉米生长及水分利用效率的影响［J］. 节水灌溉，2016，（8）：18－22，26.

［109］ 银敏华，李援农，张天乐，等. 集雨模式对农田土壤水热状况与水分利用效率的影响［J］. 农业机械学报，2015，46（12）：194－203，211.

［110］ 尹彩侠，刘宏伟，孔丽丽，等. 控释氮肥对春玉米干物质积累、氮素吸收及产量的影响［J］. 玉米科学，2014，22（6）：108－113.

［111］ 于晓芳，高聚林，叶君，等. 深松及氮肥深施对超高产春玉米根系生长、产量及氮肥利用效率的影响［J］. 玉米科学，2013，21（1）：114－119.

［112］ 余坤，冯浩，李正鹏，等. 秸秆还田对农田土壤水分与冬小麦耗水特征的影响［J］. 农业机械学报，2014，45（10）：116－123.

［113］ 余坤，冯浩，王增丽，等. 氨化秸秆还田改善土壤结构增加冬小麦产量［J］. 农业工程学报，2014，30（15）：165－173.

［114］ 鱼欢，杨改河，等. 不同施氮量及基追比例对玉米冠层生理性状和产量的影响［J］. 植物营养与肥料学报，2010，16（2）：266－273.

［115］ 俞映倞，薛利红，等. 太湖地区稻田不同氮肥管理模式下氨挥发特征研究［J］. 农业环境科学学报，2013，32（8）：1682－1689.

［116］ 岳文俊，张富仓，李志军，等. 水氮耦合对甜瓜氮素吸收与土壤硝态氮累积的影响［J］. 农业机械学报，2015，46（2）：88－96，119.

［117］ 张丹，王洪媛，胡万里，等. 地膜厚度对作物产量与土壤环境的影响［J］. 农业环境科学学报，2017，36（2）：293－301.

［118］ 张冬梅，池宝亮，黄学芳，等. 地膜覆盖导致旱地玉米减产的负面影响［J］. 农业工程学报，2008，24（4）：99－102.

［119］ 张光辉，费宇红，刘春华，等. 华北平原灌溉用水强度与地下水承载力适应性状况［J］. 农业工程学报，2013，29（1）：1－10.

[120] 张宏，周建斌，刘瑞，等. 不同栽培模式及施氮对半旱地冬小麦/夏玉米氮素累积、分配及氮肥利用率的影响 [J]. 植物营养与肥料学报，2011，17 (1)：1-8.

[121] 张立功，李国斌，苏忠太，等. 旱地小麦黑膜全覆盖穴播栽培的效应与模式研究 [J]. 干旱地区农业研究，2016，34 (6)：41-50.

[122] 张鹏. 集雨限量补灌技术对农田土壤水温状况及玉米生理生态效应的影响 [D]. 杨凌：西北农林科技大学，2016.

[123] 张维理，田哲旭，张宁，等. 我国北方农用氮肥造成地下水硝酸盐污染的调查 [J]. 植物营养与肥料学报，1995，1 (2)：82-89.

[124] 张维理，武淑霞，冀宏杰，等. 中国农业面源污染形势估计及控制对策 I. 21 世纪初期中国农业面源污染的形势估计 [J]. 中国农业科学，2004，37 (7)：1008-1017.

[125] 张务帅，陈宝成，李成亮，等. 控释氮肥控释钾肥不同配比对小麦生长及土壤肥力的影响 [J]. 水土保持学报，2015，29 (3)：178-183，189.

[126] 张仙梅，黄高宝，李玲玲，等. 覆膜方式对旱作玉米硝态氮时空动态及氮素利用效率的影响 [J]. 干旱地区农业研究，2011，29 (5)：26-32.

[127] 张小翠，戴其根，胡星星，等. 不同质地土壤下缓释尿素与常规尿素配施对水稻产量及其生长发育的影响 [J]. 作物学报，2012，38 (8)：1494-1503.

[128] 张怡，吕世华，马静，等. 控释肥料对覆膜栽培稻田 N_2O 排放的影响 [J]. 应用生态学报，2014，25 (3)：769-775.

[129] 张玉，秦华东，伍龙梅，等. 玉米根系生长特性及氮肥运筹对根系生长的影响 [J]. 中国农业大学学报，2014，19 (6)：62-70.

[130] 赵爱琴，魏秀菊，朱明. 基于 Meta-analysis 的中国马铃薯地膜覆盖产量效应分析 [J]. 农业工程学报，2015，31 (24)：1-7.

[131] 赵犇，姚霞，田永超，等. 基于临界氮浓度的小麦地上部氮亏缺模型 [J]. 应用生态学报，2012，23 (11)：3141-3148.

[132] 赵亚丽，郭海斌，薛志伟，等. 耕作方式与秸秆还田对冬小麦-夏玉米轮作系统中干物质生产和水分利用效率的影响 [J]. 作物学报，2014，40 (10)：1797-1807.

[133] 赵亚丽，薛志伟，郭海斌，等. 耕作方式与秸秆还田对冬小麦-夏玉米耗水特性和水分利用效率的影响 [J]. 中国农业科学，2014，47 (17)：3359-3371.

[134] 郑剑超，闫曼曼，张巨松，等. 遮荫条件下氮肥运筹对棉花生长和氮素积累的影响 [J]. 植物营养与肥料学报，2016，22 (1)：94-103.

[135] 郑圣先，聂军，戴平安，等. 控释氮肥对杂交水稻生育后期根系形态生理特征和衰老的影响 [J]. 植物营养与肥料学报，2006，12 (2)：2188-2194.

[136] 郑圣先，聂军，熊金英，等. 控释肥料提高氮素利用率的作用及对水稻效应的研究 [J]. 植物营养与肥料学报，2001，7 (1)：11-16.

[137] 郑圣先，肖剑，等. 淹水稻田土壤条件下包膜控释肥料养分释放的动力学与数学模拟 [J]. 磷肥与复肥，2005，20 (4)：8-11.

[138] 郑祥洲，樊小林，周芳，等. 核芯肥料、包膜厚度对控释肥养分释放性能的影响 [J]. 西北农林科技大学学报 (自然科学版)，2009，37 (11)：207-211，218.

[139] 周昌明，李援农，银敏华，等. 连垄全覆盖降解膜集雨种植促进玉米根系生长提高产量 [J]. 农业工程学报，2015，31 (7)：109-117.

[140] 周昌明. 地膜覆盖及种植方式对土壤水氮利用及夏玉米生长、产量的影响 [D]. 杨

凌：西北农林科技大学，2016.

[141] 周怀平，解文艳，关春林，等. 长期秸秆还田对旱地玉米产量、效益及水分利用的影响 [J]. 植物营养与肥料学报，2013，19（2）：321-330.

[142] 周明冬，王祥金，董合干，等. 不同厚度地膜覆盖棉花的经济效益和残膜回收分析 [J]. 干旱区资源与环境，2016，30（10）：121-125.

[143] Arora Y, Juo A S R. Leaching of fertilizer ions in a kaolinitic Ultisol in the high rainfall tropics: Leaching of nitrate in field plots under cropping and bare fallow [J]. Soil Science Society ofAmerica Journal, 1982, 46 (6): 1212-1218.

[144] Bezborodov G A, Shadmanov D K, Mirhashimov R T, et al. Mulching and water quality effects on soil salinity and sodicity dynamics and cotton productivity in Central Asia [J]. Agriculture, Ecosystems & Environment, 2010, 138 (1): 95-102.

[145] Blackshaw R E, Hao X, Brandt R N, et al. Canola response to ESN and urea in a four-year no-till cropping system [J]. Agronomy Journal, 2011, 103 (1): 92-99.

[146] Cheng W, Nakajima Y, Sudo S, et al. N_2O and NO emissions from a field of Chinese cabbage as influenced by band application of urea or controlled-release urea fertilizers [J]. Nutrient Cycling in Agroecosystems, 2002, 63 (2): 231-238.

[147] Dass A, Bhattacharyya R. Wheat residue mulch and anti-transpirants improve productivity and quality of rainfed soybean in semi-arid north-Indian plains [J]. Field Crops Research, 2017, 210: 9-19.

[148] Deng X P, Shan L, Zhang H, et al. Improving agricultural water use efficiency in arid and semiarid areas of China [J]. Agricultural Water Management, 2006, 80 (1): 23-40.

[149] Drew M C, Saker L R, Ashley T W. Nutrient supply and the growth of the seminal root system in barley [J]. Journal of Experimental Botany, 1973, 24 (6): 1189-1202.

[150] FAO. Food and agriculture organization of the United Nations, http://faostat3.fao.org/. Foster S, Garduno H, Evans R, et al. Quaternary aquifer of the North China Plain—assessing and achieving groundwater resource sustainability [J]. Hydrogeology Journal, 2004, 12 (1), 81-93.

[151] Geddes H J. Water harvesting, Proc [J]. ASCE. Journal of Irrigation & Drainage Engineering, 1963, 104: 43-58.

[152] Geng J B, Ma Q, Zhang M, et al. Synchronized relationships between nitrogen release of controlled release nitrogen fertilizers and nitrogen requirements of cotton [J]. Field Crops Research, 2015, 184: 9-16.

[153] Grant C A, Wu R, Selles F, et al. Crop yield and nitrogen concentration with controlled release urea and split applications of nitrogen as compared to non-coated urea applied at seeding [J]. Field Crops Research, 2012, 127, 170-180.

[154] Greenwood D J, Gastal F, Lemaire G. Growth rate and %N of field grown crops: theory and experiments [J]. Annals of Botany, 1991, 67 (2): 181-190.

[155] Herrmann A, Taube F. The range of the critical nitrogen dilution curve for maize (Zea mays L.) can be extended until silage maturity [J]. Agronomy Journal, 2004, 96 (4): 1131-1138.

[156] Huang Y, Chen L, Fu B, et al. The wheat yields and water - use efficiency in the Loess Plateau: straw mulch and irrigation effects [J]. Agricultural Water Management, 2005, 72 (3): 209 - 222.

[157] Ji Y, Liu G, Ma J, Xu H, et al. Effect of controlled - release fertilizer on nitrous oxide emission from a winter wheat field [J]. Nutrient Cycling in Agroecosystems, 2012, 94 (1): 111 - 122.

[158] Ju X T, Xing G X, Chen X P, et al. Reducing environmental risk by improving N management in intensive Chinese agricultural systems [J]. Proceedings of the National Academy of Sciences, 2009, 106 (9): 3041 - 3046.

[159] Justes E, Mary B, Meynard J M, et al. Determination of a critical nitrogen dilution curve for winter wheat crops [J]. Annals of Botany, 1994, 74 (4): 397 - 407.

[160] Kasteel R, Garnier P, Vachier P, et al. Dye tracer infiltration in the plough layer after straw incorporation [J]. Geoderma, 2007, 137 (3): 360 - 369.

[161] Kochba M, Gambash S, Avnimelech Y. Studies on slow release fertilizers: I. Effects of temperature, soil moisture and water vapor pressure [J]. Soil Science, 1990, 149 (6): 339 - 343.

[162] Kuscu H, Turhan A, Ozmen N, et al. Optimizing levels of water and nitrogen applied through drip irrigation for yield, quality, and water productivity of processing tomato (*Lycopersicon esculentum Mill.*) [J]. Horticulture Environment & Biotechnology, 2014, 55 (2): 103 - 114.

[163] Lemaire G, Jeuffroy M H, Gastal F. Diagnosis tool for plant and crop N status in vegetative stage: theory and practices for crop N management [J]. European Journal of Agronomy, 2008, 28 (4): 614 - 624.

[164] Lemaire G, Onillon B, Onillon G. Nitrogen distribution within a Luceme canopy during regrowth: Relation with light distribution [J]. Annals of Botany, 1991, 68 (6): 483 - 488.

[165] Li F M, Guo A H, Wei H. Effects of clear plastic film mulch on yield of spring wheat [J]. Field Crops Research, 1999, 63 (1): 79 - 86.

[166] Li R, Hou X, Jia Z, Han Q, Yang B. Effects of rainfall harvesting and mulching technologies on soil water, temperature, and maize yield in Loess Plateau region of China [J]. Soil Research, 2012, 50 (2): 105 - 113.

[167] Li X Y, Gong J D, Gao Q Z, et al. Incorporation of ridge and furrow method of rainfall harvesting with mulching for crop production under semiarid conditions [J]. Agricultural Water Management, 2001, 50 (3): 173 - 183.

[168] Liu C A, Jin S L, Zhou L M, et al. Effects of plastic film mulch and tillage on maize productivity and soil parameters [J]. European Journal of Agronomy, 2009, 31 (4): 241 - 249.

[169] Liu X J, Wang J C, Lu S H, et al. Effects of non - flooded mulching cultivation on crop yield, nutrient uptake and nutrient balance in rice - wheat cropping systems [J]. Field Crops Research, 2003, 83 (3): 297 - 311.

[170] Macedonio F, Drioli E, Gusev A A, et al. Efficient technologies for worldwide clean

water supply [J]. Chemical Engineering & Processing, 2012, 51: 2-17.

[171] Maeda M, Zhao B, Ozaki Y, et al. Nitrate leaching in an Andisol treated with different types of fertilizers [J]. Environmental Pollution, 2003, 121 (3): 477-487.

[172] Myers L E, Frasier G W, Griggs J R. Sprayed asphalt pavements for water harvesting [J]. Journal of the Irrigation & Drainage Division, 1967, 93: 79-91.

[173] Nash P R, Motavalli P P, Nelson K A. Nitrous oxide emissions from claypan soils due to nitrogen fertilizer source and tillage/fertilizer placement practices [J]. Soil Science Society of America Journal, 2012, 76 (3): 983-993.

[174] Olesen J E, Berntsen J, Hansen E M, et al. Crop nitrogen demand and canopy area expansion in winter wheat during vegetative growth [J]. European Journal of Agronomy, 2002, 16 (4): 279-294.

[175] Plenet D, Lemaire G. Relationships between dynamics of nitrogen uptake and dry matter accumulation in maize crops [J]. Plant and Soil, 1999, 216 (1/2): 65-82.

[176] Randall G W, Vetsch J A, Huffman J R. Corn production on a subsurface-drained mollisol as affected by time of nitrogen application and nitrapyrin [J]. Agronomy Journal, 2003, 95 (5): 1213-1219.

[177] Reij C. Soil and water conservation in sub-Saharan Africa: a bottom-up approach [J]. Appropriate Technology, 1988, 14 (4): 14-16.

[178] Robertson G P, Paul E A, Harwood R R. Greenhouse gases in intensive agriculture: contributions of individual gases to the radiative forcing of the atmosphere [J]. Science, 2000, 289 (5486): 1922-1925.

[179] Saraiva K R, Viana T V D A, Bezerra F, et al. Regulated deficit irrigation and different mulch types on fruit quality and yield of watermelon [J]. Revista Caatinga, 2017, 30 (2): 437-446.

[180] Skinner R H, Hanson J D, Benjamin J G. Root distribution following spatial separation of water and nitrogen supply in furrow irrigated corn [J]. Plant and Soil, 1998, 199 (2): 187-194.

[181] Spaccini R, Piccolo A, Haberhauer G, et al. Decomposition of maize straw in three European soils as revealed by DRIFT spectra of soil particle fractions [J]. Geoderma, 2001, 99 (3): 245-260.

[182] Wang D, Shannon M C, Grieve C M, et al. Soil water and temperature regimes in drip and sprinkler irrigation, and implications to soybean emergence [J]. Agricultural Water Management, 2000, 43 (1): 15-28.

[183] Wang F X, Wu X X, Shock C C, et al. Effects of drip irrigation regimes on potato tuber yield and quality under plastic mulch in arid Northwestern China [J]. Field Crops Research, 2011, 122 (1): 78-84.

[184] Wang X L, Li F M, Jia Y, et al. Increasing potato yields with additional water and increased soil temperature [J]. Agricultural Water Management, 2005, 78 (3): 181-194.

[185] Wang X Z, Zhu J G, Gao R, et al. Nitrogen cycling and losses under rice-wheat rotations with coated urea and urea in the Taihu Lake region [J]. Pedosphere, 2007, 17 (1): 62-69.

[186] Wang Y P, Li X G, Hai L, et al. Film fully-mulched ridge-furrow cropping affects soil biochemical properties and maize nutrient uptake in a rainfed semi-arid environment [J]. Soil Science & Plant Nutrition, 2014, 60 (4): 486-498.

[187] Wang Y, Xie Z, Malhi S S, et al. Effects of gravel-sand mulch, plastic mulch and ridge and furrow rainfall harvesting system combinations on water use efficiency, soil temperature and watermelon yield in a semi-arid Loess Plateau of northwestern China [J]. Agricultural Water Management, 2011, 101 (1): 88-92.

[188] Xu Z Z, Yu Z W, Wang D, et al. Nitrogen accumulation and translocation for winter wheat under different irrigation regimes [J]. Journal of Agronomy and Crop Science, 2005, 191 (6): 439-449.

[189] Yue S C, Sun F L, Meng Q F, et al. Validation of a critical nitrogen curve for summer maize in the North China Plain [J]. Pedosphere, 2014, 24 (1): 76-83.

[190] Yue S, Meng Q, Zhao R, et al. Critical nitrogen dilution curve for optimizing nitrogen management of winter wheat production in the North China Plain [J]. Agronomy Journal, 2012, 104 (2): 523-529.

[191] Zeng S C, Su Z Y, Chen B G, et al. Nitrogen and Phosphorus runoff losses from orchard soils in South China as affected by fertilization depths and rates [J]. Pedosphere, 2008, 18 (1): 45-53.

[192] Zhang A P, Gao J, Liu R L, et al. Using side-dressing technique to reduce nitrogen leaching and improve nitrogen recovery efficiency under an irrigated rice system in the upper reaches of Yellow River Basin, Northwest China [J]. Journal of Integrative Agriculture, 2016, 15 (1): 220-231.

[193] Zhang X Y, Pei D, Hu C S. Conserving groundwater for irrigation in the North China Plain [J]. Irrigation Science, 2003, 21 (4): 159-166.

[194] Zvomuya F, Rosen C J, Russelle M P, et al. Nitrate leaching and nitrogen recovery following application of polyolefin-coated urea to potato [J]. Journal of Environmental Quality, 2003, 32 (2): 480-489.